Catalytic
Chemistry

エキスパート応用化学テキストシリーズ
EXpert Applied Chemistry Text Series

触媒化学
基礎から応用まで

Tsunehiro Tanaka *Hiromi Yamashita*
田中庸裕　山下弘巳 ……………………………………………………………［編著］

Atsushi Satsuma　*Masato Machida*　*Tetsuya Shishido*　*Nobuaki Kambe*　*Takanori Iwasaki*
薩摩　篤　　町田正人　　宍戸哲也　　神戸宣明　　岩﨑孝紀

Masahiro Ehara　*Kohsuke Mori*　*Hiroki Miura*
江原正博　　森　浩亮　　三浦大樹 ……………………………………………［著］

講談社

執 筆 者 一 覧

（50音順，※は編者）

岩﨑　孝紀　　大阪大学　大学院工学研究科　応用化学専攻

江原　正博　　自然科学研究機構　計算科学研究センター

神戸　宣明　　大阪大学　大学院工学研究科　応用化学専攻

薩摩　　篤　　名古屋大学　大学院工学研究科　応用物質化学専攻

宍戸　哲也　　首都大学東京　大学院都市環境科学研究科　分子応用化学域

田中　庸裕[※]　京都大学　大学院工学研究科　分子工学専攻

町田　正人　　熊本大学　大学院先端科学研究部（工学系）　物質材料科学部門

三浦　大樹　　首都大学東京　大学院都市環境科学研究科　分子応用化学域

森　　浩亮　　大阪大学　大学院工学研究科　マテリアル生産科学専攻

山下　弘巳[※]　大阪大学　大学院工学研究科　マテリアル生産科学専攻

まえがき

　触媒化学とはなんだろう．触媒という言葉は，中学・高校を通して習って聞いたことがある．触媒とは自分自身は変化せずに化学反応を促進する物質だ．酵素も触媒の一種である．過酸化水素水を二酸化マンガンにかけてぶくぶくと泡を出した実験も経験したけれど，なんとなく，化学実験をやったという感じがあまりしなかった．

　大学では，有機化学のテキストにおいて，化学反応式の矢印の上や下に，NiとかPtなどの記号が書かれていることがある．これは，その反応を進行させるために使う触媒であることを表している．反応機構については，もっぱら分子内や分子間での原子配列が組み換わる理由が原子上の電荷や電子密度に基づいて説明されている．触媒の記号は，それが反応における電子源，正孔源あるいはプロトン源であることを暗に示してはいるのだが，そのためになぜ，NiやPtがなければいけないか，NiやPtは具体的にどういう役割を果たしているのか，という説明は多くの場合はない．触媒がなければ当該反応は効率的に進まないにもかかわらず，である．また，NiやPtはどういった状態で用いるのだろう．

　こういった疑問を抱きつつ，編者らは「触媒化学講座」という研究室で卒業研究を行うことになった．それぞれアルケンの水素化反応，選択酸化反応の研究を，どちらも反応速度の計測から始めた．

　ある時，新聞記者が研究室にやってきて，我々の先生にインタビューを行った．触媒とはなにか，というのが最初の質問である．先生は，灰皿と角砂糖とライターを持ち出した．記者に向かって，

　「砂糖は燃えると思いますか？」

　「燃えると思いますよ．」

　「じゃあ，やってみてください．」

とライターを手渡した．記者は，ライターの火を角砂糖に当てるが，角砂糖は焦げるものの燃えない．

　「燃えないですねえ．」

すると，先生がいきなりタバコを喫い始めた．驚く記者を尻目に，先ほどの角砂糖にタバコの灰をこすりつけている．そして，

　「もう一度，ライターで火を当ててみてください．」

すると，今度は弱い炎を出して，角砂糖が燃え始めたのである．

　「これが触媒です．タバコの葉にはアルカロイドが含まれていて，その灰には，
　　カリウムやカルシウムといったアルカリ金属元素やアルカリ土類金属元素が含

まえがき

まれています．これらが触媒となって砂糖を燃焼させているのです．我々は，その燃焼がどのように起こるかを調べているのです．」

このインタビューにおける先生の言葉が，触媒化学とはなにか，をよく表している．つまり，触媒化学というのは，反応効率を向上させる物質である触媒の活性成分やナノサイズの活性部位を特定し，その活性部位上で起こる反応のメカニズムと活性発現の原因を解明する学問であると定義できる．触媒化学で扱う反応には，有機反応や無機反応だけでなく，生体化学反応もあり，そのダイバーシティは非常に大きい．触媒が関わる多種多様な化学反応を支配する因子を統一的に解釈することが触媒化学の目標であろう．そして見出した活性発現の原因や反応メカニズムをもとにして，より高効率な触媒や反応環境の設計を行うのも広義な意味での触媒化学の役割である．

触媒化学は，扱う反応だけでなく，その研究手法にもタイバーシティが大きく，必要な学問分野は物理化学，分析化学，無機化学，有機化学，材料化学など多岐にわたる．これらの科目に1つでも得意なものがあれば，触媒研究には鬼に金棒だ．実際に触媒が使われている産業分野も，化成品や薬品の製造にとどまらず，水素製造や燃料電池などのエネルギー関連分野，自動車や工場，発電所などからの排ガス浄化などの環境保全分野，汚染物浄化，抗菌，消臭などのために家庭内で用いられる触媒など，これも多岐にわたる．もはや触媒なくしては現在の人類の生活は成り立たない．

本書は，触媒が利用されているこれらの各分野や触媒研究の方法論に対して，基礎からていねいに解きほぐしたもので，各論的になっているようではあるが，それぞれ同じ土台上に築かれたものであることがわかるように企図している．分量は大学でのセメスターでの授業を意識しており，したがって本書の主たる対象は大学の3，4年生と院生であるが，企業や研究所の若手研究者や技術者，触媒化学に興味のある方々にも読み応えのある一般性と専門性を備えていると考えている．

さて，本書の作成には少しでも多くの研究者・技術者に触媒化学のおもしろさを知っていただきたいと心より願う大学同窓生である編者の思いが契機の1つになっている．敬愛すべき友人でもある8名の研究者に執筆者として参加・協力していただき，感謝の念に絶えない．本書が将来を担う若き研究者・技術者の方々に少しでも役立つものになればと願っている．

本書の刊行は講談社サイエンティフィクの五味研二氏からの種々の助言と支援の賜物である．心から謝意を表したい．

2017年10月

田中庸裕・山下弘巳

目　　次

第 1 章　触媒・触媒化学の歴史 ･････････････････････････ 1
　1.1　身のまわりで活躍する触媒 ･･････････････････････ 1
　1.2　触媒がどうして化学反応を促進するのか ･･････････ 3
　1.3　触媒という概念の形成 ･･･････････････････････････ 6
　1.4　触媒概念の形成以降の進展 ･････････････････････ 8
　1.5　触媒の基礎研究の変遷 ･･･････････････････････････ 9
　1.6　触媒の分類および各元素の触媒での機能 ･････････ 12
　　1.6.1　触媒の分類 ････････････････････････････････ 12
　　1.6.2　各元素の触媒への利用 ･･････････････････････ 14
　1.7　本書で学ぶこと ･････････････････････････････････ 16

第 2 章　化学産業と触媒プロセス ･･･････････････････ 17
　2.1　化学産業と触媒 ･････････････････････････････････ 17
　2.2　触媒の調製法 ･･･････････････････････････････････ 18
　　2.2.1　触媒の形状の触媒活性への影響 ･･････････････ 18
　　2.2.2　触媒の調製法およびその特徴 ････････････････ 20
　2.3　触媒プロセスと反応器 ･･･････････････････････････ 25
　2.4　触媒の分離方法 ･････････････････････････････････ 28
　2.5　触媒の劣化および寿命 ･･･････････････････････････ 29

第 3 章　触媒反応の反応機構および反応速度論 ･･････ 33
　3.1　触媒反応の速度論 ･･･････････････････････････････ 33
　　3.1.1　触媒と反応速度 ････････････････････････････ 33
　　3.1.2　線形自由エネルギー関係 ････････････････････ 37
　3.2　吸着の科学 ･････････････････････････････････････ 39
　　3.2.1　物理吸着と化学吸着 ････････････････････････ 39
　　3.2.2　化学吸着の特性：吸着能と吸着熱 ････････････ 41
　　3.2.3　吸着量の関数 ･･････････････････････････････ 46
　3.3　不均一系触媒反応の反応機構と速度式 ･･･････････ 50

v

目　　次

　　　3.3.1　ラングミュアーヒンシェルウッド機構と
　　　　　　　イーレイーリディール機構 ·· 50
　　　3.3.2　触媒活性の火山型序列 ·· 52

第4章　石油精製プロセスおよび石油化学プロセス ··········· 57
　4.1　石油と触媒化学 ··· 57
　4.2　石油精製プロセス ··· 60
　　　4.2.1　水素化精製 ··· 60
　　　4.2.2　酸触媒反応 ··· 63
　　　4.2.3　接触分解 ·· 67
　　　4.2.4　異性化 ·· 69
　4.3　石油化学プロセスの概要 ··· 71
　4.4　酸化反応の触媒プロセス ··· 74

第5章　工業触媒 ··· 79
　5.1　水素の製造 ·· 79
　5.2　無機化学製品の製造 ··· 81
　　　5.2.1　アンモニア合成 ··· 81
　　　5.2.2　硝酸の製造 ··· 83
　　　5.2.3　硫酸の製造 ··· 84
　　　5.2.4　過酸化水素の製造 ·· 84
　5.3　C1化学 ·· 85
　　　5.3.1　メタノールを中心とするC1化学 ·· 86
　　　5.3.2　フィッシャーートロプシュ法 ··· 88
　5.4　還元反応の触媒プロセス ··· 90
　　　5.4.1　ベンゼンの水素化によるシクロヘキサンの製造 ················· 90
　　　5.4.2　油脂の水素化 ··· 92
　　　5.4.3　アルケンの水素化精製 ··· 92
　　　5.4.4　ポリマーの水素添加 ··· 93
　　　5.4.5　その他の水素化プロセス ··· 93
　5.5　酸化反応の触媒プロセス ··· 94
　　　5.5.1　エチレン酸化 ··· 94
　　　5.5.2　プロピレン酸化(アリル酸化)，アンモ酸化 ························· 95
　　　5.5.3　メタクリル酸メチルの製造 ··· 97

vi

目　次

　　　5.5.4　ブタン酸化‥‥‥‥‥‥‥‥‥‥‥‥‥‥‥‥‥‥‥‥‥‥‥‥‥　98
　　　5.5.5　アルデヒドおよび酢酸の製造（ワッカー法）‥‥‥‥‥‥‥‥‥‥‥　99

第6章　ファインケミカルズ合成触媒1：不均一系触媒‥‥‥　101
　6.1　不均一系触媒と均一系触媒 ‥‥‥‥‥‥‥‥‥‥‥‥‥‥‥‥‥‥‥　101
　6.2　固体酸触媒によるファインケミカルズ合成‥‥‥‥‥‥‥‥‥‥‥‥　102
　　　6.2.1　ゼオライト系触媒‥‥‥‥‥‥‥‥‥‥‥‥‥‥‥‥‥‥‥‥‥‥　102
　　　6.2.2　陽イオン交換樹脂型固体酸触媒‥‥‥‥‥‥‥‥‥‥‥‥‥‥‥‥　103
　　　6.2.3　モンモリロナイト‥‥‥‥‥‥‥‥‥‥‥‥‥‥‥‥‥‥‥‥‥‥　105
　6.3　固体塩基触媒によるファインケミカルズ合成 ‥‥‥‥‥‥‥‥‥‥　106
　　　6.3.1　金属酸化物と金属水酸化物‥‥‥‥‥‥‥‥‥‥‥‥‥‥‥‥‥‥　106
　　　6.3.2　固体酸塩基協奏作用触媒によるファインケミカルズ合成‥‥‥‥　107
　6.4　金属触媒によるファインケミカルズ合成 ‥‥‥‥‥‥‥‥‥‥‥‥　108
　　　6.4.1　担持金属ナノ粒子による選択接触水素化‥‥‥‥‥‥‥‥‥‥‥‥　108
　　　6.4.2　アルコール酸化‥‥‥‥‥‥‥‥‥‥‥‥‥‥‥‥‥‥‥‥‥‥‥‥　114
　　　6.4.3　メタロシリケート触媒による過酸化水素を用いた酸化‥‥‥‥‥　116
　　　6.4.4　クロスカップリング反応‥‥‥‥‥‥‥‥‥‥‥‥‥‥‥‥‥‥‥‥　118

第7章　ファインケミカルズ合成触媒2：均一系触媒‥‥‥‥‥　121
　7.1　均一系触媒の特徴 ‥‥‥‥‥‥‥‥‥‥‥‥‥‥‥‥‥‥‥‥‥‥‥‥　121
　7.2　ワッカー酸化，ヒドロホルミル化反応：アルケンの反応 ‥‥　122
　7.3　クロスカップリング反応‥‥‥‥‥‥‥‥‥‥‥‥‥‥‥‥‥‥‥‥‥　125
　　　7.3.1　有機マグネシウム試薬を用いるクロスカップリング反応‥‥‥‥　127
　　　7.3.2　有機亜鉛試薬を用いるクロスカップリング反応‥‥‥‥‥‥‥‥‥　128
　　　7.3.3　有機ホウ素試薬を用いるクロスカップリング反応‥‥‥‥‥‥‥‥　129
　　　7.3.4　アルキンを用いるクロスカップリング反応‥‥‥‥‥‥‥‥‥‥‥　131
　　　7.3.5　炭素－水素結合の切断をともなうクロスカップリング反応‥‥‥　132
　　　7.3.6　ハロゲン化アリールとアルケンのクロスカップリング反応‥‥‥　133
　7.4　メタセシス反応‥‥‥‥‥‥‥‥‥‥‥‥‥‥‥‥‥‥‥‥‥‥‥‥‥‥　136
　7.5　不斉反応 ‥‥‥‥‥‥‥‥‥‥‥‥‥‥‥‥‥‥‥‥‥‥‥‥‥‥‥‥‥　138
　　　7.5.1　不斉水素化還元反応‥‥‥‥‥‥‥‥‥‥‥‥‥‥‥‥‥‥‥‥‥‥　140
　　　7.5.2　不斉エポキシ化反応‥‥‥‥‥‥‥‥‥‥‥‥‥‥‥‥‥‥‥‥‥‥　144
　　　7.5.3　不斉ルイス酸触媒による反応‥‥‥‥‥‥‥‥‥‥‥‥‥‥‥‥‥‥　145
　7.6　高分子合成 ‥‥‥‥‥‥‥‥‥‥‥‥‥‥‥‥‥‥‥‥‥‥‥‥‥‥‥‥　147

目　次

第8章　環境触媒 ·· 151
8.1　環境触媒とは ·································· 151
8.2　脱硝触媒 ··· 152
8.2.1　窒素酸化物の生成と浄化法··············· 152
8.2.2　アンモニアを用いる窒素酸化物選択接触還元（NH₃–SCR）···· 155
8.3　脱硫触媒 ··· 156
8.4　自動車触媒 ······································· 158
8.4.1　三元触媒································· 159
8.4.2　リーンバーン(希薄燃焼)用の触媒··············· 164
8.4.3　ディーゼル排ガス浄化触媒················ 165
8.5　触媒燃焼 ··· 168
8.5.1　完全酸化触媒の活性序列···················· 169
8.5.2　中低温域での触媒燃焼の応用················ 170
8.5.3　高温域での触媒燃焼の応用················· 171
8.6　水処理触媒 ······································· 174

第9章　エネルギー関連触媒 ····················· 177
9.1　エネルギー問題と触媒 ·························· 177
9.2　燃料電池に関連する触媒 ························ 178
9.2.1　燃料電池用電極触媒····················· 178
9.2.2　燃料電池用水素製造触媒·················· 181
9.3　メタノールおよびジメチルエーテル製造触媒 ············· 184
9.3.1　メタノール製造触媒····················· 185
9.3.2　ジメチルエーテル製造触媒················· 185
9.4　バイオマス利用のための触媒 ··················· 187
9.4.1　バイオディーゼル油製造触媒················ 187
9.4.2　グリセロールを利用する化成品合成用の触媒·········· 188
9.4.3　セルロース分解用の触媒·················· 190

第10章　光触媒 ··· 193
10.1　光触媒とは ······································· 193
10.2　酸化チタン光触媒の研究開発の歴史 ··········· 194
10.3　光触媒反応の反応機構と活性を決める因子············· 196
10.3.1　光触媒反応の反応機構··················· 196

viii

10.3.2　活性を決める因子 ･･････････････････････････････････････ 199

　10.4　酸化チタン光触媒の応用 ･･････････････････････････････････ 204

　　10.4.1　環境浄化への応用 ･･･････････････････････････････････････ 204

　　10.4.2　界面光機能材料の開発：超親水性の利用 ･･････････････････ 208

　　10.4.3　エネルギー蓄積型反応によるクリーンエネルギーの製造：

　　　　　　酸化還元反応性の利用 ･････････････････････････････････ 209

　10.5　酸化チタン光触媒の固定化・薄膜化 ･･･････････････････････ 210

　10.6　可視光応答型光触媒 ･･････････････････････････････････････ 211

　10.7　光触媒による水分解 ･･････････････････････････････････････ 214

　10.8　色素増感太陽電池 ･･･ 215

　10.9　ペロブスカイト太陽電池 ･････････････････････････････････ 218

第11章　触媒のキャラクタリゼーション ････････････････････ 223

　11.1　触媒分析の概要 ･･ 223

　11.2　表面・バルクの構造や性質の解析 ･･･････････････････････ 224

　　11.2.1　触媒の物理的性質の解析 ･････････････････････････････････ 224

　　11.2.2　X線を利用する分析 ･････････････････････････････････････ 228

　　11.2.3　顕微鏡 ･･･ 234

　　11.2.4　紫外光・可視光・赤外光を利用する分析 ･･････････････････ 238

　　11.2.5　磁気共鳴 ･･･ 240

　　11.2.6　昇温スペクトル分析(昇温脱離法，昇温還元法，昇温酸化法)･ 242

　11.3　反応機構の解析 ･･ 245

　　11.3.1　吸着種の解析による反応機構の推定 ･････････････････････ 245

　　11.3.2　速度論による反応機構の推定 ･････････････････････････････ 248

　11.4　計算化学 ･･･ 250

　　11.4.1　計算化学の方法 ･･･ 251

　　11.4.2　均一系触媒への応用 ･････････････････････････････････････ 253

　　11.4.3　不均一系触媒と固体光触媒への応用 ･････････････････････ 255

さらに勉強をしたい人のために ････････････････････････････････ 261

演習問題の解答 ･･･ 267

索引 ･･･ 271

目　次

コ ラ ム

表面張力と表面エネルギーと吸着	5
接触作用と触媒作用	7
触媒の表記について	14
マイクロリアクター	27
種々の吸着等温式	48
非在来型資源	58
ゼオライトの種類	64
ガソリンのオクタン価	70
高性能アンモニア合成触媒	83
合金ナノ粒子触媒：現代の錬金術	109
遷移金属触媒反応における重要な素反応	122
有機金属試薬を用いたさまざまなクロスカップリング反応	126
真の触媒	132
触媒の失活	136
鏡像異性体	139
ノーベル化学賞と触媒化学	147
高分子の立体規則性	148
日本が自動車大国になったわけ	167
エネルギーキャリアとしてのアンモニア	187
光合成	220
メソ孔の解析理論	226

第1章　触媒・触媒化学の歴史

1.1　身のまわりで活躍する触媒

　触媒をそれと意識して見たり手にしたりする機会は少ない．しかし，触媒は我々の生活と深く関わっており，豊かな生活環境を築くために重要な役割を担い続けている（図1.1）．

　例えば自動車をとってみても，多くの箇所で触媒は活躍している．排ガスから窒素酸化物（NO_x）や粒子状物質（particulate matter, PM）を低減・除去しているのは触媒である．自動車の低燃費化をめざしたディーゼルエンジンやリーンバーン（希薄燃焼）エンジンの利用のためにも，また，ますます厳しくなる排ガス規制の要求を満たすためにも新触媒の探索や開発が進んでいる．さらに，バッテリーの中にも触媒が利用されており，水の減少を防いでいる．自動車のサイドミラーには光触媒がコートされ，雨の日でも曇らない．石油からガソリンを得る際には，石油精製のために，さらに原油に含まれる硫黄成分や窒素成分などを除去するために，触媒が必要である．燃料電池自動車では，電極触媒として白金が数十グラ

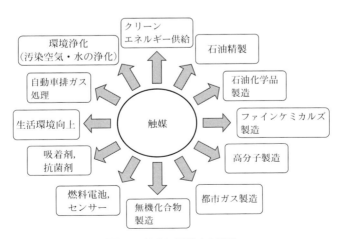

図1.1　社会に貢献する触媒

ム使われているという.

　石油，石炭，天然ガスなどの炭素資源から，水素，一酸化炭素，エチレン，都市ガスなどの原料ガス，燃料ガスを製造するためにも触媒が利用されている．例えば，家庭用のコジェネレーション発電に利用される燃料電池には，都市ガスからの水素発生と水素精製のための触媒システムが搭載されており，また上述と同様，燃料電池本体には電極触媒が必須である．火力発電所や製鉄所では，大量の炭素資源が燃焼により消費されるが，排ガス中に含まれる窒素酸化物を除去浄化するのは触媒である．さらに工場からの排ガスや廃水に含まれる各種有害物質を分解する際にも触媒は活躍する．フロンや代替フロンなどのハロゲン化合物を分解するのも触媒である．

　プラスチック製品や合成繊維の衣服など，より生活に身近な製品を作るためにも触媒はなくてはならない．原料になる各種ポリマー（ポリエチレンなど）は触媒を利用して合成され，ポリマーの原料（エチレン，スチレンなどのモノマー）自体も，石油から触媒を利用して作られる．さらに，ファインケミカルズ（高機能・高付加価値をもつ化学製品）や薬品などの有用な有機化合物の合成にも触媒が利用されており，特に有機合成の分野では触媒は大車輪の働きをする．21世紀以降だけをみても，2001年に不斉触媒による反応の研究に対して，2005年に触媒によるメタセシス反応の開発に対して，2010年には触媒によるクロスカップリング反応の開発に対してそれぞれノーベル化学賞が授与されている．しかも，これらのノーベル賞受賞者には，野依良治教授，鈴木　章教授，根岸英一教授の3人の日本人が含まれていることは記憶に新しいだろう．一方で，農業における肥料の製造に必要なアンモニアや硫酸，硝酸などの無機化合物の合成にも触媒は用いられている．

　持続的社会を築くために近年注目が集まっている水素は，先に述べたように，わが国では主に炭素資源から触媒を利用して製造されている．一方で，最近では，水から光触媒を利用した水素製造が試みられている．

　触媒は化学反応を進めるうえで重要であり，ほぼすべての化学産業を支える材料であるが，工場や自動車だけでなく，実は家庭内でも広く利用されている．魚焼き器や電子レンジ，石油ファンヒーターなどには，不完全燃焼による一酸化炭素の発生を防ぎ，煙や臭い成分を完全燃焼させて除去するために触媒が利用され，また，着火が容易になるように点火ヒーターの先にも触媒が利用されている．空気清浄機，浄水器，エアーコンディショナー，冷蔵庫，掃除機，はたまた，トイ

レの便器にも触媒が組み込まれており，汚染物の浄化，消臭，抗菌に役立っている．さらにいえばガス漏れ警報機のセンサーも触媒の働きを利用している．

　以上のように，触媒の働きにより，クリーンエネルギーが供給され，省エネルギープロセスの反応が可能となることで，地球温暖化や酸性雨などの地球規模の環境汚染が大幅に軽減されている．一方では，生活をより豊かにするために，多様な製品の製造に役立つだけでなく，身近な日常生活の中に気づかれることなく，触媒は活躍している．さらに酵素も触媒であるので，生物工学や生命化学の分野でも触媒は貢献しているといえる．

1.2　触媒がどうして化学反応を促進するのか

　1823年にドイツのデベライナー(J. W. Döbereiner)は，常温・空気中で水素ガスを白金黒(黒色をした白金の微粉末)に接触させると水素が燃焼することを見出した．危険なので推奨できる実験ではないが，空気中で白金に細い水素流を吹き付けると燃焼が起こる．しかし，いうまでもないが，水素と酸素を同じ容器に入れて放置しておいても，スパーク(火花)でもない限り燃焼は起こらない．それでは，なぜ，白金が存在すると低温燃焼が起こるのであろうか．水素の燃焼反応(1.1)について，触媒があるときとないときでどのようなことが起こっているのか考察していこう．

$$2\,H_2 \;+\; O_2 \;\longrightarrow\; 2\,H_2O \tag{1.1}$$

まず，触媒がないときには，水素と酸素の混合気体から，どのように反応(1.1)は進行するのであろうか．反応が起こるためには，**図1.2**で示すように，3次元空間の1点で2分子の水素と1分子の酸素が衝突する必要がある．いうまでもなく，この確率は非常に低い．これらの分子が，通常のエネルギー(常温での運動

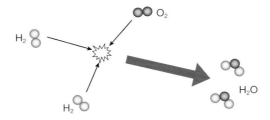

図1.2　3次元空間における水素分子と酸素分子の反応

エネルギー：運動エネルギーは$(1/2)mv^2=(3/2)k_BT$（mは分子の質量，vは分子速度，k_Bはボルツマン定数，Tは温度），つまり分子速度の二乗に比例する）で衝突しても，ビリヤードの球の衝突と同じで，互いに反跳しておしまいである．何も反応は起こらない．しかし，もしビリヤードの球をきわめて速い球速で衝突させたらどうだろうか．ビリヤードの球は衝突の衝撃で破壊される可能性があることが想像できるだろう．分子の衝突も同じで，原子の組み換えが起こるには，ある閾値以上のエネルギーが必要となってくる．すなわち，きわめて速い速度での分子同士の衝突が必要となるのである．気体分子の速度分布は，マクスウェル分布（Maxwell distribution）に従うので，速度の速い分子の割合を上げるためには系の温度を大きく上げなければならない．この閾値を活性化エネルギーと呼んでいる．

このように通常の気体反応では，反応に関与する分子が3次元空間の1点で衝突し，それらの分子のもつエネルギー（運動エネルギーの総和）が活性化エネルギーを越える必要があり，反応(1.1)が起こることは通常非常に困難である．

それでは，触媒（白金Pt）があるときはどうなるであろうか．式(1.2)，(1.3)に示すように水素分子や酸素分子は容易に，白金表面へ解離吸着して，表面上に原子状のラジカルとして存在する．ここで，sは白金表面上における他の原子の吸着サイトを，$_{ads}$は吸着種を表す．

$$H_2\,(gas)\quad+\quad 2\,s\,(Pt)\quad\longrightarrow\quad 2\,H_{ads}\cdot s \qquad (1.2)$$

$$O_2\,(gas)\quad+\quad 2\,s\,(Pt)\quad\longrightarrow\quad 2\,O_{ads}\cdot s \qquad (1.3)$$

これは，気体分子でいるよりも，白金上で原子ラジカルとして存在する方が安定であるからである．白金表面の側から見ると，白金の表面は内部（バルク）に比べ，結合が切れているので（ダングリングボンド），表面張力が大きく不安定な状態となっている．この状態に対して，水素原子や酸素原子を吸着させることで，表面張力を下げ，表面を安定化させる．結果として，水素原子や酸素原子の表面密度は，空間における水素分子や酸素分子の密度よりも高いものになる，つまり原子が表面で濃縮されることになる．吸着原子は，白金表面でも，ブラウン運動のように表面を動き回っている．図1.3に示すように高い表面密度の水素原子2原子と酸素原子1原子とが1点で衝突する確率は，3次元空間で分子同士が衝突するよりもはるかに高いと想像できる．そして，原子同士の衝突であるから結合が生じるためのエネルギー閾値（活性化エネルギー）は小さく，容易に水分子が生成するであろう．

● コラム　表面張力と表面エネルギーと吸着

　表面張力とは，液体あるいは固体の表面（膜）の任意の1点を全方向に対して引っ張る力である．したがって，その1点では全方向の力がつり合った状態であり，張力の大きさはわからない．表面張力が顕在化するのは，膜が境界線で固定されているときである．例えば，幅Lのゴム膜を2本の棒で固定したら，いうまでもなく，棒には膜の中心に向かって引力（張力）が発生する．この張力はゴム膜の幅の長さに比例するだろう．そこで，発生する張力τと膜の幅Lとの間には，$\tau=\gamma L$という比例関係が得られる．

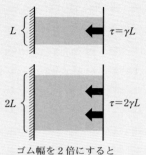

ゴム幅を2倍にすると張力も2倍になる

この比例係数γを（ゴム膜の）表面張力と呼んでいる．今度は，このゴム膜を固定している棒をΔxだけ引っ張るとどうなるだろうか．力τに抗してΔxだけ引っ張るのだから，膜は$\tau\Delta x=\gamma L\Delta x$だけ仕事をされたことになる．つまり，膜のもっているエネルギーは$\gamma L\Delta x$だけ上昇する．$L\Delta x$は膜の増えた面積に相当するので，この面積を$\Delta\sigma=L\Delta x$とすれば，膜のもっているエネルギーは$\gamma\Delta\sigma$だけ増えたことになる．したがって，膜全体のエネルギーは，表面張力に膜の面積σを乗じた$\gamma\sigma$であり，これを表面エネルギーと呼ぶ．明らかに表面エネルギーは正の値をとる．表面エネルギーが小さくなることが，表面の安定化につながる．

　通常，分子が固体表面に吸着した状態は，表面に新たな膜を形成することに相当し，表面張力γを下げることにつながる．吸着現象は表面エネルギーを安定化する際に起こる現象なのである．

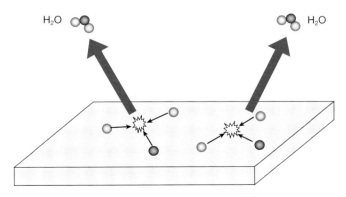

図1.3　触媒表面上での水分子の生成

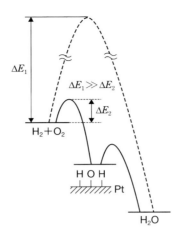

図1.4　無触媒および白金触媒上で水素と酸素から水が生成する反応のエネルギー状態図

$$2\,H_{ads}\cdot s + O_{ads}\cdot s \longrightarrow H_2O_{ads}\cdot s + 2\,s \qquad (1.4)$$

$$H_2O_{ads}\cdot s \longrightarrow H_2O\,(gas) + s \qquad (1.5)$$

式(1.2)～(1.5)に出てくるs(表面のPt)が触媒であるが，式(1.2)～(1.5)を組み合わせて式(1.1)を再現してみると，このsが反応式に残らないことがわかる．このように触媒は，（1）化学反応に積極的に関与して，新たな反応ルートを形成し，かつ（2）活性化エネルギーを下げ，反応を促進し，しかも（3）全体の反応式には現れないものであることがわかるであろう．こうした触媒の作用をエネルギー状態図として示すと**図1.4**のようになる．

1.3　触媒という概念の形成

　古代より人類は無意識に触媒を利用してきた．発酵や醸造がその好例である．文書として残っているものとしては，ドイツのコルドゥス(V. Cordus)が，1540年にジエチルエーテルの製法を発表したのが最初の例であると思われる．これは，エタノールに少量の硫酸を加え，分子間脱水によりエーテルを合成したものである．
　その後，化学という学問分野が形成された18世紀後半以降，イギリスのプリーストリー(J. Priestley)による粘土にエタノール蒸気を接触させて生じる可燃性気体の発見(エチレン)，先述した1823年のデベライナーによる白金黒を用いた水

素の常温燃焼の発見とそれに触発された1823年フランスのテナール(L. J. Thenard)とデュロン(Pierre-Louis Dulong)による白金族粉末(Pd, Rh, Ir)を用いた過酸化水素の分解の観察，1833年のドイツのミッチェルリッヒ(E. Mitscherlich)によるアルコールの分子間脱水における硫酸の関与の解釈など，今日我々が触媒反応，触媒作用であると認識できるものが次々と見出された.

しかしながら，当時のヨーロッパでは，化学反応は電気化学的二元論という理論に従うと考えられていた．電気化学的二元論とは，1785年に確立された正負の電荷が引き合うというクーロンの法則や水の電気分解により水素と酸素が発生することの発見(1810年)などを背景に考えられた，原子には正電気性をもつものと負電気性をもつものがあり化学反応はこれらの電気的引力によって化合物あるいは化学結合が生成するものである，という理論である．この電気化学的二元論を提唱していたのは，スウェーデンのベルツェリウス(J. J. Berzelius)であった.

ところが，ある固体が反応物と接触するだけで化学反応が促進されるという現象は，この電気化学的二元論では説明がつかないことから，ベルツェリウスは「触媒力(catalytic force)」という用語を1836年につくり，電気化学的二元論に従う化学反応とは区別した．すなわち，「触媒(catalyst)」「触媒作用(catalysis)」という言葉は，その概念の内容を明らかにせずに使われ出した造語である．しかしこれ以後「触媒」や「触媒作用」に関する研究は盛んになっていく.

一方，「触媒力」に反対する化学者は，触媒は「化学反応系に接触することにより自由エネルギーをもたらすもの」と考えていた．いうまでもなく，反応系への触媒の添加により化学平衡が変わることはない．平衡状態にある系に触媒を加

● コラム　　接触作用と触媒作用

ベルツェリウスがcatalysisを造語する前，この現象はcontact action(接触作用)と呼ばれており，その後も両者が混在していた．当時，この現象・概念が日本に導入されたときは，catalysisもcontact actionも「接触作用」と訳されていた．その後，「触媒」という日本語が導入されたのである．当時から化学工業には触媒が導入されていたので，触媒を用いた炭化水素の気相部分酸化(catalytic oxidation)を現在でも接触酸化と呼び，触媒を用いたクラッキング(catalytic cracking)を接触クラッキングなどと呼ぶ．また，触媒を用いた水素添加反応を接触還元(catalytic reduction)と呼ぶ．これらは当時の名残である.

第1章　触媒・触媒化学の歴史

えても，なんら変化は起こらないのである．触媒や触媒作用に関する議論はその後も続いたが，1901年にドイツのオストワルド（W. Ostwald）により現在使われている触媒の定義が発表された．それは，次のようなものである．

「触媒とは，化学反応の最終生成物に現れることなく，その速度を変化させる物質である.」

オストワルドは，触媒は反応速度を変えるが化学平衡を変えることはない，すなわち触媒は系に自由エネルギーを加えるものではないことを強調したのである．

1.4　触媒概念の形成以降の進展

オストワルドは，上記の触媒作用に関連する研究により，1909年にノーベル化学賞を受賞した．その前年にはオストワルド法と呼ばれるアンモニアを原料とし，白金を触媒とした硝酸製造法を報告している．一方，同じドイツのハーバー（F. Haber）は，1909年に高圧容器中でのオスミウム（Os）を触媒としたアンモニア合成プロセスを公表し，それを受けてボッシュ（C. Bosch）が工業化に向けた高圧装置のスケールアップを行った．1913年にはいわゆるハーバー-ボッシュ法による工業スケールでのアンモニア合成プラントがBASF社によって稼働された．その際，高価で希少なオスミウムを触媒として用いることはできないので，ミタッシュ（A. Mittasch）により触媒探索が行われている．これによってドイツは原料を他国に依存することなく大気中の窒素を原料として硝酸を製造することが可能になった．さらには，化学肥料の生産が大きく伸び，農作物の収穫量は飛躍的に増加し，アンモニア合成が人口の増加に大きく寄与した．ハーバーは1918年にアンモニア合成法の開発に関して，そして，ボッシュは1931年に高圧化学的方法の開発に関して，それぞれノーベル化学賞を受賞している．

前出のミタッシュは1910年代に，亜鉛（Zn）-クロム（Cr）複合酸化物を触媒として主に一酸化炭素と水素からなる合成ガス（syngas，5.1節参照）から高圧でメタノールを合成する手法を開発し，この手法は1923年に工業化されている．また，同じく合成ガスを原料とし，鉄（Fe）やコバルト（Co）を触媒とする炭化水素の合成法であるフィッシャー-トロプシュ法（Fischer–Tropsch process, FT法）がフィッシャー（F. Fischer）とトロプシュ（H. Tropsch）により1920年代に開発され，この手法は1930年代に実用化されている．

一方，フランスでは1896年に，サバティエ（P. Sabatier）がニッケル（Ni）触媒を

8

用いたアルケンの水素付加反応を報告している．この方法は，現在でも植物性油脂から食用油脂（マーガリン）を製造する際に用いられている．さらに，ニッケルを用いた二酸化炭素の水素化によりメタンと水が生成するサバティエ反応などを見出し，金属粒子触媒を用いる有機化合物の水素化法の開発により1912年にノーベル化学賞が授与されている．

　同じ頃，米国においては，ラングミュア（I. Langmuir）が白熱電球劣化の研究に端を発した分子の吸着・脱離に関する研究を行っており，触媒化学に関するさまざまな界面現象を理論的・実験的に解明するに至った．この一連の研究に対し1932年にノーベル化学賞が授与されている．触媒反応の代表的な機構の1つであるL–H機構に名を残しているヒンシェルウッド（C. N. Hinshelwood）も1956年のノーベル化学賞受賞者である．

　20世紀にはさまざまな触媒および触媒プロセスが開発されたが，なかでも流動接触分解（fluidized catalytic cracking, FCC）プロセスは，1926年にフランスのウドリー（E. J. Houdry）により開発され，1936年に固体酸触媒（活性白土）を用いた初の石油精製プロセスとして稼働した．これに関連して，1954年に初めてゼオライトが人工合成され，商品化された．同じ時期にはドイツのチーグラー（K. Ziegler），イタリアのナッタ（G. Natta）が相次いで四塩化チタン（$TiCl_4$），三塩化チタン（$TiCl_3$）を用いて，それぞれエチレン，プロピレンの重合に成功した．これがいわゆるチーグラー―ナッタ触媒であり，2人は1963年のノーベル化学賞を共同受賞した．

　このように触媒化学は化学工業と密接に関わっており，20世紀中頃以降の発明・発見は枚挙にいとまがない．触媒化学は化学産業の根幹をなすものであるが，近年では環境化学，地球環境の保全にもなくてはならないものとなってきている．

1.5　触媒の基礎研究の変遷

　触媒化学はその化学産業としての実用面が強調されているが，実は，基礎科学としての側面もあり，自然科学への寄与は非常に大きい．触媒作用のメカニズムに関する基礎研究は単なる学問的な興味だけでなく，得られた結果をもとにした応用，すなわち触媒系の改良や新たな触媒反応系の構築に大きな指針を与える．

　1.2節に示したように，触媒反応は，反応基質分子の触媒表面への吸着，吸着分子あるいは分子間での結合の再配列（表面反応），生成物の触媒表面からの脱離，

という複数のプロセス（素反応）を含んでいる．これらの反応メカニズムや反応中間体についての研究は，20世紀初頭までは化学的アプローチによって行われていた．すなわち，吸着物質の安定化エネルギーや律速段階の決定，反応速度の見積もりといった手法である．熱力学的計測と動力学的計測に基本がおかれており，極端な言い方をすれば，化学反応式の研究をしていたのである．一方，1925年にイギリスのテイラー（H. S. Taylor）は，分子の化学吸着は触媒の特定の場所（サイト）で起こるという**活性中心説**（active center theory）を提出した．例えば，反応活性の高い金属触媒は高温でアニール（焼鈍）することで失活する．これは，反応の活性中心となる欠陥サイトが，アニールにより消失したことに起因する．触媒反応が特定の活性サイトで起こるという現在ではいわば自明とも思えることが共通の理解になることで，触媒研究は大きく発展した．活性中心説以降は，触媒活性発現のメカニズムに関する研究は物理学的アプローチが中心となった．物理学的アプローチでは，それまでの触媒を含む素反応自体を調べてきた化学的アプローチとは異なり，触媒という「固体」それ自体に研究の対象が移っている．物理学的アプローチには大きく分けると2種類あり，1つは活性発現を触媒自体の幾何学的要因に求める幾何学的アプローチ，もう1つは電子論的要因に求める電子論的アプローチである．

幾何学的アプローチは，触媒表面の構造（原子配列）と反応基質分子，中間体，生成物の構造（原子配列）に着目するものである．1929年に発表された当時ソ連のバランディン（A. A. Balandin）による**多点吸着仮説**（multiplet hypothesis）が幾何学的要因研究のきっかけである．例えば，白金族元素上でのシクロアルカンの脱水素反応では，反応分子の原子配列が対応する金属の原子配列と合致するときに，分子の吸着が1点ではなく複数の点で起こり，中間体が安定化され脱水素反応が効率よく起こる．**図1.5**に示すように，種々の金属結晶面のうち，最も稠密な（111）面にある隣接した3原子の配列が炭素6員環（ベンゼン環）とマッチして，ベンゼン環が多点吸着して安定化される．この場合に，シクロヘキサンが最も効率よく脱水素反応を起こす．

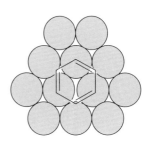

図1.5　白金族（111）面上の隣接3原子へのベンゼン環の多点吸着

このように触媒の原子配列が触媒活性を高める効果を**アンサンブル効果**（ensemble effect）と呼んでいる．一方，プロパンの水素化分解反応は，どんな指

数面でも関係なく進行する．こうした，アンサンブル効果に依存する反応を**構造敏感反応**（structure sensitive reaction）あるいは**要求の多い反応**（demanding reaction）と呼び，幾何学構造に依存しない反応を**構造鈍感反応**（structure insensitive reaction）あるいは**やさしい反応**（facile reaction）という．

　幾何学的アプローチによる触媒研究から特定のミラー指数をもつ結晶表面を作り出す技術や表面を観察する技術が生まれた．こうした点からバランディンの多点吸着仮説は，表面科学や表面物理学研究の先駆けとなったといえるだろう．この延長線上には2007年にドイツのエルトゥル（G. Ertl）に授与されたノーベル化学賞の受賞理由である「固体表面の化学過程の研究」もある．

　電子論的アプローチは，幾何学的アプローチから少し遅れて始まり，量子力学の誕生と深く関わっている．電子論的アプローチは，反応基質分子の固体表面への吸着が，固体表面の電子状態を乱すことに着目したことに端を発する．20世紀中頃に発達したバンド理論に深く関わる，当時ソ連のヴォルケンシュタイン（F. F. Volkenstein）による触媒の電荷移動理論がその代表といえる．この理論では，触媒反応の速度は，触媒の電荷キャリアである電子と正孔の濃度で制御される．また，分子の化学吸着は，固体との電子のやりとり（電子供与あるいは電子求引）をともなう，と考える．したがって，これは，触媒のフェルミ準位（金属中の電子の化学ポテンシャルに相当）に深く関わる．金属酸化物へのドーピングは，このフェルミ準位の制御を意味する．1950年代には，半導体産業の伸長にともない，触媒の分野においても，半導体への小分子の吸着に関する研究が盛んに行われた．これらの研究では，光照射した半導体への分子吸着を調べるものもあり，現在の光触媒の素反応の研究がすでに行われていたと考えることもできる．

　こうした電子論的アプローチによる研究においては，ドーピングのように，活性中心の近傍に添加された原子が活性中心の電子状態に強く影響を及ぼすことも議論されている．隣接原子が活性中心に与える電子的影響を**リガンド効果**（ligand effect）と呼んでいる．

　もちろん，アンサンブル効果やリガンド効果に代表されるこれら2つのアプローチは独立したものではなく，互いに関連しているが，いずれも適用される対象が限定されていたため，20世紀後期には再び化学的アプローチへの回帰が起こった．ただし，それまでの物理学的アプローチによる研究により，各種の分光法や種々の顕微鏡の進展があり，吸着分子も含めた触媒表面の幾何学構造や電子状態の観察が徐々に可能になってきた．これらの手法により素反応自体をエネル

ギー的に分析し可視化することさえ可能になりつつある．上記のことを考え合わせると，化学的アプローチと物理学的アプローチは混交してきたといえる．

　また，均一系錯体触媒では，活性種構造の類推が比較的容易であったため，反応系への理論計算化学の導入が1998年のオーストリア出身のコーン（W. Kohn），イギリス出身のポープル（Sir J. A. Pople）のノーベル化学賞受賞（受賞時はいずれも米国の大学教授）前後から盛んに行われていた．一方，不均一系触媒においても，種々の分析・解析手段により反応系自体をモデル化することが可能になり，さらには，計算機や計算化学的手法の大幅な進歩もあり，21世紀に入ってから新たな電子論的研究が台頭しつつある．

1.6　触媒の分類および各元素の触媒での機能

1.6.1　触媒の分類

　触媒は多種多様な形で利用されるため，反応相，利用するエネルギー，触媒材料，触媒形態，反応の種類，使用目的などにより，下記のように分類される（**表1.1**）.

（1）反応相による分類

　触媒が反応物を含む溶液に溶解しているときのように，触媒と反応物が同一相にあり，境界面をもたない場合，この触媒を**均一系触媒**（homogeneous catalyst）と呼ぶ．一方，触媒が固体で反応物が気体か液体である場合など，触媒と反応物が異なる相の反応では，触媒を**不均一系触媒**（heterogeneous catalyst）と呼ぶ．また，固体の触媒を特に**固体触媒**（solid catalyst）と呼び，別に分類する．

（2）利用するエネルギーによる分類

　触媒反応を進めるためにはエネルギー障壁（活性化エネルギー）を越える必要があるが，一般的な触媒はそのために熱エネルギーを利用する．すなわち，触媒反応系を加熱する．一方，光エネルギーを利用する触媒を**光触媒**（photocatalyst），電気エネルギーを利用する触媒を**電気化学触媒**（electrocatalyst，**電極触媒**）と呼ぶ．

（3）触媒材料による分類

　作用している状態での触媒の反応活性点が金属，酸化物，硫化物などである場合，それぞれ金属触媒，酸化物触媒，硫化物触媒などと呼ぶ．酸化物担体上に数％以下の低濃度で担持された触媒系でも，触媒活性点が金属であれば金属触媒に分類される．さらに，複数の元素を添加し多元化したものを合金触媒，複合酸化物触媒と呼ぶ．また，金属錯体触媒（均一系触媒）や酸塩基触媒などの分類もある．

1.6　触媒の分類および各元素の触媒での機能

表1.1　触媒の分類

分類方法	触媒名称
反応相・触媒相	不均一系触媒(固-気系，固-液系，液-液系(相間移動触媒)，固-液-気系)，均一系触媒(気相，液相)，固体触媒，液体触媒など
利用するエネルギー	触媒，光触媒，電気化学触媒(電極触媒)など
触媒材料	金属触媒(遷移金属触媒，貴金属触媒など)，合金触媒，酸化物触媒(遷移金属酸化物触媒，典型元素酸化物触媒など)，複合酸化物触媒，硫化物触媒，窒化物触媒，炭化物触媒，酸塩基触媒，金属錯体触媒，有機金属触媒，酵素触媒，高分子触媒など
触媒構造・形態	多孔体触媒(ゼオライト，メソポーラスシリカ，活性炭など)，層状化合物触媒，超微粒子触媒，クラスター触媒，分子触媒，イオン触媒，ミセル触媒，アモルファス触媒，単結晶触媒，多結晶触媒，担持触媒，ハニカム触媒，薄膜触媒，粉末触媒など
反応の種類	酸化触媒，還元触媒，脱硫触媒，脱硝触媒，水素化触媒，脱水素触媒，異性化触媒，重合触媒，クラッキング触媒，リフォーミング触媒(改質触媒)，アルコール合成触媒，不斉合成触媒，アンモニア合成触媒，FT反応触媒，選択酸化触媒，選択水素化触媒など
使用目的	石油精製用触媒，石油化学品製造用触媒，高分子重合用触媒，ガス製造用触媒(水素製造触媒)，油脂加工用触媒，医薬・ファインケミカルズ製造用触媒，環境触媒(環境保全用触媒，脱臭触媒)，自動車触媒(自動車排ガス浄化触媒)，燃料電池触媒，バイオ関連触媒，生活関連用触媒，工業触媒など
触媒調製法	含浸触媒，イオン交換触媒，ゾルゲル触媒，水熱合成触媒，共沈触媒，CVD触媒，光析出触媒，イオン注入触媒など
光触媒の分類	半導体光触媒(酸化物半導体，硫化物半導体，超微粒子半導体，薄膜半導体，層状半導体，コロイド半導体)，担持型光触媒(高分散系光触媒，固定化光触媒，局所励起光触媒，シングルサイト光触媒)，色素増感光触媒，可視光応答型光触媒など

(4)触媒構造・形態による分類

　多孔体，層状化合物，超微粒子，クラスター，分子，イオン，ミセルなど，触媒の構造・形態でも分類される．また，担体に担持した触媒は**担持触媒**(supported catalyst)と呼ぶ．単核でシリカ担体などに組み込まれた触媒を**シングルサイト触媒**(single-site catalyst)と呼ぶ場合もある．また，触媒のサイズのみを強調したナノ触媒という呼び方もある．

(5)反応の種類や使用目的による分類

　酸化，還元，脱硫などの触媒を利用する反応の種類により，酸化触媒，還元触媒，脱硫触媒などに分類される．また，環境保全，自動車排ガス浄化など触媒反応の使用の目的や対象によって，環境触媒，自動車触媒などに分類される．

第1章 触媒・触媒化学の歴史

● コラム　触媒の表記について

/（スラッシュ，スラント）

担持触媒を表す．/の左側が触媒活性成分，右側が触媒担体．

　例：Pd/C（活性炭担持パラジウム），V_2O_5/SiO_2（シリカ（酸化ケイ素）担持バナジウム酸化物）．V/SiO_2とV_2O_5/SiO_2は異なる触媒である．違いは，活性成分が金属Vか，＋5価のVを含む酸化物かである．ここで，V_2O_5は必ずしも五酸化バナジウム結晶を表すわけではないことに注意．

−（ハイフン）

（1）多元系複合酸化物，多元系複合塩化物などを表すときに用いる．決まった結晶構造がなくアモルファスのものが多い．

　例：SiO_2−Al_2O_3はケイ素とアルミニウムからなる二元系複合酸化物．シリカ−アルミナなどと呼ぶ．−（ハイフン）に代えて・（中点）を使うこともある（SiO_2・Al_2O_3）．

（2）触媒への添加元素あるいは修飾元素を表す．担持触媒との区別は難しい．

　例：Na−Al_2O_3はナトリウムを蒸着した酸化アルミニウム．

光触媒で助触媒（co-catalyst）として使われる金属を添加した触媒を，例えばPt/TiO_2などと書くのは間違い．TiO_2（酸化チタン）が光触媒の活性成分であるから，Pt−TiO_2と書くべきである．TiO_2/Ptはいうまでもなく間違っている．Ptは担体ではない．ちなみに，通常，助触媒は英語ではpromoterであるが，光触媒の場合はco-catalystと呼ぶのが一般的である．

（6）光触媒の分類

　光触媒の多くは半導体の酸化物や硫化物である．最近は，酸化物と窒化物が固溶したオキシナイトライドなども利用される．これらは半導体光触媒と呼ばれる．これに対し，シリカやゼオライトに担持された高分散酸化物の光触媒は，担持型光触媒または高分散系光触媒と呼ばれる．

1.6.2　各元素の触媒への利用

　触媒には多種多様な元素が利用されている．各元素は触媒成分として利用の役割によって，触媒（活性サイト），助触媒，触媒担体に分けられる．助触媒は，触媒の活性，選択性，寿命を向上させるために触媒に少量添加される物質である．触媒担体は，触媒の表面積や安定性の向上のために触媒を保持する物質であり，通常は熱的に安定な金属酸化物が利用される．**表1.2**に代表的な触媒をまとめる．

1.6 触媒の分類および各元素の触媒での機能

表1.2 各元素の触媒への利用

主な触媒

元素	触　媒	反　応
Al	$AlCl_3$（ルイス酸）	フリーデル-クラフツ反応（アシル化，アルキル化）
Si	SiO_2-Al_2O_3, ゼオライト（固体酸）	石油改質
Ti	$TiCl_4$・$Al(CH_2CH_3)_3$	高分子重合（チーグラー-ナッタ触媒）〈1963年ノーベル化学賞〉
V	V_2O_5 V_2O_5-TiO_2 V_2O_2-P_2O_5	SO_2酸化（硫酸製造） 脱硝 選択酸化（無水マレイン酸合成）
Cr	$Cr(IV)/SiO_2$ Cr_2O_3/Al_2O_3	高分子重合（フィリップス触媒） 脱水素
Mn	MnO	完全酸化（CO酸化）
Fe	Fe-K_2O-Al_2O_3 Co, Feなど	アンモニア合成（ハーバー-ボッシュ法）〈1918年ノーベル化学賞〉 フィッシャー-トロプシュ反応，石炭液化〈1931年ノーベル化学賞〉
Co	Co錯体	ヒドロホルミル化
Ni	$Ni/CaAlO_3$ 骨格Ni（ラネーニッケル）， Ni微粒子	メタン改質 水素化〈1912年ノーベル化学賞〉
Cu	Cu/ZnO Cu_2O/Cr_2O_3	メタノール合成 水素化・脱水素
Nb	Nb_2O_5（固体酸）	選択酸化
Mo	$Co・MoS_2/Al_2O_3$, $Ni・MoS_2/Al_2O_3$ MoO_3	脱硫 メタシセス
Ru	Ru-K/C Ru錯体	アンモニア合成 水素化，炭素骨格変換，不斉合成〈2001年ノーベル化学賞〉
Rh	Rh錯体	ヒドロホルミル化（ウィルキンソン錯体），酢酸合成
Pd	$PdCl_2$-$CuCl_2$ Pd/SiO_2, Pd/Al_2O_2 Pd触媒	アルケン（オレフィン）酸化（ワッカー法） 部分水素化 クロスカップリング反応
Ag	Ag/α-Al_2O_3	選択酸化（エチレンのエポキシ化）
La	$LaCoO_3$	燃焼
Ce	CeO_2-ZrO_2	自動車排ガス浄化（酸素吸蔵）
W	$H_3PW_{12}O_{40}$（ヘテロポリ酸）	選択酸化
Pt	Pt/Al_2O_3, Pt-Re/Al_2O_3 Pt-Rh-Pd/CeO_2-ZrO_2 Pt/C	石油改質 自動車排ガス浄化 燃料電池電極触媒
Au	Au/TiO_2	酸化
Bi	Bi_2O_3-MoO_3	選択酸化（アンモ酸化）
主な触媒担体	Al_2O_3, SiO_2, TiO_2, ZrO_2, MgO, ZnO, CeO, SiO_2-Al_2O_3, ゼオライト，活性炭，SiC，ケイソウ土，粘土など	
主な光触媒	TiO_2, $SrTiO_3$, ZnO, SnO_2, WO_3, CdS, ZnS, TiO_x/SiO_2, VO_x/SiO_2, CrO_x/SiO_2, MoO_x/SiO_2, Cu^+/SiO_2など	

15

1.7 本書で学ぶこと

　本書では，まず次の第2章において，触媒の産業における位置づけや，触媒の調製法，触媒反応器の特徴，触媒劣化など触媒反応を操作するときの実際的な問題について触媒反応工学的観点から詳述した後，触媒の化学的アプローチのための基本的な道具として，主に熱力学，反応速度論に基づく基礎概念について第3章で，さらに，物理学的アプローチに必須な触媒の分析・解析（キャラクタリゼーション）手法および計算化学に関して第11章で詳述する．また，第4章から第10章までは，触媒の使用目的に基づいてジャンルごとに解説している．

　エネルギー，化成品といった現在の我々の生活の根幹となるものは石油に依存するところが大きい．第4章では，原油の精製とそれから導かれるバルク製品の製造プロセスについて概説している．原油精製プロセスでは，ウドリーの時代から，固体酸触媒が重要な役割を果たしている．これについても概説している．第5章では現在稼働している工業プロセスにおける代表的な触媒プロセスに対してスポットを当て，その反応機構なども含め詳述している．第6章，第7章では，高機能性製品であるファインケミカルズの製造に用いられる不均一系触媒，均一系触媒による化学反応について，現在進行形のものも含めて解説している．一部第5章と重複する部分もあるが，視点を変えた説明がなされている．第8章では，環境触媒を扱っている．環境触媒は，一般に廃棄物を清浄化するものと考えられているが，実は，汚染原因となるものを化学プロセス原料の段階で除去する役割もある．原油精製プロセスでの（深度）脱硫触媒はその代表例である．これについては，第4章と重複する部分があるが，より詳細なメカニズムが解説されている．第9章においては，エネルギーとエネルギー貯蔵という観点から，燃料電池，バイオマスを特に強調している．燃料電池では，燃料製造，電池部分など複数の触媒が一種のデバイスとしてシステマティックに使われている．バイオマスは，バイオディーゼル油などのエネルギー資源にもなるが，未来の化成品原料としても期待されている．

　第10章では，光触媒を扱っている．本多-藤嶋効果の報告から半世紀が経とうとしているが，水や空気の浄化に注目されたものの，いまだ工業プロセスとしての実用化はなされていない．しかし，太陽光を用いた水からの水素製造や二酸化炭素の固定化という近未来のエネルギー問題，資源問題の解決に重要な役割を担う可能性があり，触媒化学の一分野として学んで発展させねばならない．

第**2**章　　化学産業と触媒プロセス

本章で学ぶこと
・製造業の中での触媒産業の重要性
・触媒の調製法とその注意点
・さまざまな触媒プロセスと効率的な触媒分離方法
・触媒劣化の原因とその対策

2.1　化学産業と触媒

　触媒は化学産業にとどまらず，機械・電気・資源・エネルギーなどあらゆる産業で欠くことのできない要素技術であり，ほとんどの化学産業に触媒が関わっているといっても過言ではない．ただし，触媒を利用した製品を，それとわかっていて消費者が直接購入する例は，光触媒を塗布した造花，マスク，空気清浄機などきわめて限られている．しかし，触媒は消費者向けの最終製品を製造するうえで，あるいは製品の環境適合性を保証するうえで欠かせない．自動車を例にあげると，ガソリン自動車の心臓部はエンジンであるが，排ガス中の有害物質（窒素酸化物NO_x，一酸化炭素CO，炭化水素HC：詳細は第8章参照）の排出量は規制値以下まで下げる必要があるため，十分な性能をもつ自動車用三元触媒を組み込まなければ商品化できない．また自動車のバンパーや内装に使われるプラスチックや繊維も触媒プロセスを経て生産されている．ガソリンや軽油も深度脱硫プロセスを経て日本の規制値（10 ppm）以下まで硫黄成分を除去した後に販売されている（第8章参照）．光触媒は先の日用品以外にも，衛生面や防汚性を高めたサニタリー商品や建物外壁など，さまざまな商品に応用されている．化学産業においては，触媒は化学製品の生産効率を上げるための機能性材料として用いられ，触媒の性能（活性，選択性，寿命）は生産コストに直結する．特に取り扱い量が大きいガソリン製造やモノマー合成のプロセスでは，％オーダーの収率の変化が収益を大きく左右する．

17

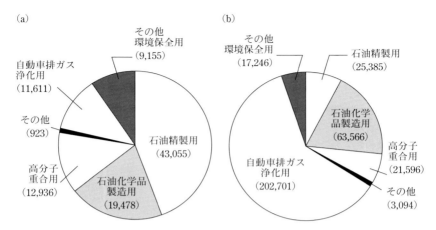

図2.1　2014年の年間触媒(a)出荷量(単位トン)と(b)出荷金額(単位百万円)
その他の内容は，油脂加工・医薬・食品製造用，無機ガスの製造用などである．
[一般社団法人 触媒工業協会，2014年触媒統計一覧(http://www.cmaj.jp/catalyst_info/statistics/)をもとに作図]

図2.1に出荷量と出荷金額ベースでの触媒用途の割合を示す．触媒の出荷量は石油精製用，石油化学品，高分子重合用で全体の約3/4を占める．ただし金額ベースで比較すると自動車触媒が全体の約6割を占める．これは自動車触媒には高価な白金属元素(白金Pt，パラジウムPd，ロジウムRh)が活性成分として用いられていることが主な原因である．逆の例が石油精製用触媒であり，出荷量では最大であるが出荷額は石油化学品製造用よりも少ない．なお，「その他環境保全用」には，火力発電所，ごみ焼却炉などから出る窒素酸化物(NO_x)やダイオキシンを無害化するための触媒などが含まれる．

2.2　触媒の調製法

2.2.1　触媒の形状の触媒活性への影響

工業触媒には**図2.2**に示すように，球状，ペレット状，リング状などさまざまな形状のものが用いられる．例えば，自動車触媒は**モノリス**(monolith)と呼ばれる一塊のセラミックスの前と後ろに貫通する孔がハニカム状に規則正しく空いている形状の触媒が用いられる．これは圧力損失を極力低く抑えるためであり，またモノリスは振動により破損しないよう緩衝材によって守られている．ほかにも，

2.2 触媒の調製法

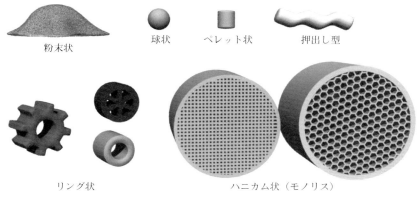

図2.2 さまざまな触媒の形状

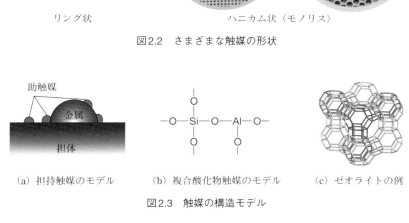

(a) 担持触媒のモデル　　(b) 複合酸化物触媒のモデル　　(c) ゼオライトの例

図2.3 触媒の構造モデル

流動床で用いられる触媒は移動中に機械的に削れないように角を落とした構造となっている．このように触媒の形状は機械的強度，反応容器内での圧力損失，物質拡散，熱伝導の最適化により決定される．一方，化学的な触媒作用は原子レベルでの混合状態，形成される結晶相，金属粒子の分散などに依存する．こうした触媒のミクロ構造を決定するのは主に触媒調製の段階である．以下では，一般的な触媒の調製方法について紹介する．

触媒の多くは活性成分のみならず，**担体**（supportあるいはcarrier）や**助触媒**（promoter）を含む複数の成分から構成されている．図2.3には触媒の構造の例を示す．担持金属触媒では金属粒子の表面が基質と接触して触媒作用が生じるため，金属をできるだけ小さな粒子として表面積を大きくしたい．そもそも担体を用いるのは，金属粒子だけでは熱的な安定性や機械的強度が弱いためであり，アルミナなど表面積が大きく安定な材料を支持体として，これに金属粒子を分散させて

19

第2章　化学産業と触媒プロセス

いる．このように金属あるいは金属酸化物などの活性成分を担体上に分散させることを**担持**（support）という．さらに担持触媒には活性・選択性を向上させるための助触媒も加えられる．助触媒添加の目的が，金属の触媒作用の促進や金属の酸化状態制御にあるのならば，助触媒は金属の近傍に効率よく配置したい．

複合酸化物触媒の場合，複数の成分が原子状によく混合した状態であれば，複合固体酸性の発現や酸化還元能の向上が期待できる．さらにゼオライトのような多孔体結晶では，成分や組成だけでなく，材料のもつ規則的な構造が触媒作用を制御する（第4章参照）．このように，一般的に触媒はその機能を最大限に発揮させる目的で，役割の異なる成分を複合化させて用いられるため，触媒の調製においては，成分の混合状態，分散性，周期的な構造を念頭に置いてそれに適した手法が用いられる．

2.2.2　触媒の調製法およびその特徴

表2.1に触媒の調製法を分類した．以下では，典型的な調製法について手順を説明する．含浸法は担持触媒の調製に広く用いられ，表面積が大きく機械的な強度の強いアルミナなどの担体の表面に，触媒活性の高い貴金属や酸化物を分散させることができる．蒸発乾固を経て調製する一般的な含浸法の手順を**図2.4**（a）に示す．触媒活性成分の原料としては硝酸塩など溶解性の高い塩を用い，これを水溶液とし，そこに担体である金属酸化物を浸す．続いて，加熱して溶媒を蒸発させ，担体表面に金属塩が付着した状態とする．これを乾燥，焼成すれば，塩は分解して金属あるいは金属酸化物となる．

担持触媒には活性成分がよく分散して反応に有効な表面を多く露出することが求められる．活性成分の分散度（3.2.2項，11.2.1項参照）が高い触媒を得るためには，溶媒を蒸発させずに平衡吸着量の活性成分だけを吸着させ，濾過した担体を焼成する平衡吸着法や，細孔容積と同じ量の水溶液だけを用いるincipient wetness法，あるいは気相成分の析出により活性成分を担持させる**化学気相蒸着法**（chemical vapor deposition, CVD）などが用いられる．

非担持触媒の調製には沈殿法がしばしば用いられる．沈殿法では，金属塩の溶液に沈殿剤を混合して水酸化物などの沈殿を生成し，これを400〜500℃程度の比較的低温で加熱して水酸化物を脱水させることにより金属酸化物を得る．これは高温での処理は粒子の焼結（**シンタリング**，sintering：8.4.1項も参照）を引き起こして表面積が減少するためであり，触媒成分の混合や分散は溶液状態で制御し

2.2 触媒の調製法

表2.1 触媒調製法一覧

［触媒学会 編，触媒講座5：触媒設計，講談社(1985)および江口浩一 編著，触媒化学(化学マスター講座)，丸善(2011)を参考に作表］

調製法			手 法
担持	含浸法 (impregnation)		活性成分を含む溶液に担体を浸漬して，活性成分を担持する．固体と溶液の比率によってさまざまな名称がある．
		蒸発乾固	活性成分を含む溶液に担体を浸漬し，加熱や減圧により溶液を蒸発させる．
		平衡吸着法	活性成分を含む溶液に担体を浸漬し，平衡吸着量分だけを担持する．活性成分を吸着した担体は，遠心分離や濾過により分離する．
		incipient wetness法	担体表面が均一に濡れるが遊離した溶液がない状態まで，触媒前駆体溶液を含浸する(別名dry impregnation)．
		pore-filling法	担体の細孔容積をあらかじめ測定し，同量の触媒前駆体溶液を加え細孔に吸い取らせる．
	化学気相蒸着法(CVD)		触媒活性成分を蒸気状で担体表面に担持させる．分散度の高い試料が得られやすい．
	光析出		担体から光触媒反応で生じる電子により溶液中の金属イオンを還元して活性成分を析出させる．
	析出沈殿法		塩化金酸(塩化白金酸)の水溶液を水酸化ナトリウムなどを加えることにより水溶液のpHを7〜10の範囲に調整した後，金属酸化物担体を分散し，担体表面にだけ水酸化金(白金)を析出させる．金・白金触媒の調製によく用いられる．
非担持	沈殿法 (precipitation)		溶液から触媒成分を沈殿剤で沈殿させる．塩基を用い，pHの変化により沈殿を生じさせることが多い．
		均一沈殿法	室温で触媒成分と沈殿剤の前駆体が混合した均一な溶液を調製し，容器内に成分濃度の差が生じないよう，加熱などにより沈殿剤を発生させて均一な沈殿を得る．沈殿剤の発生には尿素やエステルの加水分解が利用される．
		共沈法	複数の触媒成分を同時に沈殿させて複合体を形成させる．
		混練法	異なる成分の沈殿を別々に調製し，得られた沈殿を練り混ぜて複合材料とする．
		沈着法	活性成分を含む溶液に担体を浸した後，沈殿剤を加えて活性成分を担体上に沈殿させる．
	溶融法		酸化物とアルカリ塩を混ぜて溶融する．NH_3合成触媒の調製で用いられる．
	固相法		複数の酸化物を混合して固相反応で複合体を合成する．高温を必要とするため焼結が進み，得られる材料の表面積は小さい．
	展開法		ラネー型触媒の調製に用いられる．触媒成分とAlとの合金を調製した後，Alを溶出して多孔体を形成させる．
	ゾルゲル法		アルコキシドをゲル化して調製．均一な複合体を形成しやすい．
	水熱合成法		高温高圧の水熱中で行う無機材料合成法．ゼオライトなどの結晶性材料の合成にしばしば用いられる．
修飾	イオン交換		ゼオライト，粘土がイオンとして保持するNa^+などの塩基性イオンを水溶液中で他の金属イオンと交換する．
	インターカレーション		粘土などの層間化合物の層と層の間にイオン，酸化物などを挿入する．
	化学気相蒸着法(CVD)		気相からの蒸着により，触媒表面を均一に修飾できる．例えばシリカの蒸着による表面の不活性化やゼオライトの細孔径制御があげられる．

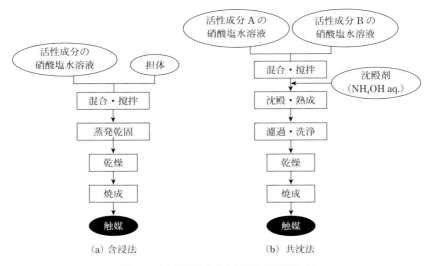

図2.4 （a）含浸法と（b）共沈法の手順の例

て，熱処理はできる限り低温で行われる．また複合体を合成する場合，沈殿を練り混ぜる混練法や，pHを酸性側から塩基性側に大きく変化させることにより複合体を水酸化物として得る共沈法もある．さらに，原子レベルでの複合状態を実現するためには，ゾルゲル法や水熱合成法も利用される．**図2.4**（b）に共沈法の典型的な手順を示す．

　沈殿法における沈殿生成条件は**溶解度積**（solubility product）から求められる．沈殿剤には通常，アンモニア水のような塩基を用い，pHの高い領域において，水酸化物の水への溶解度が低くなることを利用する．ここで，以下のような水酸化物の溶解平衡を考える．

$$M(OH)_n(s) \rightleftarrows M^{n+} + nOH^- \tag{2.1}$$

この平衡の溶解度積は次の式で示される．

$$K_{sp} = [M^{n+}][OH^-]^n \tag{2.2}$$

水の自己解離定数（25 °C）

$$K_w = [H^+][OH^-] = 1.008 \times 10^{-14} \text{ mol}^2 \text{ L}^{-2} \text{ (25 °C)} \tag{2.3}$$

を用いると，溶液中の金属イオンM^{n+}の濃度$[M^{n+}]$について以下に示す関係が得

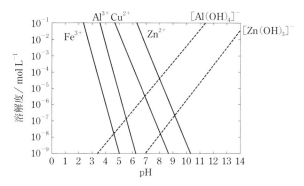

図2.5 種々の金属イオンの溶解度とpHの関係

られる.

$$\log[\mathrm{M}^{n+}] = \log\left(\frac{K_{\mathrm{sp}}}{K_{\mathrm{w}}^{n}}\right) - n\mathrm{pH} \tag{2.4}$$

図2.5に種々の金属イオンの溶解度とpHの関係を示す．Fe^{3+}などの酸性酸化物の金属イオンはpHを上げていくと溶解度が小さくなる．仮に$1\ \mathrm{mol\ L^{-1}}$の$Cu(NO_3)_2$の酸性溶液を中和していくと，溶解度積が$2.2 \times 10^{-20}\ (\mathrm{mol\ L^{-1}})^3$である$Cu(OH)_2$の溶解度はpH 8で$2 \times 10^{-8}\ \mathrm{mol\ L^{-1}}$となり，ほとんどの$Cu^{2+}$イオンが水酸化物の沈殿として析出する．多くの水酸化物は溶液のpHを上げることで沈殿を生成するが，AlやZnなどの両性元素は注意が必要である．$Zn(OH)_2$は酸性溶液に溶解し，塩基性の沈殿剤を加えることでpHの上昇とともに溶解度が低下して$Zn(OH)_2$が沈殿する．しかしながら，さらに塩基を加え続けるとヒドロキシド亜鉛酸塩$[Zn(OH)_3]^-$，$[Zn(OH)_4]^{2-}$を生じて再び溶解する．このためAlやZnは塩基性溶液に酸を加えて沈殿を形成させる場合もある．

バナジウム(V)，モリブデン(Mo)，タングステン(W)などは水溶液中でオキソイオンとして存在する．例として，バナジウムオキソイオンの溶液濃度およびpH依存性を図2.6に示すが，pHと濃度によってイオンの状態は異なる．また使用する担体の等電点の違いにより，担体表面に「捕捉」されるイオン種の重合度が変化する．低濃度の硝酸溶液から平衡吸着法で作製した担持触媒では，バナジウム酸化物のモノマーが生成しやすい．逆に凝集体を形成したい場合は，溶解度の高いシュウ酸錯体を用いて，V_2O_5を層状の酸化物として担持する．担持V_2O_5の凝集状態は，触媒作用に影響する．例えば，V_2O_5/TiO_2触媒上でのベンゼンの

第2章　化学産業と触媒プロセス

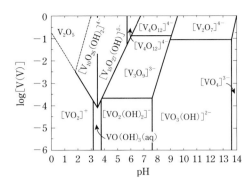

図2.6　バナジウムオキソイオンの溶液濃度およびpH依存性
[C. F. Baes, Jr. and R. E. Mesmer, *The Hydrolysis of Cations*, Wiley (1970) およびI. E. Wachs, *Dalton Trans.*, **42** (2013) 11762を一部改変]

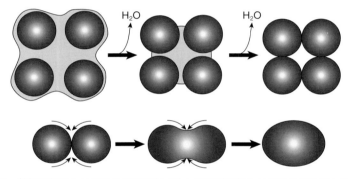

図2.7　乾燥工程における粒子の凝集(上段)と焼成工程における粒子径の増大(下段)

部分酸化反応において，シュウ酸錯体を用いて担持した触媒は高い選択率で無水マレイン酸を生成する一方，硝酸溶液を用いた触媒では選択率が著しく低いことが報告されている．

　前駆体の乾燥と焼成においては，粒子の凝集による表面積の減少に留意する必要がある．触媒調製において表面積に大きく影響するのは後段の焼成温度である．高温になるほど材料の焼結(凝集)が進み，表面積は減少する．また乾燥工程も重要である．**図2.7**に示すように溶媒で濡れた粒子から溶媒が蒸発する際に，粒子間にメニスカスが発生し，表面張力により粒子同士は引きつけ合う．接触した粒子同士は二次粒子を形成し，さらにその後の焼成工程においては粒子界面への物質移動が起こりやすく粒子が成長し，表面積が減少する．これを防ぐためには，

表面張力の小さな有機溶媒などの使用や，超臨界流体による乾燥が有効であることが知られている．

ゼオライトやメソポーラスシリカのような規則性多孔体の調製にはもっぱら水熱合成法が用いられる．液体（主に水．有機溶媒を用いることもある），触媒の構成成分，**構造規定剤**（structure directing agent, SDA）をオートクレーブ（密閉容器）に仕込み，沸点以上の温度をかけることで反応させる．容器内では液体が媒体となって物質輸送が活発になり，低温で比較的短時間に結晶性の高い材料を得ることができる．構造規定剤や前駆体の組成およびpHを制御することにより，さまざまな多孔体を合成することが可能である．さまざまなゼオライトの合成法が国際ゼオライト学会（International Zeolite Association）のwebページ（http://www.iza-online.org/synthesis/）に公開されている．

2.3 触媒プロセスと反応器

触媒プロセスには，化学反応，物質移動，熱移動，分離回収を考慮して，さまざまな様式および反応器が用いられる．これらは反応物の供給が回分式か流通式か，反応器形状が槽型か管型か，触媒が均一系か不均一系か，固体触媒であれば固定床か流動床か，また運転は定常か非定常かによって分類される．

図2.8に代表的な反応器を示す．回分式はビーカーやフラスコなどを使用した

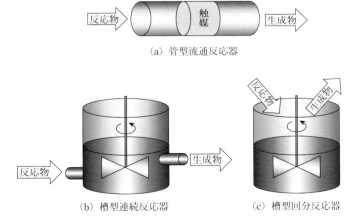

図2.8　連続式―回分式，管型―槽型による反応装置の分類

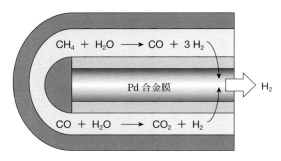

図2.9　Pd合金膜を用いた膜分離型反応器

実験室レベルでの化学反応をスケールアップしたものだと思っていただければよい．この方式は，主に均一系触媒プロセスに用いられる．ただし生産性を上げるためには，反応物・生成物は連続的に流通させた方がよく，液相反応でこれを実現する場合には槽型連続反応器がよく用いられ，管型流通反応器は気相・液相反応ともに用いられる．また不均一系触媒プロセスでは，触媒を固定床とする場合もあるが，接触分解など触媒の連続再生が不可欠な場合には触媒を流動化させる流動床のプロセスが採用される．固定床の場合，触媒はペレットやハニカム状で装置に固定する場合もあれば，管状の分離膜に触媒層を塗布し，分離機能をもたせる場合もある．膜分離型反応器を用いた典型例としては，Pd合金膜を用いた水素製造がある．Pd合金には水素透過性があるため，水蒸気改質反応や水性ガスシフト反応による水素生成反応（5.1節参照）と組み合わせることで，生成した水素分子のみを反応系内から分離することができる．燃料電池に使用する水素には触媒毒（後述）となるCOの混入を極力抑える必要があるが，Pd分離膜を使用すれば反応器内で高純度の水素が得られる（図2.9）．また反応は平衡反応であるため，系内から水素を取り出すことにより，平衡の制約を回避して効率よい水素生成が可能となる．

　通常触媒プロセスは温度，圧力が一定の定常状態で運転されるが，温度，圧力などの条件を大きく変化（スイング）させて非定常状態で運転するプロセスもある．表2.2に非定常状態での運転に用いられる反応器（非定常反応器）の例を示す．これらは平衡や拡散律速の制約から逃れて，転化率や選択性の向上を狙ったものである．1つの例として低温での温度スイング吸着（low temperature adsorption and flush, LTAF法）によるナフタレンの位置選択的メチル化をあげる．この反応

2.3 触媒プロセスと反応器

● コラム　マイクロリアクター

　近年，マイクロリアクターが注目されている．マイクロリアクターとは500 μm
以下の微小空間を反応場とする流通反応器であり，単位体積あたりの表面積が大き
い，流れが層流である，熱交換が容易，流路形状設計の自由度が高いなどが利点で
ある．これらの利点を利用して，化学反応をより精密に制御することができれば，
副生成物の少ない環境調和プロセスの構築が可能となる．

表2.2　非定常反応器の例

[化学工学会 編，進化する反応工学—持続可能社会に向けて，槇書店(2006)を参考に作表]

反応器の種類	非定常操作	改善点
パルスクロマト反応器	反応物濃度	可変因子
向流移動層クロマト反応器	触媒粒子位置	可変因子
圧力スイング反応器	圧力	可変因子
周期的濃度変動操作反応器	反応物濃度	速度
トラップ反応器	流路	速度
流路反転反応器	流路	可変因子・速度
循環流動層反応器	触媒粒子位置	可変因子・速度
温度スイング反応器	温度	可変因子・速度

は高機能性ポリマーの原料として有用な2,6-ジメチルナフタレンや2,7-ジメチ
ルナフタレンの選択的な合成がターゲットである．触媒としてはゼオライトを用
いるが，ナフタレンのような大きな分子はゼオライト細孔内への拡散が遅く，定
常状態では転化率が10〜20 %止まりである．LTAF法では低温で細孔内に反応物
であるナフタレンとメタノールを吸着させた後，気相への基質の供給を絶った状
態で温度を上げる．吸着は平衡論的に有利な低温，反応は速度論的に有利な高温
で行うことにより定常状態の3倍以上である80 %近い転化率，3〜4倍程度の選
択率を得ることができる．

2.4 触媒の分離方法

　固体触媒を気相反応で用いる場合は触媒と反応物・生成物の分離は至って簡単であるが，液相での反応の場合は固体触媒であれば濾過，沈降分離，遠心分離などが必要である．また錯体などの均一系触媒を扱うプロセスでは，抽出や蒸留などによる触媒の分離操作が必要となる．抽出は使用後の溶媒の処理にコストがかかり，蒸留は化学工業におけるCO_2排出量の約4割を占めるほどエネルギー消費型のプロセスである．

　近年，グリーンケミストリーの観点から分離がしやすい触媒，あるいはあらかじめ分離を考慮したプロセスが提案されている．例えば，FePt@Ti–SiO_2コアシェル触媒は，Feを含んでいるため，反応後は磁石を近づければ反応容器の壁に触媒粒子が集まり，溶媒中から触媒を容易に分離することができる．また触媒は再利用可能であり，H_2O_2を酸化剤とするシクロオクテンのエポキシ化においては4回の繰り返し試験において活性・選択性ともにまったく低下しない．

　触媒の分離とともに生成物の反応系からの分離も触媒プロセスでは大きな問題である．液相反応の場合，蒸留は多くのエネルギーを必要とするためできれば避けたいプロセスであり，使用するとしてもエネルギーを少なくしたい．Dumesicらはフルクトースの脱水によるヒドロキシメチルフルフラール（HMFと略す，バイオマス変換プロセスにおける基盤物質）の合成において，図2.10に示す油相と水相を巧みに使った2相反応系の触媒プロセスを提案している．このシステムで

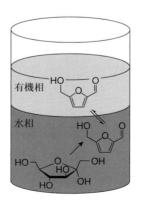

図2.10　2相反応系によるHMFの有機相への連続的な抽出
［Y. Roman-Leshkov *et al.*, *Science*, **312**, 1933（2006）］

は塩酸やイオン交換樹脂を触媒としてフルクトースを水相中で脱水し，生成した HMF をメチルイソブチルケトン（MIBK）と 1 -ブタノールの有機相に連続的に抽出する．この 2 相反応系では，フルクトースの転化率 90 %，HMF の選択率 80 %が達成されている．フルクトースの脱水反応は，ジメチルスルホキシド（DMSO）を溶媒として用いた 1 相反応系でも行うことができるが，生成した HMF を減圧蒸留によって分離するには，DMSO の沸点が高いために（189 ℃），大きなエネルギーが必要となる．MIBK や 1 -ブタノールの沸点は，DMSO に比べて 70 ℃程度低いために，DMSO を用いたときよりも小さなエネルギーで HMF を分離することができる．

2.5 触媒の劣化および寿命

触媒の劣化には主に，**触媒毒**（catalyst poison）と呼ばれる被毒物質の吸着によるものと，触媒自身の構造変化・組成変化によるものがある（表 2.3）．前者には活性回復が可能な一時被毒と，回復が難しい永久被毒がある．被毒を引き起こす物質としては，すす，灰，錆などの固体物質，タール，ヤニなどの液状物質，有機リンや金属ポルフィリンなどの有機金属化合物，ハロゲン類，アルカリ，硫黄・硫黄化合物があげられる．炭素析出は酸触媒上での接触分解や MTG 法（methanol to gasoline 法，5.3.1 項参照）などの重合反応に見られる．炭化水素を用いた反応では芳香環の共鳴安定化のため，ベンゼン環が生成しやすく，多環芳香族を経由

表 2.3 触媒劣化の原因と例

［触媒学会 編，触媒講座 5：触媒設計，講談社（1985），p. 228 を参考に作表］

分 類	原 因	例
被毒・阻害・析出	触媒被毒（吸着阻害）	金属触媒への硫黄化合物の吸着 貴金属表面への CO やアルケンの強吸着
	炭素析出	改質触媒，接触分解触媒上での炭素析出
構造変化	シンタリング	自動車触媒上での貴金属粒子の成長
	相転移	アルミナ担体の相転移による表面積減少
	相分離	多成分系 MoO_3 触媒の相分離など
	固相反応	Al_2O_3 担体への Rh の固溶
組成変化	気相成分との反応	アルミナ担体の硫化など
	成分の揮発・飛散	P, K, Mo, Te など蒸気圧が高い成分の揮発

第2章　化学産業と触媒プロセス

して炭素質（コークス）となって強固に付着する．炭素質は多くのプロセスにおいて空気中で燃焼させて除去する．また，硫黄化合物は永久被毒を引き起こす原因物質の典型例であり，燃料中に硫黄分を含むと自動車触媒では大問題である．いったん触媒が硫黄で被毒されると，自然に回復するのは難しい．このためガソリンや軽油などの燃料中の硫黄分は水素化脱硫により10 ppm以下まで除去されている（4.2節参照）．一方で，触媒側にも耐硫黄性を高めるための工夫が検討されている．例えばディーゼルエンジンおよびリーンバーン（希薄燃焼）エンジン用のNO_x吸蔵還元触媒は硫黄被毒に弱いBa（バリウム）などの塩基性物質を含むが，硫黄被毒と$BaSO_4$の形成を抑制するため，この触媒へのFe添加が有効であることが見出されている．

構造変化による劣化では金属触媒のシンタリングが典型例である．高温で作用する触媒においては，金属微粒子が担体上を移動して凝集し，あるいは揮発性酸化物として気相を移動して凝集する．金属粒子が凝集して粒子径が大きくなると，表面に露出した金属原子数が減少し，活性サイトが減少する結果，活性が低下する．担持金属触媒の露出金属表面積Sの減少速度式は一般的に

$$\frac{\mathrm{d}S}{\mathrm{d}t} = -KS^n \tag{2.5}$$

（Kは定数，nは触媒によって変化する値で$n=2 \sim 16$の範囲をとる）

と記述される．

シンタリングの原因は雰囲気によって異なる．白金を例とすると，酸素雰囲気の場合は不安定でかつ揮発性の高いPtO_2が生成し，気相を介した粒子移動が活発になる．この場合nは小さく，凝集律速となる．水素雰囲気の場合は原子，分子，または小さな粒子の粒子間移動が粒子成長を支配し，nは大きく，同じ温度では酸素雰囲気に比べ粒子成長が抑制される．

8族金属触媒の酸素雰囲気における安定性は，一般的にOs＜Ru（ルテニウム）＜Ir（イリジウム）＜Pt＜Pd≈Rhの順である．これは金属酸化物の生成エンタルピーと相関する．一方，水素雰囲気では，表面拡散に支配される粒子の移動による成長速度は拡散係数と直線関係にあり，拡散係数は表面移動の活性化エネルギーが増すに従い減少する．金属の融点が高いほど粒子は安定である．

金属粒子のシンタリング抑制策の1つとして，担体との相互作用が利用される．酸化雰囲気で担持金属を用いる場合，酸性担体に比べて塩基性担体上では担持金属が酸化される傾向にあり，金属が酸化されると活性は低下する．一方で，担体

30

と金属粒子の静電的な相互作用が強くなるため塩基性担体上では担持金属がシンタリングしにくくなる．活性と耐久性を両立するための1つの解は，α-アルミナ（α-Al_2O_3）などの中性の担体を選ぶことである．ただしそれだけでは限界がある．反応場の温度と酸化還元雰囲気がめまぐるしく変わる自動車触媒では，逆にこれを利用した，ダイハツのインテリジェント触媒や，トヨタ自動車のPt/CZY（CeO_2-ZrO_2-Y_2O_3固溶体）触媒が開発されている．これらの触媒では酸化雰囲気で金属を再分散させて触媒寿命を伸ばし，還元雰囲気で金属粒子を還元して活性を確保する工夫がなされている．

担体もしくは触媒として用いられる金属酸化物においても高温での粒子成長が触媒劣化の原因となる．触媒としてよく用いられるのはベーマイト（$AlO(OH)$）を空気中500〜600℃で焼成して得られるγ-アルミナである．γ-アルミナは通常100〜600 $m^2 g^{-1}$程度の大きな表面積をもつが，800℃以上で熱処理するとδ-アルミナやθ-アルミナを形成し，表面積は減少する．最終的には1200℃以上の加熱処理でα-アルミナとなり，表面積は数$m^2 g^{-1}$程度まで減少する．金属酸化物の粒子成長は，ミクロには一次粒子の接合部における近接したヒドロキシ基の脱水縮合で説明される．また粒子レベルではネック（neck）と呼ばれる細い粒界（多結晶体における小さな結晶の間の界面）に物質が拡散してネックが成長することにより粒子同士がさらに大きな粒子を形成する．

アルミナのシンタリング防止にはBa, La（ランタン）などの添加が有効である．アルミナにおける粒子の成長は高温で構成原子が表面およびバルクを移動することによって進行する．Ba, Laの添加によりヘキサアルミネートと呼ばれる層状アルミネート（アルミン酸塩）構造が形成され，物質拡散の過程が抑制されるため，高温における焼結が抑制される．

第2章　化学産業と触媒プロセス

❖演習問題

2.1 塩化白金酸六水和物($H_2[PtCl_6]\cdot 6\,H_2O$)を溶解させた水溶液を用いて，含浸法により1 wt%のPt金属粒子が担持されたPt/Al_2O_3触媒を調製したい．1.00 gのAl_2O_3に対して，何gの塩化白金酸六水和物が必要か計算しなさい．

2.2 ガリウム(Ga)とニッケル(Ni)の複合酸化物を共沈法により調製したい．どのようなことに気をつけて調製すべきか考察しなさい．

2.3 長さl(m)の触媒層をもつ管型流通反応器における速度式を考える．反応は反応物の濃度に対して一次であり，触媒層のみにおいて進行するとき，速度定数k(s^{-1})，流体の線流速F($m\,s^{-1}$)，入口の反応物濃度C_{in}($mol\,L^{-1}$)，出口の反応物濃度C_{out}($mol\,L^{-1}$)の関係が，以下の式で表されることを示しなさい．

$$\ln\left(\frac{C_{in}}{C_{in}-C_{out}}\right) = \frac{kl}{F}$$

2.4 槽型連続反応器において，反応物溶液の流通速度をF($L\,s^{-1}$)，反応槽の体積をV(L)，反応器入口の基質濃度をC_{in}($mol\,L^{-1}$)，反応器出口の基質濃度をC_{out}($mol\,L^{-1}$)とすると，反応物の反応速度rは以下の式で表されることを示しなさい．

$$r = \frac{F}{V}(C_{out}-C_{in})$$

第3章 触媒反応の反応機構 および反応速度論

本章で学ぶこと
- ・触媒反応の速度論的取り扱い
- ・触媒反応の素過程と律速段階
- ・吸着の基礎理論
- ・触媒反応の反応機構と速度式の関係

3.1 触媒反応の速度論

　化学反応の進行方向は熱力学的平衡で決定される．触媒は，反応経路を変化させる，つまり新しい反応経路を与えることにより反応速度を変化させる．このとき，化学平衡の位置は変化しない．化学平衡に向かう反応の方向を決定することは重要である．

　一方で，反応がどれくらいの速さ（＝反応速度）で進行するかを理解することも重要である．反応速度は，反応がどのような経路（＝反応機構）で進行するかによって変化する．したがって，反応機構を理解することは，反応速度を理解するために重要である．不均一系触媒反応では，その反応機構に反応物（基質ともいう）の吸着や生成物の脱離などの過程が含まれるため，固体表面における分子の吸着や脱離過程の理解が必要となる．本章では，主に不均一系触媒反応について，反応速度およびその解析方法について述べる．

3.1.1 触媒と反応速度

　化学反応の**反応速度**（reaction rate）は，単位時間，単位体積あたりに消失あるいは生成する分子の物質量（モル数）である．例として，式(3.1)のような反応について考える．

$$aA + bB \rightleftarrows cC + dD \tag{3.1}$$

第3章　触媒反応の反応機構および反応速度論

微小時間$\mathrm{d}t$の間に反応が進行して，A, B, C, Dのモル数がそれぞれ$\mathrm{d}n_\mathrm{A}$, $\mathrm{d}n_\mathrm{B}$, $\mathrm{d}n_\mathrm{C}$, $\mathrm{d}n_\mathrm{D}$ (mol)変化するとする．このとき，これらの変化量の間には成分A, B, C, Dの量論係数a, b, c, dで規格化すると以下の関係が成り立つ．

$$-\frac{\mathrm{d}n_\mathrm{A}}{a} = -\frac{\mathrm{d}n_\mathrm{B}}{b} = \frac{\mathrm{d}n_\mathrm{C}}{c} = \frac{\mathrm{d}n_\mathrm{D}}{d} = \mathrm{d}\xi \tag{3.2}$$

式(3.2)に導入したパラメータξは，化学量論と無関係に反応の進行の尺度を与えるもので**反応進行度**（extent of reaction）という．反応速度は，反応進行度の時間変化（$\mathrm{d}\xi/\mathrm{d}t$）と定義される．よって，反応速度$r$を体積$V$あたりの量として扱うと，

$$r = -\frac{1}{V}\frac{\mathrm{d}\xi}{\mathrm{d}t} \tag{3.3}$$

となる．物質Aのモル数の変化速度（$\mathrm{d}n_\mathrm{A}/\mathrm{d}t$）は，式(3.2)から

$$\frac{\mathrm{d}n_\mathrm{A}}{\mathrm{d}t} = -a\frac{\mathrm{d}\xi}{\mathrm{d}t} \tag{3.4}$$

となる．B, C, Dについて同様に扱い，$[\mathrm{A}] = n_\mathrm{A}/V$であることを考慮すると，反応速度$r$は以下のように表すことができる．

$$r = -\frac{1}{a}\frac{\mathrm{d}[\mathrm{A}]}{\mathrm{d}t} = -\frac{1}{b}\frac{\mathrm{d}[\mathrm{B}]}{\mathrm{d}t} = \frac{1}{c}\frac{\mathrm{d}[\mathrm{C}]}{\mathrm{d}t} = \frac{1}{d}\frac{\mathrm{d}[\mathrm{D}]}{\mathrm{d}t} \tag{3.5}$$

また，反応中に変化した成分A, Bの量の，それぞれの初期濃度に対する割合を**転化率**あるいは**反応率**（conversion）と呼ぶ．また，反応速度を系内に存在する成分の濃度の関数として表した式を反応速度式という．すなわち，反応速度式は以下のように記述される．

$$r = f([\mathrm{A}], [\mathrm{B}], \cdots) \qquad r = k[\mathrm{A}]^\alpha[\mathrm{B}]^\beta \cdots \tag{3.6}$$

ここで，kは反応速度定数であり，反応物の濃度$[\mathrm{A}]$, $[\mathrm{B}]$は，気体の場合，反応物AおよびBの分圧p_A, p_Bに，固体表面では反応物AおよびBの被覆率θ_A, θ_Bにそれぞれ相当する．被覆率θとは固体表面の全吸着サイト数（＝飽和吸着量）$n_{\max}$に対する吸着質で占められている吸着サイト数（＝吸着量）nの割合（$\theta = n/n_{\max}$）である（吸着については次節参照）．α, βは，反応物AおよびBに対する反応次数である．式(3.6)から，反応速度は濃度に関する項と速度定数で記述されることがわかる．

　さてそれでは，速度定数kはどのような意味をもっているのだろうか．化学変化を含む物質の変化が起こる際には，あるエネルギー障壁を越えることができる

だけの（運動）エネルギーを獲得しなければならない．このエネルギー障壁は，**活性化エネルギー**（activation energy）E_a と呼ばれる．この活性化エネルギー E_a は，反応速度定数 k と以下のような関係にあることが経験的に示されている．

$$k = A \exp\left(-\frac{E_a}{RT}\right) \qquad \ln k = \ln A - \frac{E_a}{RT} \tag{3.7}$$

この式は**アレニウスの式**（Arrhenius equation）と呼ばれる．ここで，R（= 8.314 J K^{-1} mol^{-1}）は気体定数，T（K）は絶対温度である．A は**頻度因子**（frequency factor）あるいは**前指数因子**（pre-exponential factor）と呼ばれ，触媒反応では吸着頻度，反応活性点の数，分子の立体構造の影響など種々の確率的な因子を含む．反応温度を変化させて反応速度定数 k を求め，その対数 $\ln k$ を $1/T$ に対してプロットすれば，式(3.7)から直線が得られ，その傾き $-E_a/R$ および切片 $\ln A$ から活性化エネルギーならびに頻度因子を求められることがわかる．このプロットを**アレニウスプロット**（Arrhenius plot）という．式(3.6)および式(3.7)から反応速度は，反応物の濃度，頻度因子，および，温度と活性化エネルギーを含むボルツマン因子（Boltzmann factor）$\exp(-E_a/RT)$ に影響されることがわかる．

　図3.1に触媒反応におけるエネルギー変化の例を示す．触媒は活性化エネルギーを変化させ，その結果，反応速度が変化する．活性化エネルギーが変化することは，反応経路が変化することに相当する．すなわち，触媒は新たな反応経路を提供することによって反応速度や選択性を変化させている．触媒が存在しない

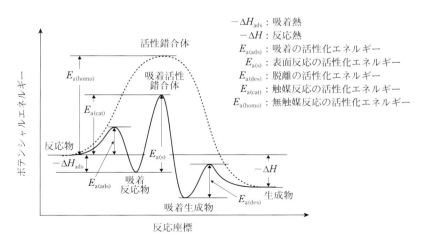

図3.1　触媒反応のポテンシャルエネルギー変化の例

第3章　触媒反応の反応機構および反応速度論

場合(破線)，反応分子同士の衝突にともなう分子の組み換えにより反応が進行する．これに対して不均一系触媒(固体触媒)が存在する場合(実線)には，反応分子の拡散，表面への吸着，吸着分子の結合の切断(解離)，表面移動と吸着種間の衝突による新しい分子への組み換え(表面反応)，生成物の脱離などいくつかの過程を経て反応が進行する．

　触媒反応における反応の進行とエネルギーの関係についてCOの酸化反応を具体例として示す．CO分子およびO$_2$分子の結合エネルギーは，それぞれ 1076 kJ mol^{-1}, 496 kJ mol^{-1}である．気相でCOとO$_2$を反応させるには，相対的に弱い酸素－酸素結合の開裂に必要なエネルギー障壁496 kJ mol^{-1}を超えるエネルギーが必要であり，このため900 K程度の反応温度が必要となる．一方，固体触媒存在下では，以下のような機構でCO酸化が進行すると考えられている．まず，CO分子とO$_2$分子は気相を拡散し，触媒表面へ分子状で吸着する．吸着したO$_2$分子は解離し，原子状酸素が生成する．生成した原子状酸素はCO分子と反応し，表面上でCO$_2$分子に変化する．生成したCO$_2$分子は触媒表面から脱離し，触媒表面は元の状態に戻り，触媒サイクルが完成する．適切な触媒を用いると，CO酸化は室温(約300 K)でも進行する．これは，吸着種(吸着反応物，吸着活性錯合体，吸着生成物)が触媒表面で適度に安定化され，図3.1に見られるように吸着，表面反応，脱離過程のそれぞれのエネルギー障壁($E_{a(ads)}$, $E_{a(s)}$, $E_{a(des)}$)の高さが低くなったためと考えられる．つまり，触媒反応の反応経路は触媒がない状態よりも起こりやすい複数の過程から構成されている．

　さて，上の例のように，触媒反応では一連の過程が連続して進行する．それ以上分割できない最小単位の要素反応を**素過程**(elementary step)または**素反応**(elementary reaction)という．この一連の素反応の組み合わせが**反応機構**(reaction mechanism)である．一連の素反応の中で最も遅い過程を**律速段階**(rate-determining step)と呼ぶ．触媒性能を評価し，その改良を行うためには律速段階を決定することが必要である．律速段階がわかれば，その反応速度を制御することにより触媒反応全体の活性の向上が図れるからである．アレニウスプロットから求められる活性化エネルギーは，触媒反応の種々の素過程のうち，律速段階の活性化エネルギーをよく反映しており，律速段階における中間体(**遷移状態**，transition state)の情報を与える．

　触媒の活性を比較する場合，同一条件で測定した反応速度は，その良い指標となる．この際，反応速度を規格化する必要がある．均一系触媒反応を扱う場合は，

触媒濃度を活性点数（あるいは活性点密度）として扱うことができる．このため，生成速度や生成物濃度を触媒濃度で規格化することによって求めた**ターンオーバー頻度**あるいは**触媒回転頻度**（turnover frequency, TOF：単位はmolecule site^{-1} s^{-1}）や**ターンオーバー数**あるいは**触媒回転数**（turnover number, TON：単位はmolecule site^{-1}）によって定量的な比較が可能である．一方，固体触媒による不均一系触媒反応の場合は，一般に活性点数を調べることは困難である．その場合，反応速度を触媒重量や触媒の比表面積などにより規格化した速度（＝比活性）を比較することとなる．

3.1.2　線形自由エネルギー関係

化学反応のギブズ自由エネルギー（Gibbs free energy）変化あるいはエンタルピー（enthalpy）変化と反応速度や活性化エネルギーの間には，直接的な相関はない．しかし，ある反応の反応物の官能基を変えるなど反応系に小さな変化を与えたときには，両者に相関が認められる場合がある．芳香族カルボン酸エステルの加水分解についての置換基効果に関するハメット則（Hammett rule）はその例である．

図3.2に反応系および生成系のポテンシャルエネルギー曲線を示す．反応系（曲線1）と生成系（曲線2）の交点が，反応物が越える必要のある活性化障壁，すな

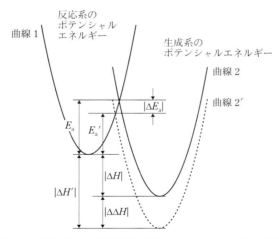

図3.2　反応系および生成系のポテンシャルエネルギー曲線

第3章 触媒反応の反応機構および反応速度論

わち活性化エネルギー E_a である．また，ΔH は反応エンタルピーである．いま，反応物の官能基の変更などにより生成系のポテンシャルエネルギーが，わずかに曲線2から曲線2′に低下したとする．このとき，反応エンタルピーは $\Delta\Delta H = \Delta H' - \Delta H$ だけ変化する．生成系のポテンシャルエネルギーが低下したことにともない曲線1との交点も移動し，活性化エネルギーも $\Delta E_a = E_a' - E_a$ だけ変化する（$\Delta E_a < 0$）．ここで，$|\Delta H| \gg |\Delta\Delta H|$ として ΔE_a と $\Delta\Delta H$ の関係を求めると，a を比例定数として

$$\Delta\Delta H = a\Delta E_a \quad (0 < a < 1) \tag{3.8}$$

の比例関係が得られる．これを**堀内－ポラーニの法則**（Horiuchi–Polanyi rule）という．反応系に加わる軽微な摂動は反応エントロピーを変化させないとすると，

$$\Delta\Delta H = \Delta\Delta G \tag{3.9}$$

のように，ギブズ自由エネルギーの変化量と反応エンタルピーの変化量が等しくなる．式(3.8)，(3.9)より

$$\Delta\Delta G = a\Delta E_a \tag{3.10}$$

が得られる．式(3.10)は，平衡を表すギブズ自由エネルギーの変化量と反応速度に関係する活性化エネルギーの変化量が直線関係にあることを示している．反応の平衡定数 K と標準生成ギブズ自由エネルギー $\Delta G°$ には，

$$-\Delta G° = RT \ln K \tag{3.11}$$

の関係がある．一方，速度定数と活性化エネルギーの間には，アレニウスの式(3.7)の関係がある．式(3.7)，(3.11)より，曲線1→2および曲線1→2′の場合の速度定数 k, k' と平衡定数 K, K' はそれぞれ以下のように表される．

$$\begin{aligned} k &= A\exp\left(-\frac{E_a}{RT}\right), \quad k' = A\exp\left(-\frac{E_a'}{RT}\right) \\ K &= \exp\left(-\frac{\Delta G}{RT}\right), \quad K' = \exp\left(-\frac{\Delta G'}{RT}\right) \end{aligned} \tag{3.12}$$

式(3.12)の結果を，式(3.7)，(3.11)に代入して整理すると

$$\Delta G' - \Delta G = -RT \ln\left(\frac{K'}{K}\right) = \Delta\Delta G$$

$$E_a' - E_a = -RT \ln\left(\frac{k'}{k}\right) = \Delta E_a$$

(3.13)

となり，式(3.10)から

$$\ln\left(\frac{K'}{K}\right) = a \ln\left(\frac{k'}{k}\right)$$

(3.14)

が得られる．式(3.14)から $\ln(K'/K)$ と $\ln(k'/k)$ をプロットすると直線関係が得られることがわかる．このように反応速度や活性化エネルギーとギブズ自由エネルギーの変化あるいは反応エンタルピーの変化といった熱力学的性質との間に直線関係が見られる場合がある．これを**線形自由エネルギー関係**(linear free energy relationship, LFER)という．LFERは，同じ機構で反応が進行している場合に得られる関係であり，一連の化学反応が同じ機構で進行しているかどうかを検証する方法の1つとして利用できる．

3.2 吸着の科学

3.2.1 物理吸着と化学吸着

3.1節で述べたように不均一系触媒における固体表面での触媒反応には，**吸着**(adsorption)過程が含まれる．均一系触媒では，配位がこれに相当する．吸着とは，気相または液相にあって3次元運動していた物質(吸着質)が，その相と接触する固体または液体との界面に束縛，濃縮される現象であり，エントロピーが減少する過程($\Delta S < 0$)である．定圧下における吸着過程のギブズ自由エネルギー変化 ΔG は，式(3.15)のように表される．

$$\Delta G = \Delta H - T\Delta S$$

(3.15)

吸着過程は自発過程($\Delta G < 0$)であるので，吸着によるエンタルピー変化 ΔH は負となる．つまり，吸着過程は発熱過程である．吸着する分子1 molあたりの発熱量(単位kJ mol^{-1})を**吸着熱**(heat of adsorption)という．また，吸着と逆の過程を**脱離**(desorption)という．

固体表面への吸着は，物理吸着と化学吸着に分けられる．物理吸着は，吸着分子または原子(吸着質)と固体表面の間の**ファンデルワールス力**(van der Waals

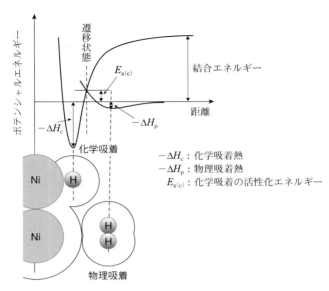

図3.3 固体表面への分子の吸着にともなう系のポテンシャルエネルギーの変化

force)に基づく弱い相互作用である．物理吸着の吸着熱は5〜20 kJ mol^{-1}程度で，吸着質同士の凝縮熱（蒸発熱）と同程度である．したがって，物理吸着は吸着質の凝縮が進行する程度の低温で進行し，吸着質同士の相互作用に基づき多分子層（吸着層）を形成するが，脱離は容易に進行し，吸着量は温度の上昇にともない減少する．一方，化学吸着では，吸着質と固体表面との間に化学結合が形成される．吸着熱は物理吸着よりも大きく，40〜800 kJ mo1^{-1}程度である．

固体表面への物質の吸着にともなう系の一般的なポテンシャルエネルギー変化を**図3.3**に示す．このようなポテンシャルエネルギー曲線を**レナード–ジョーンズポテンシャル**（Lennard-Jones potential）と呼ぶ．分子を無限遠から固体表面に向かって近づけると，まず分子間力のうち引力が作用してエネルギーが低下する．さらに近づけると斥力の支配が強くなり不安定化する．この両者の作用の結果，ある距離で最も安定となる．ここが物理吸着状態である．さらに距離が近づくと中間体を経由して分子が解離し，固体表面と新たな化学結合を形成するようになる．これが化学吸着である．化学吸着では化学結合を形成するための活性化障壁（E_a）を越える必要がある．このため，化学吸着は比較的高温で起こる．また，温度の上昇により吸着質同士の脱離が生じるために単分子層吸着となる．一方，化

学吸着の脱離の際は，固体表面との化学結合を切断する必要があるため，やはり活性化障壁を越える必要がある．したがって，脱離過程も物理吸着より困難である．

3.2.2　化学吸着の特性：吸着能と吸着熱

表3.1は，さまざまな金属への種々の気体の化学吸着の特性（吸着能）について定性的に整理したものである．化学吸着が進行するかどうかは，吸着質と金属の組み合わせで異なることがわかる．同族の元素は，同様な吸着特性を示す傾向がある．O_2分子は多くの金属に強く吸着するが，N_2分子やCO_2分子は限られた金属にのみ吸着する．化学反応では，化学吸着が進行するかどうかが触媒活性と深く関わっており，吸着能は触媒成分の選択における1つの指針となる．例えば，CO開裂を含むCO水素化による炭化水素合成（フィッシャー—トロプシュ反応，5.3.2項参照）の金属触媒としては，CO分子とH_2分子をともに解離吸着できるFeやCo（コバルト）が利用され，一方，CO開裂を含まないCO水素化であるメタノール合成では，H_2分子は解離吸着し，CO分子は分子状吸着するCuやPdが利用される．また，N_2分子とH_2分子からのアンモニア合成では，N_2分子とH_2分子がともに解離吸着できるFeやRuが利用される．

化学吸着は化学結合の形成をともなう一種の化学反応とみなせることから，酸素，窒素などの気体と固体表面の吸着の強さは，該当する化合物（酸化物，窒化物など）の生成エンタルピーと相関していると予想される．実際，多くの金属で

表3.1　金属の吸着能

金　属	吸着質						
	O_2	C_2H_2	C_2H_4	CO	H_2	CO_2	N_2
Ti, Zr, Hf, V, Nb, Ta, Cr, Mo, W, Fe, Ru, Os	+	+	+	+	+	+	+
Ni, Co	+	+	+	+	+	+	−
Rh, Pd, Pt, Ir	+	+	+	+	+	−	−
Mn, Cu	+	+	+	+	△	−	−
Al, Au	+	+	+	+	−	−	−
Li, Na, K	+	+	−	−	−	−	−
Mg, Ag, Zn, Cd, In, Si, Ge, Sn, Pb, As, Sb, Bi	+	−	−	−	−	−	−

＋：強く吸着する，△：弱く吸着する，−：吸着しない

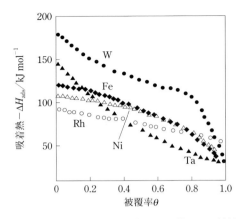

図3.4 さまざまな金属上における水素の吸着量と吸着熱の関係

酸素，窒素および水素の初期吸着熱（吸着量をゼロに外挿したときの吸着熱）とそれらに相当する金属酸化物，金属窒化物および金属水素化物の標準生成エンタルピーとの間に相関が認められる．例えば，酸素の吸着熱に着目するとPt, Pd, Rh, Irなどの酸化物は標準生成エンタルピーが小さい，すなわち酸化物をつくりにくい．こうした金属の表面では酸素の吸着熱は小さい．一方，Ta（タンタル），Ti（チタン），Nb（ニオブ），Alなどの酸化物は標準生成エンタルピーが大きく，酸化物をつくりやすい．こうした金属表面への酸素の吸着熱は大きい．

固体表面への気体の吸着熱は，多くの場合，吸着量によって変化する．**図3.4**に水素をさまざまな金属に吸着させたときの水素の吸着量と吸着熱の関係を示す．図3.4では吸着量を被覆率θで表している．一般に吸着熱は被覆率の増加とともに減少する．これは，吸着した吸着質同士の反発作用，表面の吸着サイトの不均一性などの理由による．つまり，図3.4の曲線は，吸着サイトの性質（吸着の強さの強弱）とその分布に関する情報を示している．

吸着サイトの不均一性の要因として電子的因子，幾何学的因子（バルクおよび表面構造，粒子サイズなど）などをあげることができる．金属を例にこれらの因子について説明する．

A. 電子的因子

CO分子およびH_2分子の活性化は，COの水素化による炭化水素合成（フィッシャートロプシュ反応）やメタノール合成などさまざまな触媒反応で重要である．これらの反応では，金属触媒にCO分子およびH_2分子が吸着して活性化され

表3.2　金属の電子配置と結晶構造

8族	9族	10族	11族
Fe [Ar] $3d^6 4s^2$ bcc	Co [Ar] $3d^7 4s^2$ fcc	Ni [Ar] $3d^8 4s^2$ fcc	Cu [Ar] $3d^{10} 4s^1$ fcc
Ru [Kr] $4d^7 5s^1$ hcp	Rh [Kr] $4d^8 5s^1$ fcc	Pd [Kr] $4d^{10}$ fcc	Ag [Kr] $4d^{10} 5s^1$ fcc
Os [Xe] $4f^{14} 5d^6 6s^2$ hcp	Ir [Xe] $4f^{14} 5d^7 6s^2$ fcc	Pt [Xe] $4f^{14} 5d^9 6s^1$ fcc	Au [Xe] $4f^{14} 5d^{10} 6s^1$ fcc

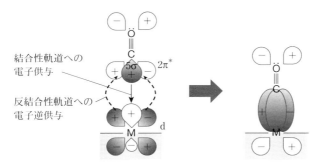

図3.5　金属表面へのCOの吸着
[G. Broden *et al.*, *Surf. Sci.*, **59**, 593 (1976)]

る．CO分子およびH₂分子の吸着は金属元素の電子密度と密接に関係する．**表3.2**に金属触媒で特に重要な8～11族元素について，電子配置を示す．これらの元素の最外殻電子はd軌道またはs軌道の電子である．吸着質との相互作用には最外殻のd電子と空のd軌道の存在が重要である．CO分子の吸着では，**図3.5**に示すように，炭素原子の非共有電子対（孤立電子対）が占める5σ軌道（CO分子の最高被占準位，HOMO）から金属原子の空のd軌道への電子供与（σ供与，σ donation）が起こる．その結果，金属原子の電子密度が増加し，逆に金属原子のd軌道から空の2π*軌道（CO分子の最低空準位，LUMO）への電子供与（π逆供与，π back-donation）が起こる．このπ逆供与の程度が大きくなると，反結合性分子軌道である2π*軌道の電子密度が増加する．逆供与の結果，C–O結合が弱くなり，最終的にはCO分子は開裂する．逆に，d電子の充填度が高い金属原子では，5σ軌道から金属d軌道への電子供与が小さくなる．その結果，金属d軌道から2π*軌道

への逆供与が小さくなり，CO分子のC–O結合は開裂しにくくなる．

B. 幾何学的因子

金属結晶は，表3.2に示すように面心立方(fcc)構造，体心立方(bcc)構造，六方最密(hcp)構造などのバルク構造をもつ．表面の原子は，バルクにはある結合が失われた配位数が小さい(配位不飽和な)環境にあるために不安定である．この表面では切れている結合は**ダングリングボンド**(dangling bond)と呼ばれ，反応性が高い．H_2分子やCO分子は金属表面のダングリングボンドを介して吸着する．

一般に表面金属原子の配位数が大きい結晶面は，比較的熱力学的に安定であるため，最表面に露出しやすい．面心立方構造では(111)，(100)面が，体心立方構造では(110)，(100)面が，六方最密構造では(001)，(101)面が表面に露出しやすい．これらの露出面はそれぞれ配位環境(原子配列)が異なるため，吸着能や反応性が異なる．また，金属単結晶の表面には，**図3.6**に示すように，テラス(平坦部)，ステップ(階段部)，キンク(2つのステップが交わるところ)などの構造があり，さらにアドアトム(付着原子)や空格子点などの欠陥が存在する．これらの構造でも，それぞれの構成金属原子は異なる配位環境にあり，吸着能や反応性が異なる．例えば，Feの単結晶を使ってアンモニア合成の触媒活性を各結晶面上で比較すると，最も高い活性を示すのは(111)面で，(100)面より約10倍の活性を示し，最密充填構造の(110)面より100倍以上も活性が高い(**図3.7**)．

金属触媒は，一般的には，多結晶金属の微粒子が担体上に分散した担持触媒の形で利用される．担体上に分散した金属微粒子の大きさによって，表面構造や表

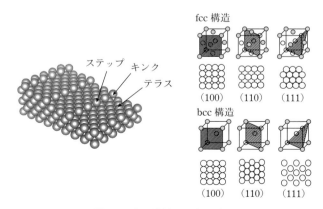

図3.6　金属単結晶の表面構造

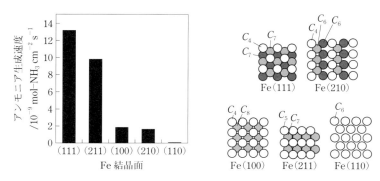

図3.7 鉄の単結晶上でのアンモニア合成の触媒活性
400 ℃，20気圧，$N_2:H_2 = 1:3$．$C_{4\sim 8}$は配位数を表す．
[D. R. Strongin *et al.*, *J. Catal.*, **103**, 213 (1987)]

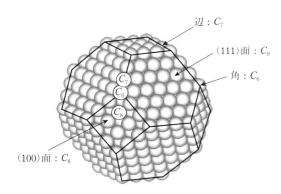

図3.8 金属微粒子のモデル構造（立方八面体結晶）

面金属原子の配位構造は変化する．図3.8に担体上における金属微粒子のモデル構造の例（立方八面体結晶）を示す．微粒子は，主に安定な(100)や(111)の低指数面から構成される．粒子サイズが小さくなると，全原子数N_Tに対する表面原子数N_Sの割合である**分散度**（dispersion：N_S/N_Tあるいは$N_S/N_T\times 100$（％））が高くなるだけでなく，表面全体の原子数に対する結晶の辺や頂点に存在する表面金属原子の割合が増加する．辺や頂点に存在する原子は，単結晶表面のキンクやステップのように配位不飽和度が高く，反応性が高い．また，金（Au）のように粒子サイズの変化に対して興味深い挙動を示す金属もある．金は，一般には吸着が起こりにくく，酸素さえも吸着しない．しかし粒子サイズをきわめて小さくすると，反応性が劇的に変化し，吸着能や触媒活性が現れる．一方，粒子サイズの変化は，

第3章　触媒反応の反応機構および反応速度論

担体との相互作用にも影響を与える．粒子サイズが小さくなれば金属粒子と担体との界面の割合が増加し，相互作用が大きくなる．その結果，金属粒子の電子状態が変化し，結果として反応性が変化する．このように粒子サイズの変化は，表面の幾何学的変化だけでなく電子状態の変化も引き起こす場合がある．つまり，幾何学的因子と電子的因子は，独立なものではなく，有機的に結びつけて考える必要がある．

3.2.3　吸着量の関数

　前節では，固体表面への分子の吸着の起こりやすさや吸着の強さについて議論した．次に固体表面における分子の吸着量について考える．3.1.1項で述べたように，吸着量は固体表面におけるその分子の濃度と関係していることから，反応速度を考えるうえで重要なパラメータである．

　固体表面に気体が吸着するときの吸着量V_{ads}は以下のように表される．

$$V_{ads} = f(p, T) \quad \text{あるいは} \quad V_{ads} = f(c, T) \tag{3.16}$$

一定温度における吸着量と濃度cあるいは圧力pとの関係を**吸着等温線**（adsorption isotherm），一定圧における吸着量と温度の関係を**吸着等圧線**（adsorption isobar）という．吸着等温線は，IUPAC（International Union of Pure and Applied Chemistry, 国際純正・応用化学連合）によってI型からVI型に分類されている（**図3.9**）．触媒化学の分野では，I型，II型およびIV型が代表的である．I型はラングミュア型とも呼ばれ，吸着質が単分子層以上に吸着しない場合に得られる．細孔を有する多孔体への物理吸着や多くの化学吸着について得られる．II型は多分子層吸着する物理吸着について適用される．N_2などの気体分子を沸点近傍の温度で吸着させると多分子層吸着が起こる．このような多分子層吸着の理論はブルナウアー（S. Brunauer），エメット（P. Emmett），テラー（E. Teller）が構築したことから，この3人の頭文字を取って**BET式**と呼ばれる．IV型の吸着等温線については11.2節で述べる．

A.　ラングミュアの吸着等温式

　ラングミュアは，固体表面への単分子層吸着の吸着等温式について次のようなモデルを仮定して導いた．

（1）固体表面の吸着分子は単分子膜（層）を形成する．

（2）1つの吸着サイトには1つの分子しか吸着しない．

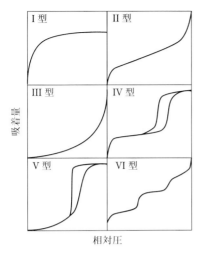

I型：ミクロ孔（2 nm 以下の細孔）が存在する.
IV型，V型：メソ孔（2〜50 nm の細孔）が存在する.
II型，III型は細孔が存在しないかまたはマクロ孔
（50 nm 以上の細孔）が存在する.

VI型：細孔のない平滑表面への段階的な多分子層吸着.
III型，V型：ガス分子と固体表面の相互作用が
（ガス分子同士の相互作用と比べて）弱い場合.

図3.9　吸着等温線の分類

（3）各吸着サイトは等価である．すなわち，吸着熱はどのサイトも同じである．
（4）異なる吸着サイト間および吸着分子間に相互作用はない．

　いま，分子Aと固体表面の吸着サイトsとの間にA+s⇌A$_{ads}$・sの吸着平衡が成り立っているとする（$_{ads}$は吸着種を表す）．［s］，［A$_{ads}$・s］をそれぞれ空の吸着サイトの数，分子Aが吸着しているサイトの数，［A］を分子Aの濃度（分圧）とすると，吸着平衡定数Kは，

$$K = \frac{[A_{ads} \cdot s]}{[A][s]} \tag{3.17}$$

で表される．ここで，吸着サイトの総数を［s］$_0$とすると

$$[s]_0 = [s] + [A_{ads} \cdot s] \tag{3.18}$$

である．このとき被覆率θは，

$$\theta = \frac{[A_{ads} \cdot s]}{[s]_0} \tag{3.19}$$

となる．式（3.17）より得られる［A$_{ads}$・s］=K［A］［s］を式（3.18）に代入すると

$$[s]_0 = [s](1 + K[A]) \tag{3.20}$$

となる．これらから，被覆率θは

第3章　触媒反応の反応機構および反応速度論

● コラム　　種々の吸着等温式

吸着等温式には，ラングミュアの式以外にもさまざまな式がある．以下にいくつか例を示す．

（1）ヘンリーの式（Henry equation）

　　　$V_{ads} = ap$（a は比例定数，p は吸着質の分圧）

吸着量（V_{ads}）が圧力に比例して直線的に増加するという吸着特性を表す．均一な表面をもつ固体表面への低圧領域における吸着挙動に対してはよく一致する．しかし，吸着分子の吸着エネルギーが非常に大きいときは低圧領域であっても被覆率が高くなり，この式が成立しない．

（2）フロイントリッヒの式（Freundlich equation）

　　　$V_{ads} = ap^{1/6}$（a, b は実験的に定められる定数，p は吸着質の分圧）

実験結果をもとに導かれた経験式である．$b=1$ のとき，ヘンリーの式と同じ形になる．上式の両辺の対数をとると

$$\log V_{ads} = \log a + \frac{1}{b} \log p$$

となり，$\log p$ に対して $\log V_{ads}$ をプロットすると，切片と傾きから定数 a, b を求めることができる．

（3）チョムキンの式（Temkin equation：あるいはフルムキン－チョムキンの式（Furmkin–Temkin equation）

　　　$V_{ads} = a \ln bp$（a, b は定数，p は吸着質の分圧）

吸着熱が吸着量に比例して低下すると仮定した式である．

（4）BET式

　　BET式については11.2.1項を参照．

ラングミュアの吸着等温式では，吸着サイトは均質であり吸着熱はどのサイトでも等しいこと，ならびに，吸着分子間に相互作用がないことを仮定している．これは吸着分子の被覆率（＝吸着量）に吸着熱が依存せず一定であることを意味する．実際には，吸着サイトは，その構造などの違いなどによって均質ではなく，また吸着分子間の相互作用も無視できない．つまり，吸着熱は吸着量によって変化する．したがって厳密には（特に吸着量が大きい領域では），吸着熱の変化を考慮する必要がある．しかし，多くの場合についてラングミュア型の吸着を仮定することで実験結果を整理することができる．

$$\theta = \frac{[A_{ads} \cdot s]}{[s]_0} = K[A]\frac{[s]}{[s]_0} = \frac{K[A]}{1+K[A]} \tag{3.21}$$

となる．気体の場合は，濃度項を分圧とすれば同様に記述される．吸着量 V_{ads} は被覆率 θ に比例するので，比例定数を a とすれば，

$$V_{ads} = a\theta = \frac{aK[A]}{1+K[A]} \tag{3.22}$$

と表される．式(3.21)または式(3.22)を**ラングミュアの吸着等温式**（Langmuir isotherm）という．式(3.22)を変形すると

$$\frac{[A]}{V_{ads}} = \frac{[A]}{a} + \frac{1}{aK} \tag{3.23}$$

が得られる．$[A]/V_{ads}$ を $[A]$ に対してプロットすると直線が得られ，切片と傾きから吸着平衡定数 K および比例定数 a を求めることができる．a は吸着質が単分子層を形成する際の飽和吸着量を表し，固体表面の吸着サイト数に相当する．

B. ラングミュア型の競争吸着

複数の吸着質が同じサイトに吸着する場合を**競争吸着**（または**混合吸着**：competitive adsorption）と呼ぶ．ここでは，気体 A と B がある固体表面にラングミュア型で吸着する場合を考える．表面の吸着サイトを s，表面に吸着した A, B をそれぞれ $A_{ads} \cdot s$, $B_{ads} \cdot s$ とすると，吸着平衡状態は以下のように表される．

$$A + s \rightleftarrows A_{ads} \cdot s \quad （Aの吸着） \tag{3.24}$$

$$B + s \rightleftarrows B_{ads} \cdot s \quad （Bの吸着） \tag{3.25}$$

平衡状態では，A と B のそれぞれについて，それぞれの吸着平衡定数 K_A, K_B および分圧 p_A, p_B を用いて

$$K_A = \frac{[A_{ads} \cdot s]}{p_A[s]}, \quad K_B = \frac{[B_{ads} \cdot s]}{p_B[s]} \tag{3.26}$$

が成り立つ．また，$[A_{ads} \cdot s]$, $[B_{ads} \cdot s]$, $[s]$ および吸着サイトの総数 $[s]_0$ の間には，

$$[s]_0 = [s] + [A_{ads} \cdot s] + [B_{ads} \cdot s] \tag{3.27}$$

の関係がある．式(3.26), (3.27)から

$$[s]_0 = [s](1 + K_A p_A + K_B p_B) \tag{3.28}$$

が得られ，被覆率 θ_A, θ_B は，

第3章　触媒反応の反応機構および反応速度論

$$\theta_A = \frac{[\mathrm{A_{ads}\cdot s}]}{[\mathrm{s}]_0} = K_A\,p_A\,\frac{[\mathrm{s}]}{[\mathrm{s}]_0} = \frac{K_A\,p_A}{1 + K_A\,p_A + K_B\,p_B} \tag{3.29}$$

$$\theta_B = \frac{K_B\,p_B}{1 + K_A\,p_A + K_B\,p_B} \tag{3.30}$$

と表される．また，式(3.29)と式(3.30)から，AとBの吸着量の比は次式で表される．

$$\frac{\theta_A}{\theta_B} = \frac{K_A\,p_A}{K_B\,p_B} \tag{3.31}$$

すなわち，Kとpの積が大きいほど，吸着量は増加する．吸着量は固体表面における濃度に相当することから，固体触媒反応の反応速度を考えるうえで重要な要素である．

3.3　不均一系触媒反応の反応機構と速度式

　触媒活性の向上とは反応速度を増加させることを意味する．反応速度は律速段階によって決まる．また，触媒の性能においては選択性も重要である．律速段階の決定や選択性の制御のためには反応機構を明らかにすることが不可欠である．ここでは，反応機構の代表例や反応機構を考察するうえで重要な概念について述べる．

3.3.1　ラングミュア−ヒンシェルウッド機構とイーレイ−リディール機構

　2分子反応A＋B→Cを例とし，固体表面上での代表的な反応機構である**ラングミュア−ヒンシェルウッド機構**（Langmuir–Hinshelwood mechanism, L–H機構）と**イーレイ−リディール機構**（Eley–Rideal mechanism, E–R機構）について説明する．**図3.10**に両機構を模式的に示す．

　L–H機構では，気相を拡散してきた分子Aと分子Bが固体表面(s)に吸着し，吸着した分子A, Bが会合することで分子Cが生成する．次いで分子Cが表面から脱離することで反応サイクルが形成される．一方，E–R機構では，吸着した分子Aに対して分子Bが衝突，反応して生成物である分子Cを与える．次いで分子Cが表面から脱離することで反応サイクルが形成される．

　L–H機構の素反応を記述すると以下のようになる．この素反応をもとに反応速度式を導出してみよう．

50

3.3 不均一系触媒反応の反応機構と速度式

(a) L–H 機構

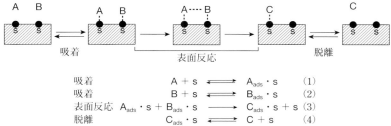

吸着　　　　A + s ⇌ A_ads・s　　　(1)
吸着　　　　B + s ⇌ B_ads・s　　　(2)
表面反応　A_ads・s + B_ads・s ⟶ C_ads・s + s　(3)
脱離　　　　C_ads・s ⇌ C + s　　　(4)

(b) E–R 機構

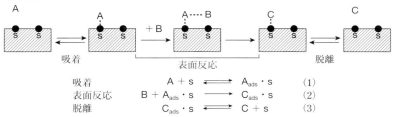

吸着　　　　A + s ⇌ A_ads・s　　　(1)
表面反応　B + A_ads・s ⟶ C_ads・s　(2)
脱離　　　　C_ads・s ⇌ C + s　　　(3)

図3.10　ラングミュアーヒンシェルウッド(L–H)機構とイーレイーリディール(E–R)機構

$$A + s \underset{k_{-1}}{\overset{k_1}{\rightleftarrows}} A_{ads}\cdot s \quad K_A = k_1/k_{-1} \quad \text{(反応物Aの吸着)} \quad (3.32)$$

$$B + s \underset{k_{-2}}{\overset{k_2}{\rightleftarrows}} B_{ads}\cdot s \quad K_B = k_2/k_{-2} \quad \text{(反応物Bの吸着)} \quad (3.33)$$

$$A_{ads}\cdot s + B_{ads}\cdot s \underset{k_{-3}}{\overset{k_3}{\rightleftarrows}} C_{ads}\cdot s \quad K_S = k_3/k_{-3} \quad \text{(表面反応)} \quad (3.34)$$

$$C_{ads}\cdot s \underset{k_4}{\overset{k_{-4}}{\rightleftarrows}} C + s \quad K_C = k_4/k_{-4} \quad \text{(生成物Cの脱離)} \quad (3.35)$$

これらの素反応のうち，表面反応過程が律速段階であり，生成物Cの吸着濃度が無視できるほど小さい場合を考える．つまり，律速段階は3つめの過程であり，その他の過程は平衡にあるとすると以下の式が得られる．

$$r = k_3[A_{ads}\cdot s][B_{ads}\cdot s] \quad (3.36)$$

$$K_A = \frac{[A_{ads}\cdot s]}{p_A[s]}, \quad K_B = \frac{[B_{ads}\cdot s]}{p_B[s]}, \quad K_C = \frac{p_C[s]}{[C_{ads}\cdot s]} \quad (3.37)$$

総吸着サイト数[s]₀は一定であるため

$$[s]_0 = [s] + [A_{ads}\cdot s] + [B_{ads}\cdot s] + [C_{ads}\cdot s] \quad (3.38)$$

である．式(3.37)から

第3章　触媒反応の反応機構および反応速度論

$$[A_{ads} \cdot s] = K_A p_A [s], \quad [B_{ads} \cdot s] = K_B p_B [s], \quad [C_{ads} \cdot s] = p_C [s]/K_C \qquad (3.39)$$

が得られ，これを式(3.38)に代入すると

$$[s] = \frac{[s]_0}{\left(1 + K_A p_A + K_B p_B + \dfrac{p_C}{K_C}\right)} \approx \frac{[s]_0}{\left(1 + K_A p_A + K_B p_B\right)} \qquad (3.40)$$

となる．ただし，反応初期では$p_C \approx 0$であることを用いた．また，式(3.36)に式(3.39)を代入し，さらに式(3.40)を代入すると

$$r = k_3 [A_{ads} \cdot s][B_{ads} \cdot s] = k_3 K_A p_A K_B p_B [s]^2 = \frac{k_3 [s]_0{}^2 K_A p_A K_B p_B}{(1 + K_A p_A + K_B p_B)^2} \qquad (3.41)$$

となる．

　ここでA, Bの吸着がいずれも弱い場合（$K_A p_A \ll 1, K_B p_B \ll 1$）を考える．この場合，式(3.41)は

$$r = k_3 [s]_0{}^2 K_A p_A K_B p_B = k' p_A p_B \qquad (k' = k_3 [s]_0{}^2 K_A K_B) \qquad (3.42)$$

となる．この場合，反応速度はp_Aおよびp_Bについてともに1次となることがわかる．

　一方，Bのみが強く吸着する場合（$K_A p_A \ll 1, K_B p_B \gg 1$），式(3.41)は

$$r = \frac{k_3 [s]_0{}^2 K_A p_A}{K_B p_B} = k'' \frac{p_A}{p_B} \qquad \left(k'' = \frac{k_3 [s]_0{}^2 K_A}{K_B}\right) \qquad (3.43)$$

となり，反応速度はp_Aに1次，p_Bに-1次となる．式(3.42), (3.43)で示されたように，反応に関与する物質の吸着の強さによって反応速度の圧力依存性が変化する．これは固体触媒反応における反応機構を考察するうえで重要な点である．また，同様にして，反応物の吸着過程や脱離過程が律速段階の場合についても速度式を導出することや，反応次数に関して検討することが可能である．導出した速度式と実際の反応物の濃度あるいは分圧と反応速度の関係を比較することは，反応機構の妥当性の検証や律速段階の決定において必須である（11.3節参照）．

3.3.2　触媒活性の火山型序列

　反応物Aから中間体（活性錯合体）$A_{ads} \cdot s$を経て生成物Bに変化する反応を考える．例として図3.11に示す各種金属上でのギ酸分解反応について，ギ酸分解の活性の指標であるギ酸分解温度と金属ギ酸塩（metal formate）の生成エンタル

3.3 不均一系触媒反応の反応機構と速度式

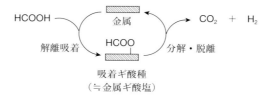

図3.11 ギ酸分解の反応機構

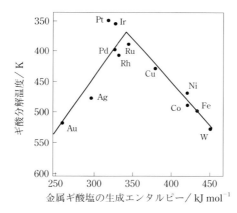

図3.12 ギ酸分解温度と金属ギ酸塩の生成エンタルピーとの関係
ギ酸分解温度としては昇温スペクトルのピーク温度を用いた.
［R. J. Madix, *Adv. Catal.*, **29**, 1 (1980) を改変］

ピー ΔH_f との関係を**図3.12**に示す. ギ酸分解反応は以下のような触媒サイクル (反応機構) で進むと考える. まず, ギ酸が金属表面で解離吸着し, 吸着ギ酸種を生成する. 吸着ギ酸種は, 金属ギ酸塩とみなすことができる. 次いで金属ギ酸塩が分解し, 分解生成物 (CO_2, H_2) を与え, 元の状態 (金属) が再生する. ここで, ギ酸の吸着 (＝ギ酸塩の生成) がギ酸分解の活性を決定しているとすると, 金属ギ酸塩の生成エンタルピー $|\Delta H_f|$ が大きいほど活性が増大すると予想され, 一方金属ギ酸塩の分解過程が活性を決定しているとすると, $|\Delta H_f|$ が大きいほど活性が低下すると予想される. 実際には, $|\Delta H_f|$ が大きくなるにつれてギ酸分解反応の活性は増大し, 途中で極大値を示すが, さらに $|\Delta H_f|$ が大きくなると活性が低下する. このような活性の序列を**火山型序列** (volcano-type order) と呼ぶ. これは, 吸着が過度に強い (＝ギ酸塩の安定性が高い) 場合には, ギ酸塩が安定なため分解が

53

進行しにくくなり，吸着が過度に弱い（＝ギ酸塩の安定性が低い）場合には，中間体のギ酸塩が生成しにくいことに起因している．反応機構をもとに堀内－ポラーニの法則，アレニウスの式を援用すると，$|\Delta H_f|$ が小さいときは反応物の吸着過程が律速段階であり，$|\Delta H_f|$ の増加とともに活性が増大し，さらに $|\Delta H_f|$ が増大すると生成物の（分解）脱離過程が律速段階となり，$|\Delta H_f|$ の増加にともない活性が低下することが導かれる．反応物がラングミュア型の吸着をしているとすれば，反応速度 r は速度定数を k，反応物の圧力を p，反応物の吸着平衡定数を K として，

$$r = k \frac{Kp}{1 + Kp} \tag{3.44}$$

と表される．ここから反応物の吸着が弱い場合（$Kp \ll 1$），強い場合（$Kp \gg 1$）について，それぞれ，

$$r = \begin{cases} kKp & (Kp \ll 1) \\ k & (Kp \gg 1) \end{cases} \tag{3.45}$$

が得られ，反応物の吸着が弱い場合には反応物の分圧について 1 次，強い場合には 0 次になると予想される．

火山型序列は，金属酸化物上において反応物が酸化表面 M–O により酸化されて酸化生成物ができ，部分的に還元された還元表面 $M-O_{1-x}$ が酸素により酸化されるという酸化還元（redox，**レドックス**）機構で進行する触媒サイクルでもよく観測される．ここでは，エチレンの酸化を例としてあげる．金属酸化物の生成エンタルピー $|\Delta H_f|$ を横軸にとり，それぞれの金属上でのエチレンの完全酸化活性をプロットすると，$|\Delta H_f|$ が大きくなるにつれて活性は増大し，途中で極大値を示すが，さらに $|\Delta H_f|$ が大きくなると活性が低下する．3.2 節でも述べたように，$|\Delta H_f|$ の大きいものほど単体金属よりも酸化物の方が安定である．つまりこの傾向は，過度に還元金属イオンと酸素との結合ができにくいもの（$|\Delta H_f|$ が小さいもの）では，活性酸素種が生じにくいために活性が低く，逆に過度に結合を形成し安定な金属酸化物を生成しているものでは，結合した酸素を離しにくいため，活性が低いことを意味している．まとめると，この反応では，触媒表面での金属－酸素結合が弱いときには還元表面の酸化過程が律速となり，逆に過度に強いときには反応物による酸化表面の還元過程が律速となる．

このように火山型序列では，反応物と触媒の結合が適度な強さ，言い換えれば中間体の安定性が適度な場合に活性が高くなり，過度に強い場合でも弱い場合でも活性は低下する．

❖ 演習問題

3.1 気体の五酸化二窒素(N_2O_5)の熱分解反応について，下図のような結果が得られた．

(ⅰ) N_2O_5の熱分解反応は1次反応である．図の結果に基づき，反応速度定数kを求めなさい．単位も示すこと．

(ⅱ) 反応開始4000 s後に存在しているN_2O_5の物質量は，反応開始時のN_2O_5の物質量の何％であるかを求め，これをもとにN_2O_5の転化率を求めなさい．

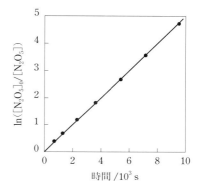

3.2 ある反応の活性化エネルギーを実験的に見積もる場合，どのような実験を行えばよいか，また，その結果をどのように整理すればよいかについて，アレニウスの式((3.7)式)をもとに説明しなさい．

3.3 ある反応の活性化エネルギーが温度T_AにおいてE_Aであった．触媒を存在させると，温度T_Aにおけるこの反応の活性化エネルギーが，触媒が存在しないときと比べて半分まで低下した．温度T_Aにおいて，触媒が存在するときの速度定数は，存在しないときの速度定数の何倍か．T_A, E_Aを用いて表しなさい．

3.4 さまざまな金属表面におけるCOの吸着について考える．金属のd電子の数とCOの吸着の強さの関係について簡単に説明しなさい．また，それをもとにCOの活性化が関与する反応に活性を示す触媒の成分としてどのような金属が適しているかについて考察しなさい．

3.5 工業的に用いられているアンモニア合成触媒の主成分としてFe, Ruがあげられる．その理由を考察しなさい．

3.6 反応物Aと反応物Bが触媒表面にいずれも吸着し，反応が進行するラングミュアーヒンシェルウッド機構(L-H機構)で進行する反応を考える．反応物Aの吸着が律速段階の場合，反応初期における反応速度に対する反応物AおよびBの圧力依存性(反応次数)について考察しなさい．

第4章 石油精製プロセスおよび石油化学プロセス

本章で学ぶこと
・石油産業・石油化学産業における触媒の重要性
・水素化脱硫と酸触媒反応
・石油化学プロセスにおける原料から製品への流れ
・選択酸化の基礎

4.1 石油と触媒化学

原油価格や円相場によりガソリン価格や電気・ガス料金が高騰すると，我々の生活を直撃する．これは我々の文明社会が化石資源をベースに成り立っていることにほかならない．実際，日本の化石エネルギーへの依存度は2000年代では80％程度，東日本大震災後は90％以上にのぼる．なかでも，石油への依存度は1970年代には80％近くにまで達し，その後減少傾向にあるものの現在でも半分近くのエネルギーを石油に依存している．化石資源のうち，石炭・天然ガスは主にエネルギーとして使用されるが，石油は自動車など内燃機関の燃料としてだけでなく，合成樹脂・繊維，薬品などの原料として使われる（**図4.1**）．石油からは，原油の蒸留に始まる多くの化学変換のプロセスを経て，多岐にわたる製品が我々に供給される．資源枯渇や温室効果ガスの問題，掘削技術の進展によりシェールオイルやオイルサンドなどに代表される非在来型資源の活用など状況は変化しているが，石油の重要性は当面持続するものと予想される．本章では，石油に関わる触媒プロセスを紹介する．

原油から蒸留と精製のプロセスを経て石油製品が製造される過程を**図4.2**に示す．原油は常圧蒸留塔の中に350℃で吹き込まれ，沸点の差により液化石油ガス（liquefied petroleum gas, LPG：沸点35℃以下），ガソリン・ナフサ（粗製ガソリン）成分（沸点35〜180℃），灯油・ジェット燃料（沸点170〜250℃），軽油（沸点240〜350℃），重油・アスファルト軽油（沸点350℃以上）に分けられる．常圧

57

コラム　　非在来型資源

　石油・天然ガスは，地下深部の炭化水素成分が長い年月をかけて地層中のすき間を移動し，浸透率が高い砂岩や炭酸塩岩に集積したものを，自噴させるかポンプで汲み上げて採掘されている．いわば掘り出しやすい化石資源であるが，地球上には掘り出しにくい化石資源も存在する．採掘・精製技術の向上により近年注目されているのが，シェールオイル/シェールガス，オイルサンド，メタンハイドレートなどの非在来型資源である．これらの魅力は，従来型の石油・天然ガスに比べて埋蔵量が格段に豊富で，日本近海など産油国以外の場所にも分布していることである．

　シェールオイル（shale oil）やシェールガス（shale gas）は泥岩の一種である頁岩（shale，シェール）に捕捉された石油および天然ガス成分である．シェール層は地下2,000〜3,000 mに水平に分布しており，これらを採取するためには，まず縦穴を掘った後，少しずつドリルを傾けて水平に掘削をする水平坑井掘削技術によってシェール層内に横穴を掘る．ここに，高圧の水を注入することにより人工的にシェール層に割れ目をつくり（水圧破砕法という），その隙間から出てくる天然ガス，中・軽質の油を採掘する（図1）．浸透率が低い（タイトな）地層が採掘されるため，タイトガス（tight gas），タイトオイル（tight oil）とも呼ばれる．

　オイルサンド（oil sand）はタールサンド（tar sand）とも呼ばれ，地下で生成した原油を含む砂岩が地表近くに移動した後，揮発分が失われて重質化したもので，アスファルトに近い鉱物油を含む．油分抽出には大量の土砂の廃棄をともなうため生産コストが高いが，現在はカナダやベネズエラで採掘が行われている．

　メタンハイドレート（methane hydrate）はメタン分子が水分子に囲まれて形成された包接水和物の固体結晶である．低温・高圧下では安定であるため，永久凍土の地下や水深500 m以深の深海底に存在する．1 m^{3}のメタンハイドレート固体は約160〜170 m^3（0 ℃，1気圧）のメタンガスを含み，点火すると燃えるため，「燃える氷」とも称される．日本近海の深海にも世界有数の埋蔵量があり，2015〜2017年には渥美半島から志摩半島沖において，将来の商業化に向けたガス生産実験が行われた．メタンの回収には加熱法，減圧法などが検討されているが，それぞれエネルギー効率の悪さや回収用パイプの目詰まりなどの問題があり，商業化には至っていない．

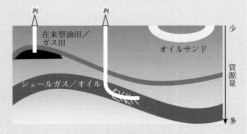

図1　在来・非在来型資源の地下分布
［伊原 賢，橋本 裕，横井 悟，須藤 繁，ペトロテック，**35**, 848（2012）を改変］

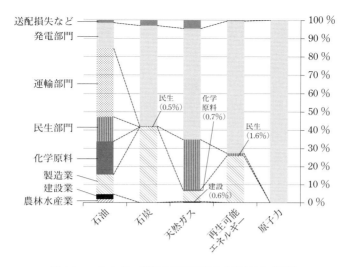

図4.1 エネルギー資源の使用用途の内訳（2007年度）
［資源エネルギー庁「総合エネルギー統計」(http://www.enecho.meti.go.jp/about/pamphlet/energy2010html/japan/をもとに作図]）

蒸留における残油は，さらに減圧蒸留塔において，沸点350～500 °Cの減圧軽油，500 °C以上の減圧残油に分離される．減圧軽油は**流動接触分解**(fluid catalytic cracking, FCC)装置により軽質化してガソリン留分（留分＝蒸留したときに得られる各成分）などに有効利用される．減圧残油はアスファルトとして，あるいは熱分解により重油やコークスとして使用される．蒸留により分離された成分には硫黄(S)や窒素(N)を含む化合物や，ニッケル(Ni)，バナジウム(V)といった重金属などの不純物が含まれ，これらは水素化精製により除去される．またオクタン価の低いガソリン留分はアルキレーション（アルキル化）や異性化により，オクタン価の高い分子へと変換される．原油はこうしたさまざまなプロセスを経て，その約4割が火力発電所や暖房などの熱源，約4割が自動車，航空機，船舶などの動力源，そして約2割がプラスチックや繊維などの化学製品に利用される．これらの石油精製・石油化学プロセスの中で触媒が活躍するのは，水素化精製，接触分解，アルキレーションなどである．日本は重質な石油の輸入割合が高いため，接触分解による軽質化と水素化精製が必須であり，これらの技術が著しく発展してきた．以下では，水素化精製，接触分解をはじめとした石油精製・石油化学プロセスについて説明する．水素製造については5.1節で説明する．

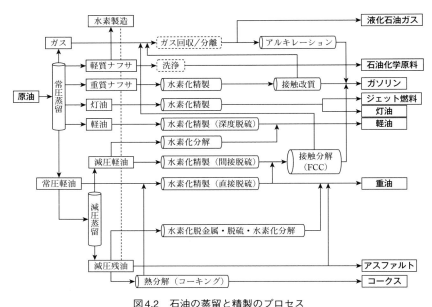

図4.2　石油の蒸留と精製のプロセス

4.2　石油精製プロセス

4.2.1　水素化精製

　原油の主成分は炭化水素であるが，微量の硫黄，窒素，酸素を含む化合物，ニッケル(Ni)やバナジウム(V)などの金属などを含んでいる．硫黄分は軽質留分中では主にチオールやジアルキルスルフィド，重質留分中ではチオフェン環やナフテン環などの環状化合物として存在する．窒素分は大部分がピロール環やピリジン環として重質留分中に存在する．これらは燃焼により硫黄酸化物(SO_x)，窒素酸化物(NO_x)として大気中に放出され，大気汚染の原因となる．また，石油化学製品の原料として用いる際にもこれらの不純物は除去する必要がある．

　石油精製プロセスにおいて硫黄や窒素の除去には水素化が用いられる．硫黄分の除去を水素化脱硫，窒素分の除去を水素化脱窒素と呼ぶ．こうした水素化精製プロセスでは，チオフェン類などのC–S結合，ピロール環などのC–N結合を切断し，それぞれ硫化水素(H_2S)，アンモニア(NH_3)として分離回収する．石油中に硫黄分は非環状のチオール，ジスルフィド，スルフィドや環状のチオフェン類として存在する(図4.3)．非環状の化合物は水素化脱硫が容易であるが，チオフェ

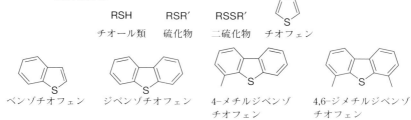

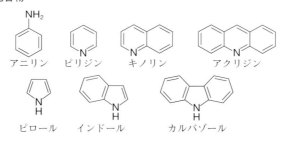

図4.3　石油に含まれる硫黄化合物と窒素化合物
［加部利明 監修，川田 裏，高塚 遥，猪俣 誠，石原 篤 編著，水素化精製
—Science and Technology，アイピーシー（2000）を参考に作図］

ン類は脱硫されにくい．特に4,6-ジメチルジベンゾチオフェンのような多環芳香族や硫黄の周辺に立体障害となるアルキル基をもつ化合物では脱硫が難しくなる．しかしながら，触媒やプロセスの改良により，このような化合物の脱硫も可能となっている．これを**深度脱硫**(deep desulfrization)と呼び，現在では日本で流通しているガソリンおよび軽油の硫黄含有量は10 ppm以下まで下げられている．

触媒にはモリブデン(Mo)，タングステン(W)を主な活性種とし，助触媒にコバルト(Co)やニッケル(Ni)，担体にAl_2O_3やSiO_2–Al_2O_3を使用したものが用いられている．水素化脱硫にはCo–Mo/Al_2O_3（通称コモ），水素化脱窒素にはそれより水素化能の高いNi–Mo/Al_2O_3を（通称ニモ）を用いることが多い．そのほかにも活性種の組み合わせとしてはNi–Co–Mo，Ni–Wがある．これらの金属は硫化した状態で触媒として使用される．MoS_2やWS_2は層状化合物であり，担体表面上に板状結晶として担持される．近年，分析機器の発達により脱硫触媒の構造は

第4章　石油精製プロセスおよび石油化学プロセス

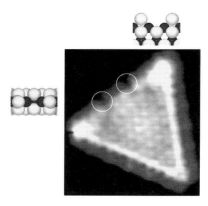

図4.4　MoS₂ナノクラスターのSTM像（図面のサイズは4.1 nm×4.5 nm）
白丸で示したエッジの部分にモデル図に示すようなSの欠陥が観察される．
［S. Helveg *et al*., *Phys. Rev. Lett*., **84**, 951（2000）］

原子レベルで解明されている．**図4.4**にはAu(111)表面上に形成したMoS₂ナノクラスターの走査型トンネル顕微鏡(STM, 11.2.3項参照)像を示す．STM像にはMoS₂の(0001)面が露出した3 nm程度の大きさで三角形をした単層のMoS₂ナノクラスターが観察された．硫化したMoS₂では欠陥が見られないが，水素にさらすことにより三角形のエッジに存在するSをH₂Sガスとして除去すると，図中に白丸で囲ったように欠陥が観察される．この部分には配位不飽和なMoが露出するため，チオフェン類が吸着して反応が進行する活性サイトとなる．また，助触媒のCoやNiがエッジ付近に存在すると，配位不飽和度が高まるため，チオフェン類の吸着能が上がり，活性が向上する．

　脱硫反応はこのエッジに生成するSの欠陥へのチオフェン類の配位吸着から始まる．**図4.5**に反応機構の例を示す．触媒上に吸着したチオフェンが逐次水素化されることによりC–S結合の切断が進行するが，C=C結合の水素化も同時に進行してしまう．C=C結合の水素化は水素の利用効率を下げるため，触媒はC=C結合の水素化能を考慮して選択される．SはMoと結合した状態で炭化水素から切り離され，その後水素化によりH₂Sとなって脱離する．

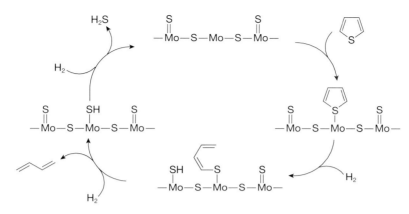

図4.5　MoS$_2$触媒上でのチオフェンの水素化脱硫反応機構の例

4.2.2　酸触媒反応

　石油精製プロセスにおいて酸触媒反応の果たす役割は大きい．図4.2に示した石油精製プロセスのうち，アルキレーション，接触改質，接触分解が固体酸触媒を用いた反応である．接触分解用の固体酸触媒としては，現在はもっぱら**ゼオライト**（zeolite）が用いられている．ゼオライトとは規則的な細孔構造をもつ結晶性のアルミノケイ酸塩（アルミノシリケート）の総称である．組成比，細孔構造の異なるさまざまな種類の天然および合成ゼオライトが存在し，用途に応じて使い分けられる．また構成する元素としてAlの代わりにFeやTiを導入することができるため，ゼオライトはきわめて広範な制御が可能である．

　ゼオライトの工業的な用途の1つとして，石油から蒸留によって精製されたオルト（o-），メタ（m-），パラ（p-）キシレンを含むキシレン異性体からのp-キシレンの選択的な分離および異性化におけるMFI型ゼオライトの利用があげられる．MFI型ゼオライトは，キシレン異性体の中で一番小さいp-キシレンの分子径と同程度の2種類の細孔（5.5 Å×5.1 Å, 5.6 Å×5.3 Å）を有する．このためMFI型ゼオライト細孔内でのp-キシレンの拡散速度は，o-およびm-キシレンに比べて約1,000倍にもなる．さらに，サイズが細孔径以下の基質を用いた反応では，基質が細孔内の空間に入り込むことができるため，ゼオライトは大きな表面積で基質へ作用できるという利点もある．

　4価であるSiの代わりに，3価のAlが入った四面体が存在すると，Al原子1つにつき1つの負電荷が過剰となる．この負電荷に対しては，ゼオライトを合成す

○コラム　ゼオライトの種類

　ゼオライトはSiまたはAlとOが形成するSiO$_4$またはAlO$_4$の四面体構造（これらをtetrahedronの頭文字を取ってTO$_4$，中心原子をT原子と呼ぶ）が基本となっている．図1に例としてFAU型ゼオライトの骨格構造と四面体構造の関係を示す．骨格構造を示す図では，T-O-Tの結合を1本の棒，T原子の位置を棒の交点で示している．四面体構造が規則的に連結することで，規則的な細孔と空洞を有する3次元の骨格が形成される．ゼオライトの骨格構造は，International Zeolite Association（国際ゼオライト学会）により大文字のアルファベット3個からなる構造コードが与えられてデータベース化されており，骨格構造の種類は200以上にのぼる．代表的なゼオライトの骨格構造を図2で比較しよう．いずれも前面に細孔の入口が見られるが，LTAは8員環（T原子が8つ），MFIは10員環，FAUは12員環，MORは8員環と12員環で構成され，細孔径が構造によって異なる．細孔径はLTAでは4.1Å，FAUでは7.4Å，MORでは6.7Å×7.0Å，3.4Å×4.8Å，2.6Å×5.7Åの3種類であり，多くの低分子のサイズとほぼ同等である．それゆえ，ゼオライトは反応物や生成物を大きさで振り分ける「分子ふるい」として機能し，選択的な反応系を構築することができる．

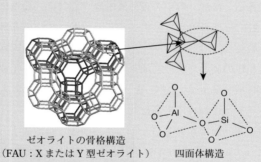

ゼオライトの骨格構造
（FAU：XまたはY型ゼオライト）　　四面体構造

図1　ゼオライトの基本単位である骨格構造と四面体構造

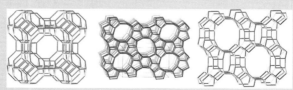

LTA：A型ゼオライト　　MFI：ZSM-5　　MOR：モルデナイト

図2　さまざまなゼオライトの細孔構造

［国際ゼオライト学会ホームページ（http://www.iza-structure.org/databases/）より］

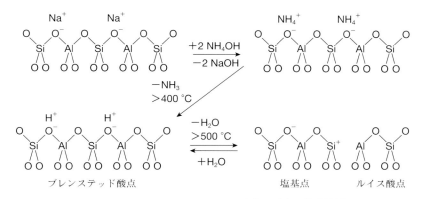

図4.6　ゼオライトにおけるイオン交換と酸点の発現機構

る際に用いられたNa$^+$などのカチオンが配位することにより電気的中性が保たれる．この状態は天然ゼオライトでも同様である．Na$^+$が存在する位置をイオン交換サイトと呼び，ここに存在するイオンは簡単に交換できる．イオン化傾向の小さいカチオンが存在する水溶液，例えばアンモニウムイオン（NH$_4^+$）を含む溶液に浸すと，Na$^+$がイオンとして溶液中に溶け出し，代わりにNH$_4^+$がイオン交換サイトに固定される．このようなゼオライトのイオン交換能は，硬度成分除去（水軟化）の目的で洗剤のビルダー（助剤）として用いられている．

ゼオライトにおける固体酸性質の発現機構を図4.6に示す．NH$_4^+$でイオン交換されたゼオライト（アンモニウム型ゼオライトと呼ぶ）では，400 ℃以上で加熱することによりNH$_4^+$が分解脱離して，H$^+$が残る（H$^+$型ゼオライト）．このH$^+$はブレンステッド酸として基質に作用する．その酸強度は非常に強く，ゼオライトの種類によっては100 %硫酸より強い超強酸レベルの酸強度を示す．さらに，H$^+$型ゼオライトを500 ℃以上の高温で焼成した場合，ブレンステッド酸点であったサイトは脱水によりルイス酸点と塩基点として働く．この変化は可逆であり，水蒸気との接触によりルイス酸点は再びブレンステッド酸点となる．

ゼオライトにおける酸点の強度は骨格構造に依存しており，酸の量は基本的にゼオライト格子内のAlの量により決まる．Alの量は合成時，あるいは合成後の脱アルミニウム処理により制御することができる．また，イオン交換能を利用して，一部のH$^+$と交換してNa$^+$などの1価のカチオンを酸点の量を減少させ，2価，3価の多価のカチオンと交換して酸点を弱めて酸点の量と強度を目的の反応に対して最適に制御することもできる．ただし，理想的な結晶構造にはない格子外の

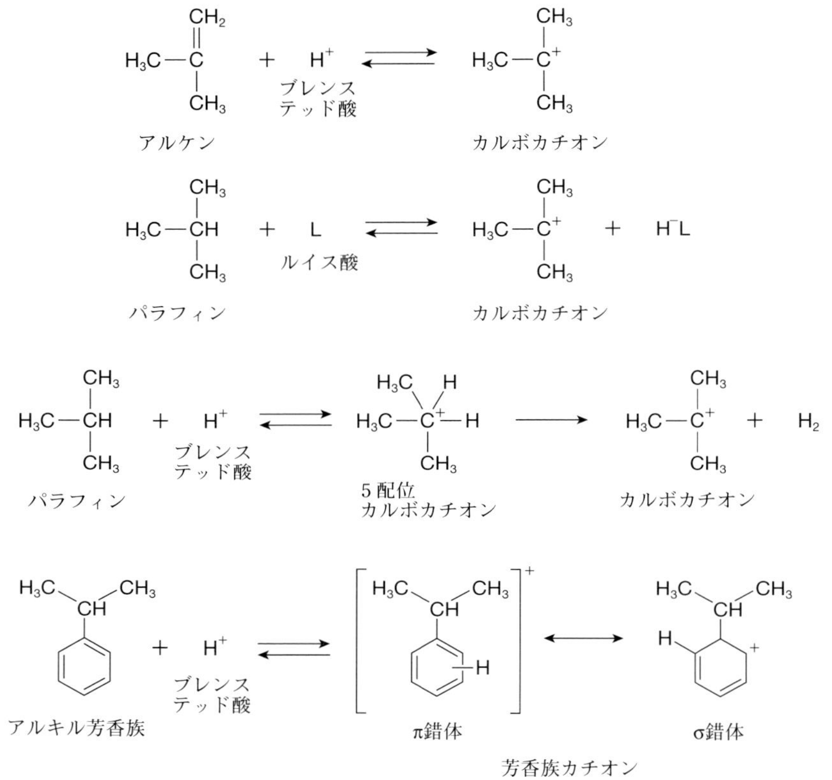

第4章　石油精製プロセスおよび石油化学プロセス

図4.7　ブレンステッド酸，ルイス酸による炭化水素分子の活性化

Al（アルミナの微小結晶）やAlが脱離した欠陥サイトも酸としての性質を示すことがある.

　石油留分の構成成分である炭化水素を基質とする酸触媒反応では，3配位のカルボカチオンを中間体として分解，異性化，水素移動が進行する. **図4.7**のようにカルボカチオンはブレンステッド酸がアルケン（オレフィン）へ付加することにより生じる. あるいはルイス酸の作用によりパラフィンからヒドリド（H^-）が引き抜かれることでも生成する. パラフィンは反応性が低い分子であるが，超強酸のような非常に強いブレンステッド酸が存在するときには，不安定な5配位のカルボカチオンを経由して，水素を放出した後に，3配位のカルボカチオンを生じる. クメンのようなアルキル芳香族はπ錯体，σ錯体を生成する.

　カルボカチオンの安定性は第三級＞第二級＞第一級の順であるため，不安定

66

な第一級のカルボカチオンは生成しにくい．またカルボカチオンの中では水素(ヒドリド)の位置は容易に移動する．例えば第二級カルボカチオンが生成しても，第三級炭素があれば速やかに第三級カルボカチオンとなる．これを水素移動(ヒドリド転位)という．

4.2.3 接触分解

接触分解(catalytic cracking)は，触媒を用いて石油留分中の沸点が高く大きな分子をガソリン留分に対応する沸点の低い小さな分子に変換する反応である．以前は触媒を使用しない熱分解も行われていたが，現在はガソリン製造を目的とする分解プロセスにはすべて触媒が用いられている．接触分解は吸熱反応であり，通常500〜550℃程度の高温が必要である．熱分解も進行するが，触媒反応の速度の方が熱分解より10〜10^4倍速い．

図4.8に示すように，触媒であるゼオライトと炭化水素を接触させると，固体酸の触媒作用によりカルボカチオンが生成し，β開裂によりC–C結合の分解が進行する．カルボカチオン中間体のβ位のC–C結合はα位と比べて相対的に弱いため(結合エネルギーの差は70 kJ mol^{-1}程度)，β位のC–C結合が選択的に開裂する．一方，ラジカル反応でも同様な開裂が起こるが，ラジカル中間体におけるα位，β位のC–C結合エネルギーの差は数 kJ mol^{-1}と小さいため，このような選択性は

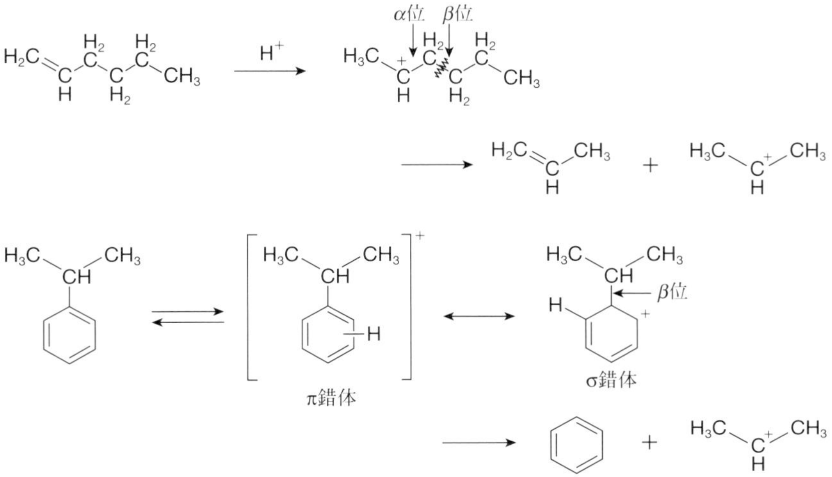

図4.8　酸触媒による接触分解の反応機構

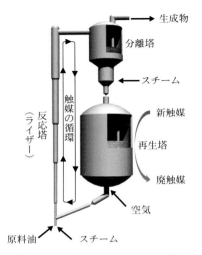

図4.9　接触分解に用いられるライザー型反応装置

生じない．アルキル芳香族の分解では，σ錯体において芳香環とβ位にあるアルキル基の間のC–C結合が弱くなり，この結合から開裂する．

　カルボカチオン中間体からは，異性化や水素移動も進行する．生成物は多種類あり，選択性は生成物の分布から評価される．さらに芳香族の生成と重合による炭素質（コーク）の析出（コーキング）も起こるため，接触分解プロセスでは触媒上に析出した炭素質の除去が必要となる．

　接触分解は**図4.9**に示すライザー型反応装置を用いた流動接触分解（FCC）で行われる．この装置では，原料油と触媒が反応器の底部から供給され，触媒と接触した原料油が短時間（数秒間）で分解され，分離塔によって触媒と生成物が分離される．触媒として，1930年代には酸処理された粘土（活性白土），1940年代には合成された非晶質のSiO_2–Al_2O_3が使用されていたが，1960年代から結晶性のゼオライトが使用されるようになった．それまでは触媒の活性が低かったため，固定床や大きな流動床が必要であったが，ゼオライトは活性が非常に高いため，本来は流動床として設置された分離塔に触媒を移送する役割を担っていたライザーの部分で反応が完結するようになった．接触分解反応中には触媒表面に炭素質が析出するため，触媒は再生塔に送られて炭素質を燃焼除去したうえで，再び原料油とともにライザーに吹き込まれる．再生塔では炭素の燃焼により熱が発生し，この熱は吸熱反応である接触分解に供給される．ただし，ライザー型のような反

応器では触媒と原料が重力に逆らって流れるため，触媒の一部が重力により下降するバックミキシングという現象が発生する．バックミキシングは原料の滞留時間が長い部分を生じるため，反応時間の不均一性が問題となる．近年，HS-FCC（高過酷度流動接触分解）と呼ばれるダウンフロー型反応器が開発された．日本ではJXTGエネルギー（株）が水島製油所にこれを用いた装置を建設し，2011年4月から実証化運転を開始している．

4.2.4 異性化

酸触媒の作用による異性化もカルボカチオンを中間体として進行する．例えば，1-ブテンを異性化すると，2位の炭素にカルボカチオンが生じるため，cis-2-ブテンとtrans-2-ブテンが生成する（図4.10(a)）．

工業的に有用な異性化としてはアルカンの骨格異性化があげられる．自動車用のガソリンは耐ノック性の違いによりレギュラーガソリンと高オクタン価ガソリンの2種類が市販されている．燃料油成分の炭素数，分枝炭化水素，芳香環が多いほどオクタン価は高くなる．

図4.10(b)にはアルカンの骨格異性化の反応機構を示す．骨格異性化は酸触媒により進行し，カルボカチオンを中間体とする．カルボカチオンからプロトンが付加したシクロプロパン環を経由してメチル基がシフトし，骨格異性化が進行する．アルカンを骨格異性化する場合は，5配位のカルボカチオンを経由することになり，超強酸が必要となる．固体の超強酸は，硫酸化ジルコニアやタングステン酸ジルコニアなどである．

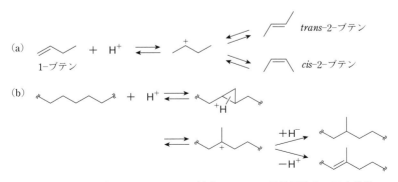

図4.10　(a) 1-ブテンの異性化および(b)アルカンの骨格異性化の反応機構

第4章　石油精製プロセスおよび石油化学プロセス

● コラム　　ガソリンのオクタン価

　ガソリンにはレギュラーガソリンと，ハイオクやプレミアムと呼ばれる値段が高めの高オクタン価ガソリンがある．これらは何が違うのだろうか．自動車のエンジン内では，ガソリンと空気の混合ガスをシリンダーが吸気し，ピストンで圧縮した後に，点火プラグで着火してガソリンを燃焼させ，ピストンを押し下げて駆動力を発生させる．ピストンの上昇途中では断熱圧縮により混合ガスの温度が上がり，時には着火前に燃焼が始まってしまうことがある．このとき，エンジンをコツコツ叩くような音と振動が発生し，この現象をノッキングと呼ぶ．ノッキングの発生しにくさ（耐ノック性）はオクタン価で数値化されており，耐ノック性が高いイソオクタン（2,2,4-トリメチルペンタン）をオクタン価100，耐ノック性が低い n-ヘプタンをオクタン価0としたときの，イソオクタン/n-ヘプタンの混合物に含まれるイソオクタンの割合で表す．日本工業規格（JIS）ではオクタン価が96以上のガソリンを高オクタン価ガソリンと規定している．圧縮比の高いターボエンジンには，多くの場合，高オクタン価ガソリンの使用が指定されている．

　比較的沸点の低い軽質ナフサ（沸点30～85 ℃程度）の留分にはオクタン価の低いペンタンやヘキサンが多いため，オクタン価を上げる目的で骨格異性化により直鎖炭化水素を分枝型のイソ体に変換する．芳香族成分もオクタン価を高めるが，発がん性の問題があるため，骨格異性化により製造した高オクタン価ガソリンは環境にやさしい燃料油とされている．骨格異性化が用いられるプロセスには，例えばETBE（エチル $tert$-ブチルエーテル）の原料となるイソブテン製造がある．ETBEはエタノールとイソブテンから合成され，耐ノック性にすぐれたハイオクガソリンのオクタン価向上剤として用いられる．エタノールの原料としてサトウキビ由来のバイオマスエタノールが使用できるので，こうして作られたETBEを通常のガソリンに混合したもの（1.0～8.0 vol%）はバイオガソリンとして販売されている．ETBEは蒸気圧が低く金属の腐食やゴムの劣化などを生じないため，配管の腐食対策をすることなく，従来のガソリンと同等に給油できる．

4.3 石油化学プロセスの概要

　石油化学プロセスでは合成樹脂(プラスチック),合成繊維,合成ゴムなどの化学製品が製造される.石油化学プロセスにおいては,主原料として日本やヨーロッパでは石油留分のナフサが使用され,米国,カナダ,中東産油国では天然ガスや原油採取時の随伴ガスに含まれるエタンが使用されている.日本での石油化学製品の出荷額は合成樹脂,合成繊維,合成ゴム,塗料,合成洗剤・界面活性剤などの製品を含めて27兆円規模である.鉄鋼分野が18兆円,石油製品・石炭製品が15兆円規模であることと比較するとわかるように,非常に大きな産業分野である.また,出荷される石油化学製品の多くは,自動車,コンピュータ,電子・電気機器などの最終製品を作るうえで欠かせない材料となっている.

　図4.11は原料である石油化学プロセス用のナフサから化学製品がつくられる流れを示している.原料は主にエチレン,プロピレン,ブタジエンなどのアルケンおよび芳香族化合物であるが,一部にアルカンであるブタンが無水マレイン酸製造の原料として使用されている.ポリエチレン,ポリプロピレンなどの合成樹

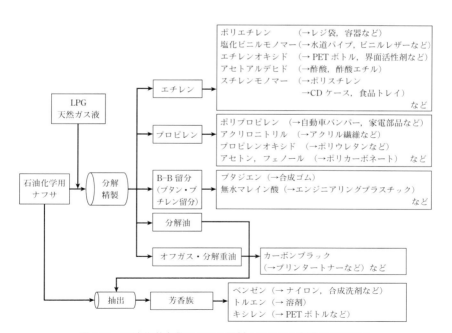

図4.11　石油化学産業における原料ナフサから製品までの流れ

第4章　石油精製プロセスおよび石油化学プロセス

脂の出荷額は石油化学製品の60％以上を占め，合成ゴム（13％），合成繊維（7％），塗料（4％），合成洗剤・界面活性剤（3％）と続いている．

　図4.12に身近な石油化学製品であるポリエチレンテレフタレート（PET），ナイロン，ポリカーボネートの製造工程の例を示す．化学製品の製造には複数のルートが存在する場合もあり，必ずしも図に示したルートだけで生産されるわけではない．石油化学製品の多くは多段階の反応を経て製品として出荷される．例えば飲料水のボトルに使用されるPETはエチレングリコールとテレフタル酸の脱水縮合により製造されるが，前者はエチレンの選択酸化によって得られるエチレンオキシドの水和により，後者はp–キシレンの選択酸化により得られる．p–キシレンはトルエンとC9芳香族の不均化によって得られるo–，m–，p–キシレンの吸着分離や，m–キシレンの異性化により製造される（副生したo–キシレンは酸化して無水フタル酸として利用される）．キシレン異性体は分子サイズでふるい分ける必要があるため，4.2.2項で紹介した分子ふるい能をもつゼオライトが分離や異性化のプロセスに使用される．ナイロンやポリカーボネートも多段階のプロセスで生産される．図4.12では異性化や転位などの酸触媒反応とともに酸化反応の役割が大きいことに気づくであろう．石油は主に炭素Cと水素Hから構成されているため，機能化には酸素Oや窒素Nなどのヘテロ原子の導入が必要であり，それゆえ石油化学プロセスにおいては酸化反応，アンモ酸化反応が重要となっている．酸化剤としては，最も安価な空気中の酸素が工業的にはベストな選択となる．次節ではこのように石油化学プロセスにおいて重要な，触媒を用いた酸化反応の一般的な考え方について紹介する．

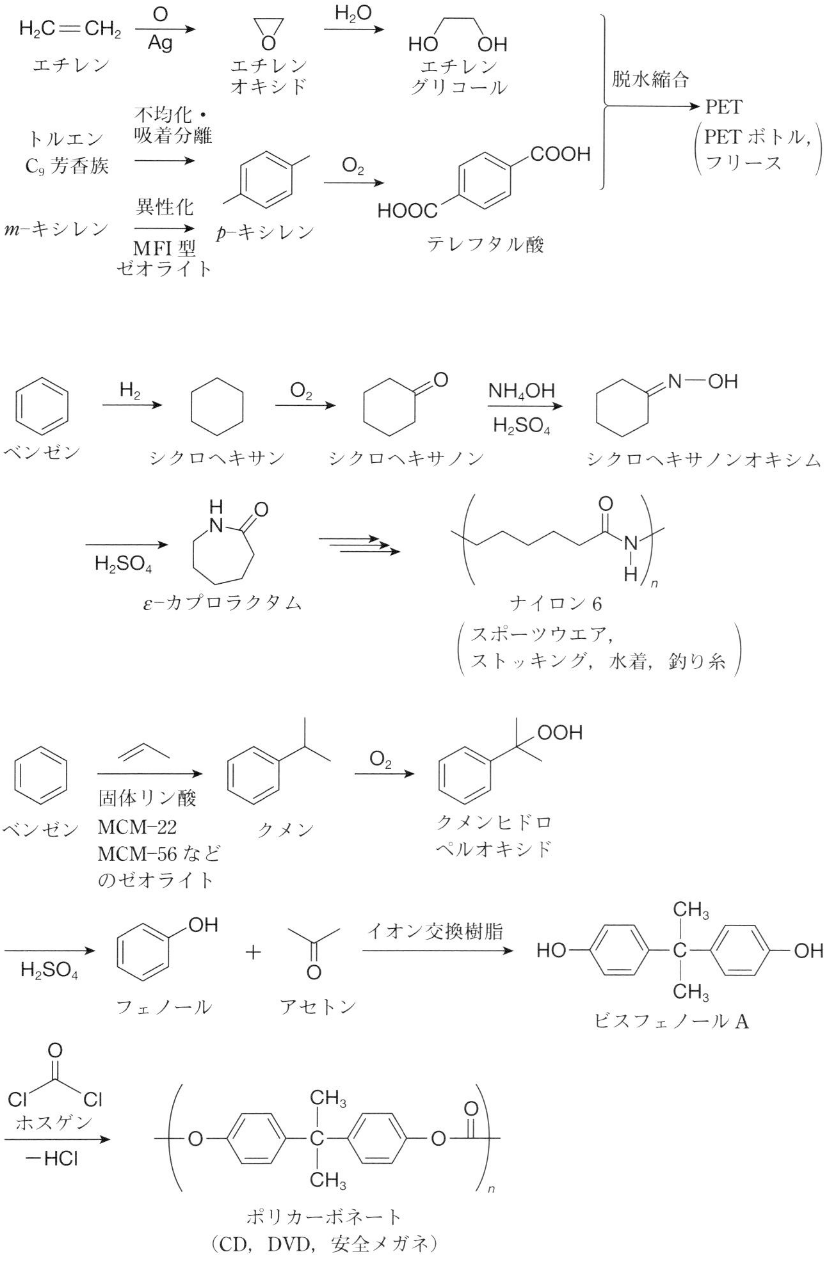

4.3　石油化学プロセスの概要

図4.12　身近な石油化学製品の製造工程の例

4.4　酸化反応の触媒プロセス

　炭化水素を完全酸化するとCO_2とH_2Oが生成するが，選択酸化反応ではその反応経路の途中にあるカルボン酸やアルデヒドで反応を止めたい．**表4.1**に示したのは選択酸化におけるエンタルピー変化の例である．有機酸・アルデヒドを生成する部分酸化も，CO_2とH_2Oになる完全酸化も発熱反応であるため，ギブズ自由エネルギーは負となり自発的に進行する．発熱反応であるため，一度反応が進行すると反応熱により温度が上がり，外部からの熱の供給負担は軽くなる．またほとんどの場合，触媒には卑金属(Fe，V，Moなど)が用いられている．

　選択酸化の反応経路を単純化すると，**図4.13**(a)のように部分酸化生成物を経由する逐次反応(Path 1とPath 2)と，それと並発する直接CO，CO_2に向かう完全酸化反応(Path 3)で表される．ここでPath 3もPath 1＋Path 2からなると仮定すれば，部分酸化生成物の収率・選択率はPath 1とPath 2における速度定数(k_1, k_2)およびそれぞれの経路の活性化エネルギー(E_{a_1}, E_{a_2})で決まる．Path 1の速度定数k_1に比べてPath 2の速度定数k_2が小さければ，中間の部分酸化生成物は

表4.1　選択酸化におけるエンタルピー変化の例
[B. K. Hodnett, *Heterogeneous Catalytic Oxidation*, John Wiley & Sons (2000)]

反応と触媒				$\Delta H^{\circ}_{298}/\mathrm{kJ\ mol^{-1}}$	
				部分酸化	完全酸化
$H_2C = CH_2$ + $\frac{1}{2}$ O_2 $\xrightarrow{Ag/\alpha\text{-}Al_2O_3}$		(エチレンオキシド)		-438	-1323
$+$ O_2 $\xrightarrow{BiMoO_x}$		CHO	+ H_2O	-365	-1659
$+$ $\frac{1}{2}$ O_2 $\xrightarrow{V/MgO}$			+ H_2O	-241	-2511
$+$ $\frac{7}{2}$ O_2 $\xrightarrow{(VO)_2P_2O_7}$			+ 4 H_2O	-1237	-2657
$+$ 3 O_2 $\xrightarrow{V_2O_5/TiO_2}$			+ 3 H_2O	-1115	-4377

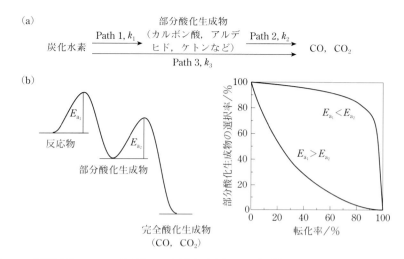

図4.13　選択酸化における単純化した反応経路(a)および相対的な活性化エネルギーと選択率との関係(b)

比較的容易に得られる．逆にk_1に比べてk_2が大きければ，部分酸化生成物は逐次酸化により速やかに酸化されてしまうため，部分酸化生成物の選択性は低くなる．活性化エネルギーE_{a_1}とE_{a_2}の大小関係に応じて，部分酸化生成物の選択性がどのように変化するかを図4.13(b)に示す．Path 1の活性化エネルギーE_{a_1}がPath 2のE_{a_2}に対して相対的に小さければ，反応を部分酸化生成物で止めることは容易である．一方，Path 1の炭化水素の活性化過程で大きな活性エネルギーE_{a_1}が必要な場合，Path 2の逐次酸化も容易に進行してしまい，原料の多くが完全酸化に向かってしまう．部分酸化と完全酸化の活性化エネルギーの指標となるのが，原料のC–H結合あるいは部分酸化生成物についてのC–H結合またはC–C結合の結合エネルギーである．炭化水素の酸化反応ではC–H結合からのHの引き抜きが律速段階であるため，部分酸化生成物が生じる反応の活性化エネルギーは，C–H結合の結合エネルギーに比例する．また，部分酸化生成物の酸化反応でもC–H結合やC–C結合の結合エネルギーに相当する活性化エネルギーが必要となる．この2つの活性化エネルギーの相対的な比によって，部分酸化生成物の選択性は決まる．

　気相での部分酸化における酸化物触媒の重要な役割は酸素の活性化である．図4.14に示すように，酸素(O_2)は触媒により，スーパーオキシドアニオン(O_2^-)，

図 4.14 触媒表面での酸素の活性化過程
[触媒学会 編,触媒便覧,講談社(2008)を参考に作図]

ペルオキシド(O^-),原子状酸素(O)などを経由して最終的には酸化物結晶中の格子酸素(O^{2-})へと逐次的に還元される.一般的に300 ℃以上での部分酸化反応にはV_2O_5やMoO_3などの金属酸化物が触媒活性成分として用いられる.これらは不定比性(非化学量論性)の酸化物を形成しやすく,触媒中の格子酸素の出入り,すなわち炭化水素などの反応物による触媒の還元と,気相酸素による触媒の酸化からなる酸化還元サイクルが容易に起こり,反応に対して有効に作用する.

一方,低温域での気相部分酸化には,例えばAg触媒によるエポキシ化のようにO_2^-,O^-などの吸着酸素を利用する場合が多い.Ag/Al_2O_3触媒上でのエチレンの気相酸化によるエチレンオキシドの合成においては,吸着酸素種の役割が詳細に研究されており,分子状吸着酸素O_2^-が部分酸化に有効な活性酸素種とされている.Ag上にO_2^-が生成しやすいのは,Agが過酸化物(AgO_2)を形成する性質を有するためであると理解されている.Ag表面に吸着したO_2^-種中の酸素1原子が親電子的にアルケンに挿入され,エポキシド1分子が生成する.助触媒としては,やはりペルオキシドを形成しやすいアルカリ金属およびアルカリ土類金属が有効である.NaClなどの助触媒の添加により100 %近いエチレンオキシド選択率が得られることから,O_2^-種がエチレンを酸化した後に残るO^-種もエチレンオキシドを生成する選択酸化に関与すると理解されている.

酸化触媒において,担体は単に活性成分を分散するだけでなく,活性成分の構造や電子状態を制御する役割をもつことがある.例えば,o-キシレンの部分酸化に用いられるV_2O_5/TiO_2触媒では,部分酸化物(無水フタル酸)選択率がV_2O_5担持率に著しく依存する.担持率が1.7 %までのときは部分酸化物の選択率は20 %程度であるが,1.7 %以上では選択率が約80 %まで著しく向上する.しかし担持率が7 %を超えると再び選択率は低下する.こうした選択性の違いは担持したV種の構造の違いによると理解されている.低担持率ではV種は分散した孤立4配位種となるが,担持率の高い領域では層状あるいはポリマー種と呼ばれるV–O–V結合をもつ表面種が形成され,この構造がキシレンの選択酸化に適していると

理解されている．さらに担持率が高くなるとX線回折（XRD）測定で検出可能な結晶性のV_2O_5が形成され，再び活性・選択性が低下する．また，Pd触媒を用いたエチレンからの酢酸合成では，担体として$H_4SiW_{12}O_{40}$などのヘテロポリ酸が必須であり，シリカなどの担体上では反応が進行しない．この触媒上では，ヘテロポリ酸担体がPdの酸化還元を促進し，エチレンの水和によるエタノールの生成とそれに続く酢酸への酸化というワッカー型の反応（5.5.5項参照）が進行すると考えられている．

第4章 石油精製プロセスおよび石油化学プロセス

❖演習問題

4.1 水素化脱硫は石油留分に含まれる硫黄成分を除去するための触媒プロセスであり，触媒として$Co-Mo/Al_2O_3$などが用いられる．この触媒上での脱硫反応の機構を，チオフェンを例として図示しなさい．また，Co助触媒の役割を述べなさい．

4.2 ゼオライトは代表的な固体酸である．ゼオライトにおけるブレンステッド酸性，ルイス酸性の発現機構について，図を用いて説明しなさい．

4.3 ベンゼンとプロピレンを固体酸触媒上で接触させてクメンを合成した．反応機構を推定して図示しなさい．特にブレンステッド酸由来のH^+の働きがわかるように示しなさい．

4.4 レギュラーガソリンとハイオク（プレミアム）ガソリンについて，(1)成分の違い，(2)その成分が耐ノック性に与える影響，(3)ハイオクガソリンに多く含まれる成分の製造法を記述しなさい．

4.5 ポリエチレンフタレート（PET）は，エチレングリコールとテレフタル酸をモノマーとして，脱水縮合により合成される．モノマーの製造プロセスに用いられる触媒とその機能について述べなさい．

4.6 下の表に(1)メタン酸化カップリング反応によるエタンの合成（$2\,CH_4 + 1/2\,O_2 \rightarrow C_2H_6 + H_2O$），(2)ブタン選択酸化反応による無水マレイン酸の合成（$n\text{-}C_4H_{10} + 7/2\,O_2 \rightarrow C_4H_2O_3 + 4\,H_2O$）に関わる分子の結合エネルギーを示す．(2)の反応ではブタン転化率が高い領域でも無水マレイン酸の選択率はある程度保たれる．一方，(1)の反応ではメタン転化率を高くすると，エタン選択率は著しく低下する．この違いを説明しなさい．なお，部分酸化反応や完全酸化反応は，反応分子中の一番弱い$C-H$あるいは$C-C$結合の開裂が律速段階になると仮定すること．

分子	一番弱い$C-H$または$C-C$結合 （太字で示した結合）	結合エネルギー $/kJ\,mol^{-1}$
CH_4	$H_3\mathbf{C-H}$	438
C_2H_6	$H_3\mathbf{C-C}H_3$	376
$n\text{-}C_4H_{10}$	$H_3C-(\mathbf{C-H_2})-CH_2-CH_3$	391
$C_4H_4O_4$	$HOOC-(\mathbf{C-H})=CH-COOH$	412

第5章　工業触媒

本章で学ぶこと
・基本的な工業触媒プロセス
・原料から製品への流れ
・実用触媒の成分および反応機構

5.1　水素の製造

水素を燃料とする燃料電池自動車が2014年に市販され，また都市ガスやLPガスから水素を生成して発電する家庭用燃料電池コジェネレーションシステムの販売台数は2016年度には47,000台に達している．こうした水素を積極的に燃料として使う「水素社会」実現のための技術開発が著しい．水素は燃やしてもCO_2を発生しないため，光触媒による水分解のように(10.7節参照)，水素の生産も含めて化石資源を使わないのであれば，理想的なCO_2フリー社会が構築可能である．ただし，現段階においては，大部分の水素は化石燃料を使って生産されている．ここでは現在工業プロセスで用いられているさまざまな水素の製造方法について紹介する．

（1）水蒸気改質（スチームリフォーミング）

石油あるいは天然ガス由来の炭化水素（C_nH_m）と水蒸気を接触させるとCOとH_2が得られる．このCOとH_2の混合ガスを**合成ガス**（synthesis gas, syngas：シンガス）と呼ぶ．水蒸気改質は大きな吸熱をともなう反応である．一般式，および，メタンの水蒸気改質は以下の式で示される．

$$C_nH_m \ + \ n\,H_2O \ \longrightarrow \ n\,CO \ + \ \left(n+\frac{m}{2}\right)H_2 \tag{5.1}$$

$$CH_4 \ + \ H_2O \ \longrightarrow \ CO \ + \ 3\,H_2 \qquad \Delta H^\circ = 206 \ \mathrm{kJ \ mol^{-1}} \tag{5.2}$$

吸熱反応であるため，十分な転化率を得るには高温が必要であり，例えばメタンを原料とした場合は800 ℃以上の高温が必要となる．このため，水蒸気改質

79

では外部からの熱の供給が必須であり，反応装置外周にはバーナーが設置され，熱源にはCO_2発生をともなう化石資源の燃焼熱が用いられている．改質反応の問題点は，COや炭化水素の不均化反応による炭素質の析出が，触媒活性の低下，触媒の崩壊，反応管の閉塞などを引き起こすことである．水蒸気がCOに対して量論比でおよそ3を下回ると触媒上に炭素質が析出して触媒を失活させるため，水蒸気改質では量論量に比べて大過剰の水蒸気が導入される．

水蒸気改質の律速段階は炭化水素の触媒表面への吸着過程であり，触媒には8族遷移金属が有効である．金属の触媒活性には一般的に次の序列が見られる．

$$Rh, Ru > Ni > Ir > Pd, Pt, Re（レニウム）\gg Co, Fe$$

Rh, Ruは活性が高いものの，高価な貴金属である．低温水蒸気改質において炭素質が析出しにくいRu/Al_2O_3触媒が実用化されている例があるが，一般的に工業プロセスでは安価なNi触媒が用いられる．担体には耐熱性が高いα-アルミナ（α-Al_2O_3）やマグネシア（MgO），あるいはスピネル構造をもつアルミン酸カルシウム（$CaAl_2O_4$）やアルミン酸マグネシウム（$MgAl_2O_4$）などが使用される．水蒸気改質における活性劣化の主要な原因は炭素質の析出であるため，炭素質の析出を抑えるためにK, Mg, Caなどのアルカリ金属，アルカリ土類金属が添加される．これらは触媒担体の酸点を中和し，なおかつ水蒸気を活性化する役割を担っている．

（2）部分酸化法

水蒸気改質は吸熱反応であるため，外部からの熱を必要とする．これに対して，炭化水素を酸素と反応させて一部を燃焼することにより，生成系のエンタルピーを下げて発熱反応として，合成ガスを得る反応を部分酸化と呼ぶ．

$$C_nH_m \ + \ \frac{n}{2} O_2 \ \longrightarrow \ n\,CO \ + \ \frac{m}{2} H_2 \qquad\qquad (5.3)$$

部分酸化法は重油などの重質炭化水素からの合成ガス製造に用いられる．原料と酸素を無触媒で接触させると，発熱して出口温度は1,300〜1,400 ℃の高温に達するため，発生した熱の回収が課題となる．生成ガス中にはCO含有量が多いことから，部分酸化法は後述の水性ガスシフト反応と組み合わせて使用される．また，未燃カーボンおよび原料に含まれる重金属，硫黄化合物の除去が必要であり，精製系が複雑になる．1つの反応器で部分酸化と水蒸気改質を行う，オートサーマル法と呼ばれる方法も提案されている（9.2.2項参照）．

（3）水性ガスシフト反応

合成ガスに求められるH_2/CO比は用途（水素，メタノール製造など）に応じて異なるため，水蒸気改質に付随して下記の水性ガスシフト反応が行われ，H_2/CO比が調節される．ガス組成を変化させることが反応の名称の由来である．

$$CO + H_2O \rightleftharpoons CO_2 + H_2 \qquad \Delta H^\circ = -41 \text{ kJ mol}^{-1} \qquad (5.4)$$

この反応は微少な発熱をともなうため，低温ほど有利である．触媒としては，低温（200～250 ℃）ではCu-ZnO触媒，高温（350～500 ℃）ではFe_3O_4-Cr_2O_3触媒，耐硫黄性が求められるプロセスではCo-Mo系触媒が用いられる．アンモニア合成や，燃料電池のように原料水素中のCOが触媒毒となる反応系では，CO除去の手段の1つとして用いられる．

（4）水性ガス反応

赤熱したコークスなどの炭素と水蒸気との反応により，1,000 ℃以上の高温で合成ガスを得る反応である．触媒は用いられない．水性ガス反応は石炭あるいは重質の石油系原料に対して有効である．

$$C + H_2O \longrightarrow CO + H_2 \qquad (5.5)$$

5.2　無機化学製品の製造

5.2.1　アンモニア合成

アンモニア（NH_3）は工業的に得られる水素（前節参照）と空気中の窒素から合成される．アンモニアの合成法は，ドイツのハーバーとボッシュによって1913年に確立され，ハーバー―ボッシュ法として知られている．アンモニア合成の時代背景には18世紀の農業革命がある．この頃，西ヨーロッパでは輪作と耕作地の囲い込みにより農業生産量が飛躍的に向上した．農業生産量の向上には窒素肥料が必要であるが，20世紀初頭までは化成肥料の原形であるアンモニア化過リン酸が用いられていた．これはチリで発見されたチリ硝石（硝酸ナトリウム）から製造した窒素肥料である．しかしながら，鉱石への依存では急増する人口を養えず，空気中の窒素を固定する技術の開発が必須の課題となっていた．一方で，同時期には帝国主義の広がりにより武器としての爆薬が必要とされており，爆薬の原料である硝酸アンモニウムの需要が高まっていた．このような時代背景によりハー

第5章　工業触媒

バーーボッシュ法によるアンモニア合成が工業化された.

　アンモニア合成は可逆反応である．発熱反応であり分子数の減少する反応であるため，平衡論的には低温・高圧条件が有利である.

$$N_2 \ + \ 3\,H_2 \ \rightleftarrows \ 2\,NH_3 \qquad \Delta H^\circ = -46.1 \ kJ \ mol^{-1} \qquad (5.6)$$

N_2の$N \equiv N$三重結合は安定であり，結合エネルギーは941 kJ mol^{-1}と非常に大きいため，N_2のNH_3への転化においてはN_2の解離吸着が律速段階となる．このため，アンモニア合成の触媒は窒化物や表面窒化物を形成しうる元素が候補となる．ハーバーが最初にFeを触媒としてアンモニアを合成したのは1904年のことである．1908年にはOs, Uを用いてアンモニア合成を成功させているが，実用的にはFe触媒が経済的な観点から精力的に検討された.

　触媒の開発においては約2万種類の鉄鉱石が試験され，スウェーデン産の磁鉄鉱（マグネタイト，Fe_3O_4）が非常に高い活性を示すことをミタッシュが発見した．これは，マグネタイトに含まれる微量のアルミナ（Al_2O_3）とカリウム（K）が有効であるためと考えられた．現行の実用触媒はミタッシュらが見出した二重促進Fe触媒が基本となっている．この触媒はマグネタイトにAl_2O_3を約0.6〜2 %，K_2Oを約0.3〜1.5 %添加し，1,500〜1,600 ℃で固溶させて調製される．Al^{3+}はマグネタイト中のFe^{3+}イオンと置換して安定に存在するため，金属Feのシンタリングによる比表面積の減少を防ぐ．このためAl_2O_3は構造的促進剤と呼ばれる．一方，表面に偏析するKは化学的な促進効果を与えている．N_2の解離は吸着したFeからN_2の反結合性軌道（$1\pi_g{}^*$）への電子供与により促進されるが，KはそのFeへの電子供与の役割を担っている．そして高圧反応装置の発展が，アンモニア合成触媒をさらなる成功へと導いた．アンモニア合成は約20 MPa，約500 ℃の条件で行う．生成したアンモニアは冷却により液化して回収され，未反応のH_2とN_2はリサイクルされる.

　Fe触媒を超える新たな触媒も開発されている．尾崎，秋鹿らはハーバーーボッシュ法よりも温和な条件でアンモニアを合成できるRu触媒を開発した．Ru触媒はFe触媒（400〜600 ℃，200〜1,000気圧）よりも低温・低圧（350〜400 ℃，1気圧）でアンモニア合成が可能となる点ですぐれる．しかしながら，水素による被毒のために水素圧を高くできないという欠点がある．最近，水素被毒を生じないアンモニア合成触媒として，Ru担持$12\,CaO \cdot 7\,Al_2O_3$触媒が提案されている.

コラム　　高性能アンモニア合成触媒

　最近，細野，原，北野らは $12\,CaO \cdot 7\,Al_2O_3$（以下 C12A7）エレクトライド（アニオンとして電子をもつイオン性化合物）に Ru を担持した触媒を提案した．C12A7 は Fe 触媒における K と同様の効果，すなわち N_2 の三重結合解離の際の電子供与の役割を果たす．さらに Ru 触媒では H_2 の圧力が 2 気圧を超えると活性の低下が見られるが，C12A7 のカゴ状構造に水素原子が吸蔵されるため，Ru を担持しているにもかかわらず水素被毒は生じない．Ru 担持 C12A7 触媒は従来の Ru 触媒と比べて触媒活性を 10 倍に向上，活性化エネルギーを約半分に低減できると報告されている．

5.2.2　硝酸の製造

　硝酸（HNO_3）は主に硝酸アンモニウムや硝酸ナトリウムなどの肥料として，あるいはアジピン酸（ナイロンの原料）やウレタンなどの有機化学工業の原料として製造されている．硝酸の合成反応にはアンモニアの酸化による一酸化窒素（NO）の生成と，NO の二酸化窒素（NO_2）への酸化の 2 段階の酸化反応が含まれ，生成した NO_2 を水へ吸収させると HNO_3 が生じる．

$$4\,NH_3 \ + \ 5\,O_2 \ \longrightarrow \ 4\,NO \ + \ 6\,H_2O$$

$$NO \ + \ \frac{1}{2}\,O_2 \ \longrightarrow \ NO_2 \tag{5.7}$$

$$2\,NO_2 \ + \ H_2O \ \longrightarrow \ 2\,HNO_3 \ + \ NO$$

　前段の NH_3 の酸化には Pt–Rh–Pd 合金触媒が使用され，常圧では $800 \sim 850\,^\circ\mathrm{C}$，加圧下では $900\,^\circ\mathrm{C}$ で，10 % の NH_3 と空気の混合ガスを用いて行われる．後段の NO の酸化は平衡論的には低温が有利である．NO を酸素共存下で冷却すると $600\,^\circ\mathrm{C}$ 程度から NO の酸化が起こり，$150\,^\circ\mathrm{C}$ 程度で大部分が NO_2 に酸化される．さらに低温では四酸化二窒素 N_2O_4 が生成するが，これも H_2O に吸収させると硝酸を生じる．

$$2\,NO_2 \ \longrightarrow \ N_2O_4$$

$$3\,N_2O_4 \ + \ 2\,H_2O \ \longrightarrow \ 4\,HNO_3 \ + \ 2\,NO \tag{5.8}$$

　水への吸収過程で生じる NO は NO 酸化プロセスへリサイクルされる．NO_2 の水への吸収濃度は 68 wt% が限度である．濃硝酸は脱水剤を用いた希硝酸の濃縮，または NO_2（または N_2O_4），O_2，H_2O の高圧下での反応と蒸留により製造される．

第5章　工業触媒

5.2.3　硫酸の製造

硫酸（H_2SO_4）は硫化金属鉱からの製錬における副産物，あるいは石油の脱硫から回収される硫黄を原料として，硫黄の燃焼により発生する二酸化硫黄（SO_2）ガスを，三酸化硫黄（SO_3）に酸化した後，濃硫酸に吸収させることにより製造される．

$$S \; + \; O_2 \quad \longrightarrow \quad SO_2$$
$$SO_2 \; + \; \frac{1}{2}O_2 \quad \longrightarrow \quad SO_3 \tag{5.9}$$

SO_2ガスの酸化反応は発熱反応であるため，低温が有利であり，平衡転化率が100％となる400℃前後で反応が行われる．SO_2ガスの酸化にはPt触媒が高い活性を示し，初期の頃は使用されていた．しかしながら，Ptは高価でありAs（ヒ素）などの触媒毒への耐性が低いため，現在はV_2O_5が触媒の主成分として使用されている．V_2O_5上でのSO_2の酸化は，次に示すV^{5+}とV^{4+}間の酸化還元機構により進行する．

$$V_2O_5 \; + \; SO_2 \qquad\qquad \longrightarrow \quad V_2O_4 \; + \; SO_3$$
$$V_2O_4 \; + \; 2\,SO_2 \; + \; O_2 \quad \longrightarrow \quad 2\,VOSO_4 \tag{5.10}$$
$$2\,VOSO_4 \qquad\qquad\qquad \longrightarrow \quad V_2O_5 \; + \; SO_3 \; + \; SO_2$$

V_2O_5そのものの活性は低いが，シリカなどに担持し，Na, Kなどのアルカリ金属を助触媒として添加することにより，99％以上の転化率が得られる．SO_3は水と激しく反応し飛散するため，直接水と反応させることはできない．このため，濃硫酸にSO_3を吸収させて発煙硫酸とし，これを希釈して濃硫酸を得ている．

5.2.4　過酸化水素の製造

過酸化水素は工業的にはパルプ漂白，廃水処理，半導体の洗浄などに用いられ，一般にも漂白剤や殺菌剤として利用される．過酸化水素は酸素と水に分解するため，環境負荷が少ない．このため近年，化学工業における酸化剤としての利用が拡大している．

過酸化水素は一般的にアントラキノン法により製造されている（**図5.1**）．溶媒中でアントラヒドロキノン誘導体（2–エチルアントラヒドロキノンまたは2–アミルアントラヒドロキノン）を空気中の酸素と混合して自動酸化すると，過酸化水素とアントラキノンが得られる．アントラキノン誘導体はPdないしはNi触媒

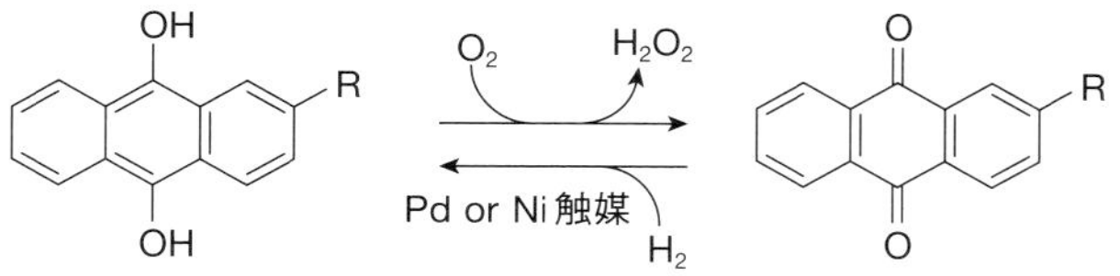

図5.1　アントラキノン法による過酸化水素の製造

により水素化し，再びアントラヒドロキノン誘導体へと戻して利用する．このプロセスは2段階であり，またアントラキノン誘導体の分解があるため，効率が問題である．このため，Pd系触媒を用いた水素と酸素からの直接合成や燃料電池型反応器を用いた製造法が研究されている．

5.3　C1化学

　現代の化学産業を支える石油に代わり，天然ガス，石炭，バイオマスなどの石油以外の炭素資源を用いて炭素数1のメタン，合成ガス（COとH_2の混合ガス），メタノールを基点とする化学の体系が**C1化学**（C1 chemistry）である．C1化学は石油以外の炭素資源を有効に活用する目的で，日本では石油危機を契機として1980〜1987年に通商産業省（現在の経済産業省）の大型プロジェクトにおいて研究された．石油の価格や需要供給バランスによって注目度が左右されるものの，重要な工業化学の体系の1つと考えられている．

　C1化学の中でも特に天然ガスを原料としたフィッシャー–トロプシュ反応による軽油・灯油の製造技術は，GTL（gas to liquids，ガスから液体燃料を作る）と呼ばれている．GTLにより製造した燃料は，硫黄分や芳香族分をほとんど含まないクリーンな液体燃料である．一方，GTLでは吸熱反応により液体燃料を製造するため，熱エネルギー源としての燃料が製造段階で必要であり，天然ガスをそのまま燃料として使うよりも，あるいは石油由来の軽油を使うよりも，CO_2排出量は大きくなる．**図5.2**にC1化学における主な製品の合成ルートを示す．C1化学の基点は合成ガス（$CO+H_2$）であり，5.1節で紹介したように水蒸気改質，部分酸化法，水性ガス反応により製造される．

85

第5章　工業触媒

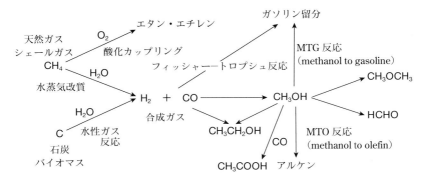

図5.2　C1化学における主な製品の合成ルート

$$水蒸気改質 \quad C_nH_m + nH_2O \longrightarrow nCO + \left(n+\frac{m}{2}\right)H_2$$

$$部分酸化 \quad C_nH_m + \frac{n}{2}O_2 \longrightarrow nCO + \frac{m}{2}H_2 \quad (5.11)$$

$$水性ガス反応 \quad C + H_2O \longrightarrow CO + H_2$$

以下にはメタノールを中心とするC1化学と，合成ガスから直接ガソリン留分を生産するフィッシャートロプシュ法について紹介する．

5.3.1　メタノールを中心とするC1化学

合成ガスから化学原料への転換ルートの1つとしてメタノールの合成反応がある．

$$CO + 2H_2 \longrightarrow CH_3OH \quad (5.12)$$

この反応は発熱反応であるため低温で有利であり，分子数が減少するため高圧が有利である．1923年に工業化されたZn–Cr系触媒では350 ℃，20〜30 MPaの条件が必要であったが，より低温で活性を示すCu系触媒によって低圧合成が可能となった．現在はCu–ZnO/Al$_2$O$_3$やCu–ZnO/Cr$_2$O$_3$がメタノール合成の触媒として主流である．この触媒の活性種は1価の銅Cu(I)であり，Cu(I)はZnO中に固溶することにより安定化している．組成はCu/Zn＝30/70程度である．反応は5〜10 MPa，220〜300 ℃の条件で行われる．Cu系触媒は硫黄被毒に弱いため，

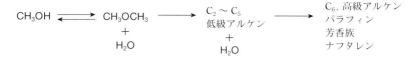

図5.3　MTG法およびMTO法における逐次的な反応経路

原料は十分脱硫する必要がある．Cu系触媒の工業化には脱硫技術の進展を待たなければならず，1966年にようやく実用化された．

　メタノールから派生する製品としてジメチルエーテルがある．ジメチルエーテルはメタノールの脱水反応，あるいはメタノール合成の副生成物として製造されている．ジメチルエーテルの物性は液化石油ガス(LPG)の主成分であるプロパン，ブタンに近いため，LPGと同様にスプレー噴射剤としての用途が多い．また燃焼特性は灯油に近く，中国などを中心に，LPG代替の民生用都市ガス原料や自動車用・産業用燃料として実用化されている．

　Ag触媒を用いたメタノールの脱水素により得られるホルムアルデヒドはアセタール樹脂の原料としてよく用いられる．反応は600〜720 °Cで行われる．アセタール樹脂にはホルムアルデヒドのみが重合したホモポリマー(単独重合体)と，オキシエチレン単位を含むコポリマー(共重合体)があり，前者はホルムアルデヒドを原料としてアニオン重合により合成する．後者のコポリマーは，1,3,5-トリオキサンとエチレンオキシドあるいは1,3-ジオキソランの混合物を用いた開環重合により合成する．

　合成ガスから製造したメタノールをゼオライト触媒に接触させると炭化水素が生成する．ガソリン留分の生成を目的としたプロセスを**MTG**(methanol to gasoline)**法**と呼び，プロピレンなどの石油化学原料となるアルケン(オレフィン)生成を目的としたプロセスを**MTO**(methanol to olefin)**法**と呼ぶ(**図5.3**)．これらの反応では，メタノールの脱水により生じるジメチルエーテルを経由し，アルケン，パラフィン，芳香族化合物が生成する．

　触媒にはMFI型ゼオライト(名称と構造については第4章p.64コラム参照)が用いられる．MFI型ゼオライトは酸素10員環からなる3次元的な細孔をもつゼオライトで，その細孔径，細孔構造に応じてC5〜C10の脂肪族および芳香族炭化水素を選択的に生成する．また，MTG法やMTO法では副反応として炭素質の析出が起こるが，MFI型ゼオライトでは適度な酸強度と3次元の細孔構造の選択により炭素質の析出が起こりにくい．MTG法は1985年よりニュージーランドで

第5章 工業触媒

Exxon Mobil 社により工業化されている.

5.3.2 フィッシャー―トロプシュ法

フィッシャー―トロプシュ反応はドイツのフィッシャーとトロプシュによって1920年代に開発された合成ガスからガソリンや灯油などの炭化水素の留分を得る反応である. 反応式は次のように表され, 150～400℃, 1～80気圧程度の条件で反応が行われる.

$$(2n+1)\,H_2\ +\ n\,CO\ \longrightarrow\ C_nH_{2n+2}\ +\ n\,H_2O \tag{5.13}$$

触媒としてはFe, Co, Ruが一般的に用いられ, これらの触媒上では主に直鎖状脂肪族炭化水素が得られる. ほかにもMo, Niが用いられ, Mo系触媒は低級炭化水素, Ni系触媒はメタンの生成が多いといった特徴がある. Fe系触媒は典型的にはSiO_2に担持され, Cu, Kを助触媒として添加して, 220～320℃程度の温度域で使用される. Kの添加は活性を向上させ, 長鎖のワックス成分を増加させる. CuにはFeの還元を促進する作用がある. Co系触媒はAl_2O_3, SiO_2, TiO_2を担体とし, Fe系よりも低い温度(220～240℃)で使用される. 助触媒としては, Coの分散度と還元度を高めるためにRu, Reが, CoとSiO_2担体との複合化によるケイ酸塩(シリケート)の生成を抑制するためにZrが添加される. またRu系触媒は高活性で長鎖炭化水素を多く生成するが, 価格が高く実用的にはあまり用いられない.

フィッシャー―トロプシュ反応の機構については盛んな議論が行われてきた. フィッシャーらは金属カーバイド(M–C)の生成により反応が開始するとの説を唱えた. また, アルコールが生成物中に取り込まれることなどから, オキシメチレン中間体説も提案された. ただし, その後の表面分析や同位体トレーサー実験などにより, 現在はカーバイドおよびカーバイド―カルベン説が有力である. ただし, 少量のアルコールが生成しているという事実もあり, オキシメチレン中間体説が完全に否定されたわけではない. カーバイド説に基づけば, フィッシャー―トロプシュ反応の最初のステップはCOの金属表面(M)への解離吸着である. COと金属のd軌道がσ結合を形成すると, 金属から反結合性π*軌道への逆供与(back donation)が生じるため, C–O結合は不安定化する. カーバイド説においてはCOの開裂により金属カーバイド(M–C)と金属酸化物(M–O)が生じ, 金属カーバイドが水素化されることによって反応が進行する.

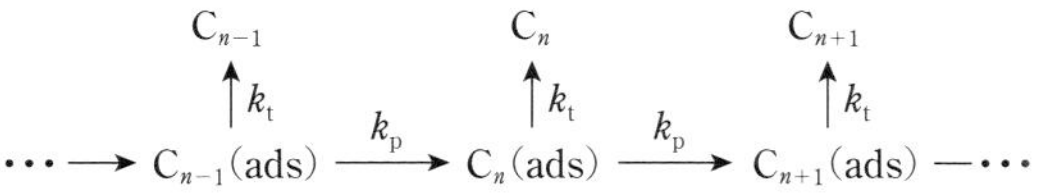

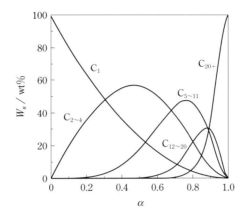

図5.4 フィッシャー-トロプシュ反応における中間体の成長
(ads)は吸着種,C_nはC_nH_{2n+2}を表す.

図5.5 フィッシャー-トロプシュ反応における連鎖成長確率と生成物の炭素数分布の関係
[O. O. James *et al.*, *RSC Adv.*, **2**, 7347 (2012)]

$$\begin{array}{l} CO + 2M \longrightarrow M\text{-}CO + M \longrightarrow M\text{-}C + M\text{-}O \\ M\text{-}C + M\text{-}O + 4H \longrightarrow M\text{-}CH_2 + M + H_2O \\ n(M\text{-}CH_2) \longrightarrow (CH_2)_n + nM \\ (CH_2)_n + H_2 \longrightarrow C_nH_{2n+2} \end{array} \quad (5.14)$$

フィッシャー-トロプシュ反応は,炭素数1のCOの水素化から始まり,炭素数が1つずつ増加する逐次重合反応とみなすことができる(**図5.4**).炭素数nの炭化水素の選択率は,連鎖移動の速度(触媒上の中間体が炭化水素生成物として脱離する速度,反応速度定数k_t)と連鎖成長の速度(中間体の炭素数が1つ増える速度,反応速度定数k_p)の比で決まる.連鎖成長の割合αは$\alpha = k_p/(k_p + k_t)$で表され,連鎖成長確率とも呼ばれる.

W_nを炭素数nの炭化水素の重量分率とすると,W_nはシュルツ-フローリー分布(Schulz–Flory distribution)に従って$W_n = n\alpha^{n-1}(1-\alpha)^2$と表すことができる.$W_n$の連鎖成長確率$\alpha$に対する依存性を**図5.5**に示す.

5.4 還元反応の触媒プロセス

水素が存在する雰囲気中で不飽和炭化水素，ケトン，アルデヒド，ニトリル，芳香族などに水素を付加する水素化は石油化学工業において重要な位置を占める．水素化は水素添加反応(略して水添)とも呼ばれる．1896年にフランスのサバティエがエチレンを高温でNi粉末に通したところ，エタンが生成したことにより水素化反応が発見された．水素化における触媒の役割は，表面において水素を解離吸着し，活性化させることである．それゆえ，Pt, Pd, Ruといった貴金属，あるいはNi, Cuなどが触媒として用いられる．

有機化合物の水素化では基質の沸点，安定性に応じて，液相反応か気相反応かが選択される．いずれの場合も水素の圧力は高い方が有利である．特に液相反応では水素化の反応速度が水素の溶解度と拡散速度に依存するため，水素圧および溶媒の選択が重要である．以下に，代表的な水素化プロセスの例を紹介する．

5.4.1 ベンゼンの水素化によるシクロヘキサンの製造

ベンゼンの水素化によって得られるシクロヘキサンとシクロヘキセンは，シクロヘキサノール，シクロヘキサノンを経由して，その約70％がε-カプロラクタム，残りがアジピン酸へと変換され，いずれもナイロンの中間原料として利用される．**図5.6**にベンゼンを原料とするシクロヘキサノールのいくつかの製造ルートを示す．

反応は温度170〜220℃，圧力20〜40気圧の加圧水素下での気相反応により行われる．ベンゼンの水素化には8〜10族の金属が有効であり，その活性序列は

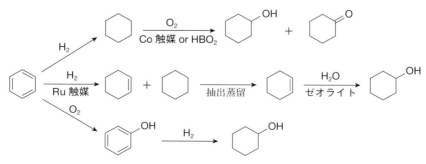

図5.6 ベンゼンを原料とするシクロヘキサノールの製造ルート

Rh＞Ru≫Pt≫Pd≫Ni＞Coの順である．これらは担持触媒ないしはラネー（Raney）型触媒（スポンジ状の触媒）の状態で用いられる．必ずしも活性の高い元素が選ばれるわけではなく，金属の価格なども考慮して触媒が選択される．この反応は，ベンゼンが金属表面上にπ軌道を介して吸着し，水素が段階的に付加して進行する．ベンゼンよりもシクロヘキセンの反応性の方が高いため，シクロヘキセンで反応を止めることは困難であり，一般的にシクロヘキサンのみが得られる．得られたシクロヘキサンを空気中でCo触媒，あるいはHBO$_2$を触媒として酸化すると，KAオイル（ケトンとアルコールの混合物）と呼ばれるシクロヘキサノールとシクロヘキサノンの混合物が得られる．ただし，酸化過程においては過剰酸化による副生成物を抑えるために転化率を10％以下に抑える必要があり，また副生成物の処理のために設備が複雑になるなどの問題点がある．

　一方，シクロヘキセンの水和によりシクロヘキサノールを製造するプロセスが旭化成（株）により開発され，1990年より実用化されている．「シクロヘキセン法シクロヘキサノール製造プロセス」と呼ばれるこのプロセスでは，特に反応場の制御に工夫がなされている．前段のベンゼンの部分水素化は，気相（水素）－油相（原料および生成物）－水相－固体（触媒など）の4相からなる系で行われる．触媒は水相に存在し，反応基質（ベンゼン，水素）が水相に溶解して反応が進行するため，反応生成物と触媒の分離を油水分離で実現できる．触媒には金属Ruの超微粒子が用いられ，シクロヘキセン選択性を高めるために亜鉛化合物が助触媒として添加される．製造プロセスは温度100〜180℃，圧力3〜10 MPaで行われ，転化率40〜60％，シクロヘキセン選択率80％程度で操業される．シクロヘキセンは極性溶媒（N, N-ジメチルアセトアミドもしくはアジポニトリル）を用いた抽出蒸留により分離され，その後の水和プロセスに供給される．後段の水和反応によるシクロヘキサノール製造プロセスは，油相（原料および生成物）－水相－固体（触媒）の3相系で行われる．シクロヘキセンの一部が水相に溶解し，触媒上でシクロヘキサノールとなり，再度油相であるシクロヘキセン相に抽出される．油相からは蒸留によってシクロヘキサノールを容易に取り出すことができる．触媒には高Si/Al比のMFI型ゼオライトが用いられる．MFI型ゼオライトは酸強度が強く，細孔内の疎水性によりシクロヘキセンの吸着に有利である点がこの反応に適している．100℃以上の反応温度において，転化率10〜15％，シクロヘキサノール選択率99％以上を得ることができる．なお歴史が最も古いプロセスとして，フェノールの水素化によりシクロヘキサノールを得る方法もある．

5.4.2 油脂の水素化

　油脂の水素化は1911年にイギリスのCrosfield & Sons社が牛脂に代わる石鹸原料として魚油の水素化により硬化油を製造したことに始まる．1914年には第一次世界大戦により欧州でバターが不足したため，油脂の部分水素化によるマーガリンの製造が開始された．油脂は炭素数が主に16と18の脂肪酸とグリセロール（グリセリン）とのエステルであり，動物性油脂には脂肪酸部位がパルミチン酸（C16），ステアリン酸（C18）などの飽和脂肪酸であるものが多いが，植物性油脂や魚油には脂肪酸部位にオレイン酸（C18：9位にC＝C二重結合），リノール酸（C18：9, 12位にC＝C二重結合），リノレン酸（C18：9, 12, 15位にC＝C二重結合）などのC＝C不飽和結合をもつ油脂が多い．油脂の不飽和度が高いほど融点が低くなるが，酸化を受けやすくなる．このため，適度な硬さをもたせ，なおかつ品質の安定性を向上させる目的で，油脂の水素化が行われる．また最近ではバイオディーゼルの品質安定化を目的とした，油脂の水素化も行われる．

　油脂の水素化ではラネーニッケルあるいは担持Ni触媒がよく用いられるが，そのほかにPdやCuを活性種とする触媒も用いられる．反応は気相（水素）−液相（油脂）−固相（触媒）の3相系で行われ，プロセスにはスラリー連続プロセスや固定層プロセスがある．反応条件は原料や製品によって異なるが，およそ80～150℃，1～10気圧の範囲である．例えば，炭素数18のリノレン酸を水素化する場合，リノレン酸（C＝C二重結合3つ）→リノール酸（C＝C二重結合2つ）→オレイン酸（C＝C二重結合1つ）→ステアリン酸（飽和脂肪酸）と段階的に水素化が進行する．ステアリン酸の融点は69.6℃であり，ろうそくや石けんの原料に使われるほど堅い．マーガリン製造では適度な硬さとするため，部分水素化がなされるが，近年，部分水素化の際に生じるトランス体がLDLコレステロール（悪玉コレステロール）を増加させ，心臓疾患のリスクを高めるといわれており，トランス体生成の少ないPt/MFI型ゼオライト触媒などの研究も行われている．

5.4.3 アルケンの水素化精製

　エチレン，プロピレン，ブテンなどのアルケンの原料ガスには微量のアセチレンやジエンが含まれ，これらは蒸留時の重合，重合触媒の被毒，製品の品質低下を引き起こす．このため，原料アルケンを水素化精製してアセチレンやジエンを除去するプロセスが必要となる．エチレンの原料ガスには0.4～2.5 mol％のアセチレンが含まれる．エチレンのエタンへの水素化は抑制しつつ，選択的にアセチ

レンをエチレンに水素化する触媒として，Pd-Ag/Al$_2$O$_3$や硫化Co-Mo系触媒が用いられる．最近のプロセスでは0.3 ppm以下のレベルまでアセチレンの濃度を低下できる．また，プロピレンの原料ガス中のプロピン，プロパンジエン（アレン）の水素化にはPd/Al$_2$O$_3$触媒が使用される．

5.4.4　ポリマーの水素添加

　ポリマーの耐熱性，粘弾性，強度，溶解性，透明性，相溶性，ガラス転移点などの物性を改善するため，ポリマー中に残存するC＝C二重結合の水素化が行われる．スラリーや固定床を用いた不均一系プロセスにおいてはNi触媒がよく用いられている．高い選択性が求められる反応系ではPtやPdなどの貴金属触媒も工業的に用いられることがある．

5.4.5　その他の水素化プロセス

　医薬，農薬，香料などの中間体の製造工程では，ケトン，アルデヒド，脂肪酸，エステルの水素化によるアルコールの製造，あるいはニトロ化合物，ニトリル化合物の水素化によるアミンの製造がしばしば行われる．有機合成ではNaBH$_4$，LiAlH$_4$などの水素化物による量論的な還元も用いられるが，大規模なプロセスでは廃棄物の低減，省エネルギーの観点から触媒による水素化が望ましい．基質により千差万別であるが，触媒には一般にPt, Pd, Ruなどの貴金属触媒が用いられる．ターゲットとなる官能基のみを水素化し，他の官能基（アルケンなど）を水素化しないような選択的水素化が求められる場合，貴金属触媒へSn, Znなどが添加されたり，卑金属触媒が選択される．

　三菱ケミカル（旧　三菱化成）（株）はクロム修飾酸化ジルコニウム触媒を用いた芳香族カルボン酸の直接水素化による芳香族アルデヒド合成プロセスを操業している．この直接水素化法による芳香族アルデヒド類の製造プロセスは世界初である．従来はハロゲン法で行われていたが，新規プロセスではハロゲンフリーを実現している．

第5章　工業触媒

5.5　酸化反応の触媒プロセス

5.5.1　エチレン酸化

エチレンオキシド（酸化エチレン）は石油化学工業において重要な中間原料であり，エチレングリコール，グリコールエーテル類，エタノールアミン類が一次誘導品として生産され，それらからポリエチレンテレフタレート（PET），ポリウレタン，ポリエステル，非イオン界面活性剤，グリオキサール，ジオキサンが生産される．また世界および国内ともにエチレンオキシドの60〜70 ％が水和によりエチレングリコールに転化され，その70 ％が繊維，樹脂，フィルム用途のPETをはじめとしたポリエステルとして消費されている．

エチレンオキシドの工業生産はUnion Carbide社により1925年に開始され，初期にはエチレンクロロヒドリン法を用いて行われた．

$$
\begin{aligned}
&\mathrm{H_2C{=}CH_2} + \mathrm{Cl_2} + \mathrm{H_2O} \longrightarrow \underset{\substack{|\ \ \ \ |\\ \mathrm{HO}\ \ \ \mathrm{Cl}}}{\mathrm{H_2C{-}CH_2}} + \mathrm{HCl}\\
&\underset{\substack{|\ \ \ \ |\\ \mathrm{HO}\ \ \ \mathrm{Cl}}}{\mathrm{H_2C{-}CH_2}} + \mathrm{Ca(OH)_2} \longrightarrow \underset{\mathrm{O}}{\mathrm{H_2C{-}CH_2}} + \mathrm{CaCl_2} + 2\,\mathrm{H_2O}
\end{aligned}
\tag{5.15}
$$

この方法では80 ％を超えるエチレンオキシド収率が得られるが，酸による装置の腐食，廃水処理などの問題があった．その後，Union Carbide社は1937年にAg触媒による気相酸化法を工業化した．初期のエチレンオキシド選択率は50 ％未満であったが，触媒およびプロセスの改良により選択率が80 ％程度に向上した．さらに1958年にShell社により純酸素を用いた酸素酸化法が商業化され，エチレンオキシド製造は気相酸化法に置き換わった．現在，クロロヒドリン法は酸化プロピレン製造に用いられているが，エチレンオキシド製造には用いられていない．

$$
\mathrm{H_2C{=}CH_2} + \frac{1}{2}\mathrm{O_2} \longrightarrow \underset{\mathrm{O}}{\mathrm{H_2C{-}CH_2}}
\tag{5.16}
$$

エチレンオキシドの気相酸化法には空気酸化法と純酸素を用いた酸素酸化法があるが，プロセスの大型化には酸素酸化法が有利であることから現在はほとんど酸素酸化法が用いられている．触媒にはもっぱらAgが使われている．ただし，Ag単独ではエチレンオキシド収率が60 ％を超えないため，K, Na, Ca, Ba, Csなどのアルカリ金属・アルカリ土類金属が添加される．また，比活性と触媒寿命を向上させるため，Agを担持させて用いられる．ただし，エポキシ化合物のオリゴマー化や異性化が固体酸，固体塩基上で進行するため，担体にはα-$\mathrm{Al_2O_3}$や炭

化ケイ素など，酸塩基性をもたず，細孔がない材料が用いられる．また，部分的に塩素化されたAg表面がエチレン酸化に有効に働くことから，反応ガスには$C_2H_4Cl_2$などの有機塩素が数ppm添加されている．現在のプロセスではエチレンオキシドの選択率は80〜90％まで向上している．

5.5.2 プロピレン酸化(アリル酸化)，アンモ酸化

　プロピレンの気相酸化(アリル酸化)ではアクロレイン(アクリルアルデヒド)が得られる．アクロレインはメチオニンやピリジン合成の原料であるとともに，もう一段酸化することにより得られるアクリル酸は紙おむつなどに使われる高吸水性樹脂(ポリアクリル酸ナトリウム)，塗料，接着剤などの原料となる．また，アンモニア存在下で酸化を行う(アンモ酸化)とシアノ基をもつアクリロニトリルが得られる．アクリロニトリルはアクリル樹脂，合成ゴム，ABS樹脂(アクリロニトリル，ブタジエン，スチレンによって合成される樹脂)などの原料である．アクリロニトリルはアセチレンとHCNを用いたアセチレン法，エチレンオキシドとHCNを用いたエチレンシアノヒドリン法，アセトアルデヒドとHCNを用いたラクトニトリル法により生産されていたが，いずれも猛毒のシアン化水素HCNを用いるプロセスであるため，現在ではすべて以下に示すアンモ酸化法で製造されている．

$$\text{\raisebox{0pt}{$\diagup\!\!\!\!\diagdown$}} \xrightarrow[\text{Bi–Mo–O}]{\text{O}_2} \text{\raisebox{0pt}{$\diagup\!\!\!\!\diagdown$}}\text{CHO} \xrightarrow[\text{Mo–V–O}]{\text{O}_2} \text{\raisebox{0pt}{$\diagup\!\!\!\!\diagdown$}}\text{COOH} \tag{5.17}$$

$$\text{\raisebox{0pt}{$\diagup\!\!\!\!\diagdown$}} \xrightarrow[\text{Bi–Mo–O}]{\text{NH}_3,\ \text{O}_2} \text{\raisebox{0pt}{$\diagup\!\!\!\!\diagdown$}}\text{CN} \tag{5.18}$$

　触媒にはアリル酸化(式(5.17))，アンモ酸化(式(5.18))ともにBi–Mo系の複合酸化物が用いられる．この触媒は1957年にStandard Oil of Ohio(SOHIO)社によって開発されたため，プロピレンのアンモ酸化用触媒をSOHIO触媒と呼ぶこともある．触媒にはBi, Moのみならず多様な元素が構成要素として含まれる．組成としてはMoが50％，Biが5％程度であり，残りの部分は3価元素(Fe, Cr, Al, 特にFe)，2価元素(Co, Ni, Cu, Mn, Mg, Pb, Znなど，特にCo, Ni)が主であり，このほかにも1価元素(K, Na, Cs, Rb, Tl)，その他の元素(Sb, V, W, Te, Ta, As, Nb, P, Bなど)を含む．Bi–Mo系複合酸化物触媒のほかにもアンチモン系触媒(Sb–Sn–O)，シーライト系触媒($PbMoO_4$や$BiVO_4$など)が実用触媒として使用されている．

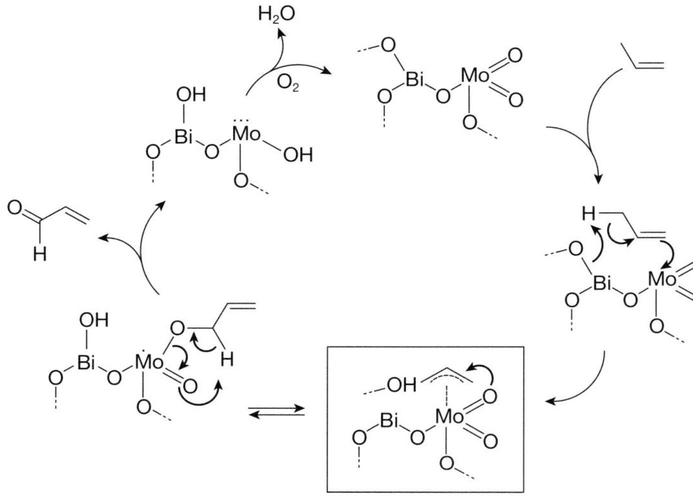

第5章 工業触媒

H₂O

図5.7 プロピレンのアリル酸化の反応機構
［R. K. Grasselli, *J. Chem. Educ.*, **63**, 216（1986）および萬ヶ谷康弘,
触媒学会シニア懇談会ニュース, **73**（2014）を参考に作図］

　アクロレインからアクリル酸への酸化にはSOHIO触媒, Mo-Co系酸化物,
Mo-V系, Fe系, Ce（セリウム）系酸化物触媒が初期には提案されたが, 反応温
度400 ℃においてアクリル酸収率が約30 ％であり, 十分な活性・選択性を示さ
なかった. 1963年に東洋曹達工業（現 東ソー）（株）がMo-V系触媒においてMo
を過剰量とすることにより, 反応温度300 ℃, 転化率92 ％, 選択率82 ％と性能
を著しく向上させることに成功した. その後, Mo-V系複合酸化物をベースとし
て, 日本の化学メーカー（日本化薬, 三菱油化（現 三菱ケミカル）, 住友化学, 日
本触媒）や理化学研究所においてCu, W, Sn, Li, Srなどの添加により活性・選択性
の向上が図られ, 現在では反応温度300 ℃以下において, 転化率約100 ％, 選択
率95 ％以上の性能となっている. 現在, 2段階プロセスによるアリル酸化にお
いてアクリル酸収率は約90 ％に達している.

　プロピレンのアリル酸化の反応機構を**図5.7**に示す. 触媒上に吸着したプロピ
レンはまずBi-Oによりアリル位の水素が引き抜かれ, 図の四角枠に示すπ-アリ
ル中間体となる. π-アリル中間体にMo＝Oの格子酸素が付加し, 続いて水素原
子が引き抜かれてアクロレインが脱離する. これらの過程で還元された触媒は,
再酸化されて再生する. 活性サイト再生の際に使われるのはバルク触媒内を移動

してきた格子酸素であり，基質の酸化とは別の場所で気相酸素分子が触媒格子内へ取り込まれることが知られている．触媒の大きな役割は，水素の引き抜きと，格子酸素の供給である．また律速段階はπ-アリル中間体の形成ステップであると考えられている．アンモ酸化の場合は，気相NH_3により$Mo=O$の部位が$Mo=NH$となり，これがπ-アリル中間体に挿入されてニトリルが生成する．

　また，プロピレンのアリル酸化，アンモ酸化では，プロピレンより価格の安いプロパンへの原料転換が試みられ，三菱化学(株)(現 三菱ケミカル)により$Mo-V-Nb-Te-O$触媒が，東亞合成(株)により$Mo-V-Nb-Sb-O$触媒が開発された．$Mo-V-Nb-Te-O$触媒は特定の結晶相が鍵となることが解明されるなど科学的な研究は進んだが，実用化には至っていない．

5.5.3　メタクリル酸メチルの製造

　メタクリル酸メチルを重合させて得られるアクリル樹脂は高い透明性をもつため有機ガラスとも呼ばれ，水族館の大型水槽などの窓材，照明器具，光ファイバー，アクリル樹脂塗料など無機ガラスと同様の場面で用いられる．メタクリル酸メチルは以前，1937年にイギリスのICI社によって商業化されたアセトンシアノヒドリン法(ACH法)により製造されていた(**図5.8**)．ただし，この製造法は毒性の高いHCNを用いる必要があり，硫酸アンモニウムが副生するという問題があったため，次第にイソブテンの2段酸化とエステル化による直接酸化法(直酸法)に切

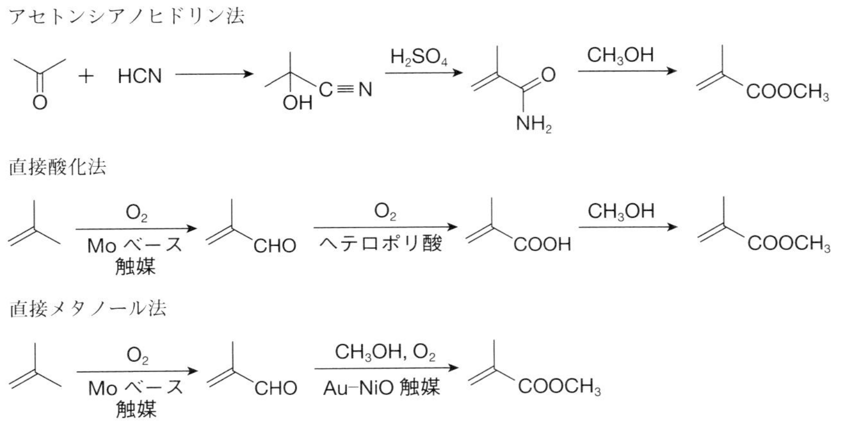

アセトンシアノヒドリン法

直接酸化法

直接メタノール法

図5.8　さまざまなメタクリル酸メチル製造法

第5章　工業触媒

り替わった．このプロセスはMoベースの多成分系触媒によるイソブテンのアルデヒドへの空気酸化と，続くヘテロポリ酸による酸への2段階の空気酸化，およびエステル化からなる．さらに旭化成（株）では直酸法よりもシンプルな直接メタノール法（直メタ法）を開発し，1999年から商業化している．これはイソブテンからメタクロレインへの酸化と，メタクロレインのメタノールによる酸化エステル化からなる．初期のプロセスではPd_3–Pb_1金属間化合物が触媒として使用され，選択率95％が実現されていたが，Pbの使用が問題であった．このため，2009年からはさらに高活性，長寿命であるコアシェル型Au@NiOナノ粒子触媒が導入されている．

5.5.4　ブタン酸化

　無水マレイン酸は63％が不飽和ポリエステル樹脂，12％がオイル添加剤として使われる．また水素化して，THF，1,4–ブタンジオール，γ–ブチロラクトンなどに転化した形でも用いられる．1960年代はベンゼンを原料として，V_2O_5–MoO_3複合酸化物触媒を用いた気相酸化により製造されていた．しかしながら，この反応ではベンゼン1分子あたり2つの炭素がCO_2になるという無駄がある．また1970年代に無鉛ガソリンの普及にともなうベンゼン価格の高騰や，ベンゼンの大気放出への規制があり，現在ではほとんどがC4のn–ブタンを原料として無水マレイン酸が合成されている．触媒にはV_2O_5–P_2O_5複合酸化物触媒が用いられる．V_2O_5–P_2O_5複合酸化物にはα–$VOPO_4$，β–$VOPO_4$，$(VO)_2P_2O_7$，$VO(PO_3)_2$などの結晶相があることが知られているが，なかでも$(VO)_2P_2O_7$（ピロリン酸バナジル）がブタン酸化を選択的に進行させる活性相であることが明らかになっている．

　$(VO)_2P_2O_7$は図5.9に示す走査型電子顕微鏡（SEM）像のように，板状結晶が集合して花弁状の二次粒子を形成している．ブタンから無水マレイン酸への選択酸化は板状結晶の底面にあたる(100)面において進行する（図5.10）．$(VO)_2P_2O_7$においてブタンの酸化が選択的に進行する要因としては，（1）結晶バルク中のVの原子価は4価であるが，表面ではV^{4+}とV^{5+}の酸化還元が進行しやすいこと，（2）表面の(100)面ではVの八面体とPの四面体が交互に並ぶ形で表面に露出し，吸着した基質を表面酸素が攻撃しやすい幾何学構造をしていること，（3）表面の(100)面のVがルイス酸点として機能することなどが考えられている．

 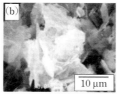 

図5.9 さまざまな調製法による$(VO)_2P_2O_7$のSEM像
それぞれ(a)イソブタノール,(b)2-ブタノール,(c)水溶液中で合成したもの.
〔Y. Kamiya *et al.*, *Appl. Catal. A: Gen.*, **206**, 103 (2011)〕

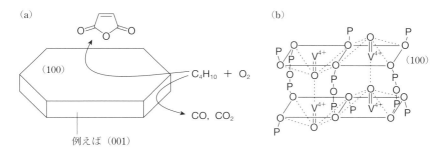

図5.10 (a)ブタン選択酸化の反応モデルと(b)$(VO)_2P_2O_7$の構造

5.5.5 アルデヒドおよび酢酸の製造(ワッカー法)

アセトアルデヒドおよび酢酸は液相での**ワッカー法**(Wacker process)と呼ばれる酸化反応により製造される(式(5.19)).

$$C_2H_4 + Pd(II)Cl_2 + H_2O \longrightarrow CH_3CHO + Pd(0) + 2HCl \quad (5.19a)$$

$$Pd(0) + 2Cu(II)Cl_2 \longrightarrow Pd(II)Cl_2 + 2Cu(I)Cl \quad (5.19b)$$

$$2Cu(I)Cl + 2HCl + \frac{1}{2}O_2 \longrightarrow 2Cu(II)Cl_2 + H_2O \quad (5.19c)$$

$$C_2H_4 + \frac{1}{2}O_2 \longrightarrow CH_3CHO \quad (5.19d)$$

この方法では$PdCl_2$が触媒として用いられ,Pd(II)がエチレンに水を求核的に付加させることでアセトアルデヒドが生成する(式(5.19a)).式(5.19b)はPd(II)の再生過程であり,Cu(II)により還元されたPdを酸化する.さらにCu(I)が酸素によりCu(II)に酸化されることで(式(5.19c)),触媒サイクルが完成する.全体では式(5.19d)のようにエチレンを空気中の酸素で酸化することでアセトアルデヒドが得られるという反応である.ワッカー法はドイツのHoechst社の子会社で

第5章　工業触媒

あるWacker Chemie社により，1959年にCuClによるPd（0）の再酸化が見出され
たことにより触媒プロセスとして考案された．ワッカー法により製造されるアセ
トアルデヒドの収率は95％である．アセトアルデヒドをさらに空気酸化するこ
とにより酢酸が得られる．また水溶液中の代わりに酢酸中でエチレンのワッカー
酸化を行うと，酢酸ビニルが得られる．またアルコール溶媒中で行うと，エノー
ルエーテルが得られる．ワッカー酸化は通常液相で行われるが，昭和電工（株）は
独自に開発したヘテロポリ酸担持Pd触媒を用いた，気相でのエチレン酸化によ
る酢酸合成を1997年より実施している．

❖演習問題

5.1 水素の工業的な製造方法を列挙し，それぞれの方法における特徴と使用さ
れる触媒を記述しなさい．

5.2 アンモニア合成に用いられる二重促進Fe触媒においては，アルミナとカ
リウムの添加が必須である．それぞれの成分の働きを述べなさい．

5.3 MTG反応にはMFI型ゼオライトが用いられる．他のゼオライトに比べて，
MFI型ゼオライトがこの反応に有利である点を述べなさい．

5.4 「シクロヘキセン法シクロヘキサノール製造プロセス」においては反応場
の制御が工夫され，高収率が得られている．どのような工夫がなされてい
るか記述しなさい．

5.5 Bi−Mo系複合酸化物触媒を用いたプロピレンのアンモ酸化における反応
機構について，図5.7を参考にして推定しなさい．

5.6 ワッカー法におけるCuの役割を述べなさい．

5.7 石油化学プロセスでは安全性の向上，環境負荷の低減が常に求められてい
る．石油化学プロセスの例を第5章の中から探し，（1）従来プロセスの問
題点と，（2）改良されたプロセスで用いられる触媒の特徴について述べな
さい．

第6章 ファインケミカルズ 合成触媒1：不均一系触媒

本章で学ぶこと
・不均一系触媒と均一系触媒の特徴
・不均一系触媒の種類
・固体酸塩基触媒反応と金属触媒反応

6.1 不均一系触媒と均一系触媒

　有機化合物（ケミカルズ）は我々の生活に密接に関連しており，その合成のために有機合成化学的な手法の活用は欠かせない．近年の材料科学やライフサイエンスの急速な発展とともに医薬・農薬中間体を含む多様なケミカルズが現代社会のさまざまな場面で活用されている．ケミカルズの中でも「ファインケミカルズ」は，厳密な定義は存在しないものの，化学工業において大量に生産される「バルクケミカルズ」とは区別して認知されている．ファインケミカルズは一般にバルクケミカルズと比較して1分子内に多種の官能基を含有するなど複雑な骨格をもつ．それらの合成には煩雑な工程を経ることが多く，単位重量あたりの価格がバルクケミカルズよりも高い．そのためファインケミカルズの効率的な生産には触媒による選択的な官能基変換反応の利用が必要不可欠である．

　ファインケミカルズの合成のための触媒は均一系触媒と不均一系触媒に大きく二分される．均一系触媒が反応物（基質）と触媒が同じ相（主に液相）に存在するのに対し，不均一系触媒は反応物と触媒が異なる相にある．ファインケミカルズは複雑かつ多官能性の化合物であるため，揮発や官能基の熱的分解を回避するために，比較的低温条件での合成が必要とされる．これらの制約によりファインケミカルズの合成は液相で行われることが多い．また一般に固体状態で用いられることから不均一系触媒は「固体触媒」とも呼称される．反応相と触媒相が異なるため，反応終了後における生成物からの触媒の分離・回収が比較的容易であり，触媒の劣化がない場合には再利用することも可能である．機能性材料や医薬品への

101

触媒（異物）の混入は，それらの機能や安全性を著しく低下させるおそれがあり，分離・精製にかかるエネルギーを大幅に低減できる点はコスト面だけでなく，環境面からの利点も大きい．そのためファインケミカルズ合成において不均一系触媒の使用は非常に重要である．

6.2　固体酸触媒によるファインケミカルズ合成

　ブレンステッド酸触媒あるいはルイス酸触媒は，フリーデル－クラフツアルキル化・アシル化，エステル化，エステル加水分解など多種の有用な反応を進行させ，化学工業プロセスにおいても最も重要な役割を担っている．塩酸，硫酸，フッ酸といった液体酸は安価であることから汎用的な触媒として使用されるが，先に述べた回収・再利用における困難さに加えて，装置の腐食などの問題がある．そのためこうした問題を回避し，環境面，安全性，経済性において有利な固体酸触媒への転換は非常に重要である．

6.2.1　ゼオライト系触媒

　結晶性アルミノケイ酸塩（アルミノシリケート）であるゼオライトは，固体酸としての性質を示すことがよく知られている．なかでもプロトン交換型ゼオライトは，ブレンステッド酸固体触媒として機能することから，ケミカルズ合成用の不均一系触媒としても利用される．またシリカ／アルミナ（Si/Al）比を変化させることにより酸量や細孔内における疎水性が変化する．Si/Al比の高いゼオライト触媒は水中での触媒反応にも有効に機能し，シクロヘキセンの水和によるシクロヘキサノール合成に有効であることが知られている（5.4.1項参照）．

　高シリカMFI型ゼオライトは，シクロヘキサノンオキシムのベックマン転位（Beckmann rearrangement）を進行させ，ナイロン6の原料モノマーであるε-カプロラクタムの効率的な合成を可能にする（式(6.1)）．

$$\text{（構造式）} \xrightarrow{\text{高シリカ MFI 型ゼオライト}} \text{（構造式）} \tag{6.1}$$

液体酸である硫酸を用いた従来プロセスの場合，大量の硫酸アンモニウムの副生が避けられないのに対し，この固体酸プロセスにおける副生成物は水のみである．環境負荷の大幅な低減が実現されたこのプロセスは2003年に住友化学（株）に

6.2 固体酸触媒によるファインケミカルズ合成

よって気相反応として工業化された.

フィッシャーインドール合成はアリールヒドラジン誘導体およびケトンから医薬品・農薬中間体や香料原料などに多く含まれるインドール骨格を構築するためのすぐれた手法であり,酸触媒を用いることによって進行する.非対称ケトンを用いた場合に生成物が位置異性体の混合物として得られることが大きな問題となるが,ゼオライトを触媒として用いた場合,ケトンの分子サイズに対応した細孔を有するゼオライト触媒を選択することにより,位置異性体の片方のインドールを選択的に合成することが可能となる.式(6.2)に示した反応では,液体酸である酢酸やY型ゼオライトを触媒とした場合,**B**が優先的に生成するのに対し,モルデナイト型ゼオライトを用いた場合は**A**が主生成物となる.

触媒	**A**		**B**
酢酸	0	:	100
Y型ゼオライト	17	:	83
モルデナイト型ゼオライト	93	:	7

(6.2)

6.2.2 陽イオン交換樹脂型固体酸触媒

陽イオン交換樹脂もケミカルズ用合成用の固体酸触媒としてしばしば利用される.特にスルホ基($-SO_3H$)は強酸性を示すことから,これらの官能基が固定化された触媒は液体酸の代替としての期待が大きい.Amberlyst-15はポリスチレン樹脂のベンゼン環上にスルホ基が置換した固体酸触媒であり,フリーデル-クラフツアルキ

Amberlyst-15

ル化・アシル化,カルボン酸のアルコールによるエステル化,エステル加水分解などさまざまな酸触媒反応に対して有効に機能する.またゼオライト触媒に比べ

103

第6章　ファインケミカルズ合成触媒1：不均一系触媒

て酸量が多いことから比較的温和な条件下でも高い活性を示すことが特徴である.

　例えば，Amberlyst-15は高級脂肪酸エステルであるステアリン酸メチルの1-ブタノールによるエステル交換反応に対して有効に作用する（式(6.3)）.

$$\text{（式 6.3 の構造式）} \tag{6.3}$$

　複素環化合物の合成にもAmberlyst-15は応用されており，2-アミノ芳香族ケトンとメチレンカルボニル化合物の分子間縮合反応を進行させ，種々の薬理・生理活性を示すことが知られているキノリン誘導体を合成することも可能である（式(6.4)）.

$$\text{（式 6.4 の構造式）} \tag{6.4}$$

　またパーフルオロカーボン骨格中にスルホ基を含むNafion®は，高いプロトン伝導性を示す燃料電池用固体電解質としてよく知られるが，パーフルオロカーボン骨格の強い電子求引性によりスルホ基が強酸性を示すことからAmberlyst-15と同様にフリーデル–クラフツアルキル化・アシル化，カルボン酸のアルコールによるエステル化，エステル加水分解などさまざまな酸触媒反応にすぐれた触媒活性を示す.

Nafion®

　フリース転位（Fries rearrangement）はアリールエステル類の骨格転位により芳香族ヒドロキシケトンを合成する反応であり，ルイス酸あるいはブレンステッド酸触媒を用いることによって反応が進行する.　Nafion®を用いて酢酸フェニルのフリース転位を行うとp-ヒドロキシフェノールが合成される.　続いてアンモキシム化，ベックマン転位をすることによって解熱鎮痛薬であるアセトアミノフェン（国際一般名：パラセタモール）へと誘導される（式(6.5)）.

104

$$(6.5)$$

またNafion®はジアゾ化合物の分子内芳香族求電子置換反応も効率的に進行させるため，複素芳香族化合物である2-インドリノン誘導体の合成にも応用できる（式(6.6)）.

$$(6.6)$$

Nafion®に対して希土類元素であるScを導入した触媒（Nafion-Sc）はすぐれた不均一系ルイス酸触媒として機能する．Nafion-Scを触媒として用いることによりカルボニル化合物のテトラアリルスズによるアリル化が効率的に進行し，対応するホモアリルアルコールを高収率で与える．反応後は容易に回収・再利用することが可能である．さらにNafion-Scは流通反応系にも適用可能である．金属を固定化することにより，金属が元来有する触媒性能に，不均一系触媒の高い環境調和性が付与された良い例である（式(6.7)）.

$$(6.7)$$

6.2.3　モンモリロナイト

モンモリロナイト（montmorillonite, Mont）は，2枚のシリカ四面体層がアルミナ八面体層を挟んで連結したアニオン性の3層構造と層間カチオンからなる層状粘土鉱物の一種である．一般に市販されているモンモリロナイトは層間にNa$^+$を有しているが，この層間カチオンがプロトン（H$^+$）あるいはAl^{3+}, Fe^{3+}, Zr^{4+}など各種金属イオンで置換された触媒は，すぐれた固体酸触媒として機能し，石油化

105

第6章　ファインケミカルズ合成触媒1：不均一系触媒

学においては古くから接触分解や異性化などにすぐれた触媒活性を示すことが知られている．特に層間がTi^{4+}で置換されたTi–Montは，シリケート（ケイ酸塩）層間内に鎖状のTi酸化物種が形成されており，酸素原子に配位したH^+が非常に強いブレンステッド酸性を示す．例えば，このTi–Montをフルオレノンによるフリーデル–クラフツアルキル化反応に応用すると，高機能性ポリマーの原料であるBHEPF（9,9′–bis–（4–（2–ヒドロキシエトキシ）フェニル）フルオレン）を高収率で与える（式(6.8)）．この反応には，プロトン交換型ゼオライトや結晶性の酸化チタンはほとんど活性を示さない．

$$(6.8)$$

6.3　固体塩基触媒によるファインケミカルズ合成

6.3.1　金属酸化物と金属水酸化物

塩基触媒反応もファインケミカルズの合成において非常に重要である．触媒の塩基性によって酸性度の高いプロトンの引き抜きが起こり，生成した求核剤と求電子剤との反応によってC–C結合などの新たな結合が生成する．代表的な固体塩基触媒としては，MgO, CaOなどのアルカリ土類金属の酸化物，CeO_2などの希土類元素の酸化物やZrO_2やZnOなど一部の遷移金属元素の酸化物，KFやKOHが担持されたアルミナ（KF/Al_2O_3, KOH/Al_2O_3）などが利用される．

またMgとAlの**層状複水酸化物**（layered double hydroxides, LDH）であるハイドロタルサイト（hydrotalcite, HT）を焼成するとMg–Al複合酸化物が得られるが，これを再び水和処理すると層間にOH^-を含有した層状化合物が再生する．これらは非常に高い塩基性を示す固体触媒として機能する．Mg/Al＝3のHTを焼成，水和処理して調製される触媒は，クライゼン–シュミット縮合（Claisen–Schmidt

106

6.3　固体塩基触媒によるファインケミカルズ合成

condensation)に対して高い活性を示す．例えば，2,4-ジメトキシアセトフェノンと*p*-アニスアルデヒドからは利胆作用や利尿作用を示す2′,4,4′-トリメトキシカルコンが高収率で得られる（式(6.9)）．

2′,4,4′-トリメトキシカルコン

$$(6.9)$$

これらの化合物はヘンリー反応（Henry reaction）やクネーフェナーゲル縮合（Knoevenagel condensation）に高い活性を示すほか，アルケンの異性化に対しても有効である．

　固体塩基触媒の中でもきわめて強い塩基性を示す固体超強塩基触媒が見出されている．γ-アルミナをNaOH存在下で加熱処理した後，さらに金属Na存在下で加熱処理したγ-Al$_2$O$_3$-NaOH-Naは，5-ビニル-2-ノルボルネン（VNB）の異性化によって，エチレン・プロピレン・非共役ジエン系共重合ゴムの第三成分として用いられる5-エチリデン-2-ノルボルネン（ENB）を製造するプロセスにおいて有効な触媒として機能する（式(6.10)）．固体酸触媒に比べて取り扱いの難しさから工業化の例が少ない固体塩基触媒であるが，このプロセスは住友化学(株)によって工業化されている．

$$(6.10)$$

6.3.2　固体酸塩基協奏作用触媒によるファインケミカルズ合成

　多くの金属酸化物は酸および塩基の両方の性質を有している．それらのどちらかのみではなく，双方が協奏的に作用することによって進行する触媒反応は少なくない．例えば，ハイドロタルサイトを焼成して得られるMg-Al複合酸化物は強い塩基性を示すとともに，含有するAl^{3+}はルイス酸点としても機能する．この特性は，エポキシドと二酸化炭素の反応による環状炭酸エステルの合成に利用できる（式(6.11)）．この反応については，酸素原子上の塩基点が二酸化炭素を，Al^{3+}上のルイス酸点がエポキシドをそれぞれ活性化することで2分子間の反応が効率的に進行するという機構が提唱されている．

107

第6章　ファインケミカルズ合成触媒1：不均一系触媒

$$R\text{—}\triangle\text{—O} \;+\; O\text{=}C\text{=}O \xrightarrow{\text{Mg–Al 複合酸化物}} \text{(cyclic carbonate, R)} \tag{6.11}$$

　ほかにも，酸性・塩基性の双方を示す両性酸化物であるZrO_2は，第二級アルコールからアルデヒドあるいはケトンへの水素移動（メーヤワイン−ポンドルフ−ヴァーレイ還元，Meerwein–Ponndorf–Verley reduction：MPV還元）に対して良好な触媒として機能する．最近では，ZrO_2触媒を用いた水素移動が，セルロース系バイオマスを加水分解して得られるレブリン酸誘導体からモノマー原料や燃料添加剤として有用なγ-バレロラクトンへの変換反応にも応用されている（式(6.12)）．

$$\text{レブリン酸エステル} \;+\; \text{(OH)} \xrightarrow[-\,{}^i\text{PrOH}]{ZrO_2} \gamma\text{-バレロラクトン} \;+\; \text{(acetone)} \tag{6.12}$$

レブリン酸エステル　　　　　　　　　　　　　　　　　　γ-バレロラクトン

6.4　金属触媒によるファインケミカルズ合成

6.4.1　担持金属ナノ粒子による選択接触水素化

　接触水素化は，アルケンのC＝C二重結合やアルキンのC≡C三重結合，ケトンやアルデヒドなどのC＝O二重結合などに水素を付加させる還元反応である．触媒金属としては貴金属であるPd, Pt, Rh, Ru, Irなどが高い活性を示すことから頻繁に使用されるが，Ni, Co, Cuといった遷移金属も有効である．一般に金属状態にまで還元され，かつ直径が数nmサイズで安定化された粒子を，高い比表面積を有する担体上に分散させた触媒が高活性を示す．金属によって水素化に対する官能基選択性が異なるため，基質に応じて適切な金属触媒を選択することが望ましい．

　アルケンやアルキンの水素化に対してはPd触媒が最も多く利用される．特に非常に高い比表面積を有する活性炭にPdを担持した触媒（Pd/C）は，直径2〜5 nmの微粒子の状態でのPdの担持が可能であるため高い活性を示す（**図6.1**）．室温付近での反応や常圧の水素の使用が可能であり，比較的温和な条件で反応が進行するため，汎用性の高い水素化触媒として使用される．C–C多重結合のほかにも，ニトロ基，アジド，エポキシドなどの広範な官能基を還元することが可

6.4 金属触媒によるファインケミカルズ合成

図6.1 担持金属ナノ粒子触媒

能である．これらは各試薬会社から市販されている．

　一方，アルキンの水素化の場合，アルキンから1分子の水素が付加することによりアルケンが生成するが，アルケンからアルカンへの逐次的な水素化もほぼ同時に進行させてしまう．さらに1つの分子内にニトロ基，カルボニル基，クロロ基などといった他の還元性官能基が存在する場合，これらも同時に還元されてしまうため，多種類の官能基を含有するファインケミカルズの合成のためには目的の官能基のみを選択的に水素化できる触媒の使用が必須である．

　アルケンは香料，医薬品，天然物化合物などに含まれる重要な官能基であり，アルキンの部分水素化はこれらの最も簡便かつ重要な合成経路である．一般的に2段階目のアルケンの水素化を制御することは非常に困難とされるが，これはPd触媒が元来有する高い触媒活性に起因する．そこでPdを炭酸カルシウムに担持し，酢酸鉛(II)を添加したリンドラー触媒（Pd/CaCO$_3$–Pb(OAc)$_2$）が開発された（式(6.13)）．この触媒を用いて内部アルキンの水素化を行った場合，2段階目

> ## ●コラム　　合金ナノ粒子触媒：現代の錬金術
>
> 　2種類以上の異なる金属から構成される合金ナノ粒子は，電気陰性度や原子半径などの違いから，それぞれ単一の金属のみで構成された金属ナノ粒子とは異なる触媒機能を示すことが知られている．バルクサイズでは均一に混合することが不可能な異種金属の組み合わせにおいても，近年のナノ粒子合成技術の発展により数nmまで粒子径を縮小化させることで，対応する合金ナノ粒子が合成できることが明らかにされている．例えば，RuとPdの合金ナノ粒子は，排ガス浄化反応に対して，元素周期表において2つの元素の中間に位置し，より高価であるRhを凌駕する触媒性能を示す．これはまさに現代の錬金術ともいえる技術である．

第6章　ファインケミカルズ合成触媒1：不均一系触媒

のアルケンの水素化が大幅に抑制される．これは$CaCO_3$または$Pb(OAc)_2$がPdに対する触媒毒として作用し，Pdの触媒活性を低下させるためである．

$$
R-\!\!\!\equiv\!\!\!-R
\begin{array}{c}
\xrightarrow{\text{H}_2,\ \text{Pd/C}}\ R\diagup\!\!\!\!\diagdown\!\!\!\!\diagup R \xrightarrow{\text{H}_2,\ \text{Pd/C}}\ R\diagup\!\!\!\diagdown\!\!\!\diagup R\\[2mm]
\xrightarrow{\text{H}_2,\ \text{リンドラー触媒}}\ \underset{R}{\diagup}\!\!\diagdown R \xrightarrow{\underset{}{\text{H}_2,\ \text{リンドラー触媒}}}\!\!\!\!\!/\!\!/\!-\!-\!\rightarrow\ R\diagup\!\!\!\diagdown\!\!\!\diagup R
\end{array}
$$

［リンドラー触媒：$Pd/CaCO_3$–$Pb(OAc)_2$］

(6.13)

さらにリンドラー触媒を用いると高い選択性で*cis*–アルケンが生成する．そのため，ビタミンD_3の合成経路にも利用される（式(6.14)）．

(6.14)

このようにリンドラー触媒は非常に有用な触媒であるが，有毒な鉛を含むため，医薬品合成での使用は安全性の点から好ましくない．さらに，内部アルキンに対しては有効に作用し，二置換アルケンを選択的に与えるのに対し，末端アルキンを用いた場合には生成する一置換アルケンが二置換アルケンに比べて逐次的な水素化を受けやすい．近年これらの問題を解決可能な触媒が種々開発されている．例えば，Pd/SiO_2触媒に対してジメチルスルホキシド（DMSO）を添加剤として加えた系は，内部アルキンと末端アルキン両方の部分水素化を進行させ，それぞれ対応するアルケンを高選択的に与える（**図6.2**）．

この高いアルケン選択性は活性点であるPd粒子への配位力の違いによるものと考えられている．配位力の強いアルキンが水素化されることによってアルケンが生成するが，添加したDMSOが強くPd粒子に吸着することで，アルケンの吸着を阻害しアルカンへの過剰な水素化を抑制している．

110

6.4 金属触媒によるファインケミカルズ合成

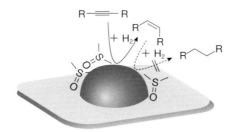

図6.2　Pd/SiO$_2$触媒によるアルキンの水素化の模式図

　また含窒素高分子であるポリエチレンイミン(PEI)にPdを担持した触媒(Pd/PEI)もアルキンの部分水素化に対してすぐれた選択性を示し，対応するアルケンを高選択的に与える．さらにこの触媒の特徴はその官能基選択性にも現れる．同一分子内にアルキンのほかに還元性の保護基を有する場合，Pd/Cやリンドラー触媒を用いるとこれらの脱保護が進行してしまう．一方，Pd/PEIを用いた場合，アミドやベンジルエーテルが共存してもそれらの還元は起こらず，アルキンの部分水素化のみが選択的に進行する（式(6.15), (6.16)）．これもPEI分子内に多数存在する窒素系塩基がPdの触媒毒として作用し，反応性を制御するためと考えられる．

　このように添加剤や担体との相互作用を利用して活性金属種の状態を制御することにより，官能基選択的な還元が実現される．そのほかにも，硫酸バリウムにPdを担持した触媒(Pd/BaSO$_4$)は，カルボン酸塩化物の水素化においてアルデヒドを選択的に与える（式(6.17)）．反応性の高いカルボン酸塩化物はLiAlH$_4$などの強い還元剤では第一級アルコールにまで還元されるが，Pd/BaSO$_4$触媒は硫黄による被毒により触媒活性が弱められているため，生成するアルデヒドの逐次的な還元が進行しない．このPd/BaSO$_4$を用いた還元反応はローゼンムント還元

第6章 ファインケミカルズ合成触媒1：不均一系触媒

（Rosenmund reduction）と呼ばれる．

$$(6.17)$$

α,β-不飽和アルデヒドは分子内にアルデヒドとアルケンが共存する化合物であるため，部分還元を行うためにはそれぞれの官能基を識別可能な触媒の選択が必要となる．一般にPdあるいはNi触媒を用いた場合，アルケンが優先的に還元され飽和アルデヒドを与える．一方，アルデヒドが還元されることによって生成する不飽和アルコール（アリルアルコール）は医薬品・農薬中間体，香料原料などに多く含まれる骨格であることから付加価値が非常に高い．Ag, Ir, Pt, Auのナノ粒子を担持した触媒を用いることで，対応するアリルアルコールを比較的選択性よく得ることが可能となる．しかしながら，これらの金属はPdなどに比べて水素化活性自体が劣ることから，高い反応温度や水素加圧が必要となる場合が多い．さらに生成した飽和アルデヒドあるいは不飽和アルコールに残されたアルデヒドあるいはアルケンは逐次的に還元されるため，過剰な水素化を抑制する工夫も必要である（式(6.18)）．

$$(6.18)$$

最近では，不飽和アルデヒドの水素化にきわめて高い選択性を示す触媒としてAgナノ粒子を酸化セリウム（CeO_2，セリア）粒子で内包したいわゆるコアシェル構造をもつ触媒（$Ag@CeO_2$）が開発された．同一分子内にC＝C二重結合が存在してもこれらはまったく還元されず，アルデヒド部位のみが選択的に水素化される．またこの$Ag@CeO_2$触媒はニトロ基とアルケンが共存する分子の場合も，ニトロ基のみをアミノ基に変換しアルケン部位にはまったく反応しない（式(6.19)）．

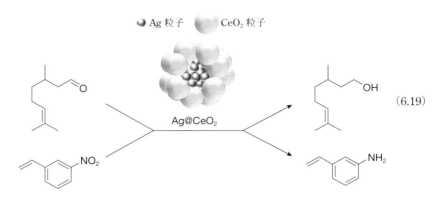
(6.19)

　医薬品や天然物化合物などの多くには不斉炭素中心が含まれている．不斉水素化はプロキラルな化合物に対して立体選択的に水素を付加させる方法で，不斉炭素中心を構築するための最も効率的な手法の1つである．Ru-BINAP錯体に代表されるようにキラルな配位子をもつ均一系金属錯体触媒を用いた不斉水素化に関する研究が近年も精力的に行われているが(7.5節参照)，不均一系触媒を用いても不斉誘起化剤との複合化により，不斉水素化を引き起こすことが可能となる．担持金属触媒の部類からは外れるが，Ni-Al合金から塩基処理によって一部のAlを脱合金し調製されたラネーニッケルも種々の官能基の還元に有効な触媒として機能することが古くから知られている．このラネーニッケルに対して不斉誘起化剤としてキラルな酒石酸を修飾した触媒は，β-ケトエステルやその類縁体の不斉水素化に有効である(式(6.20))．β-ケトエステルの場合，概ね80％ee以上の不斉収率を示し，置換基の種類によっては不斉収率99％eeを達成することも可能である．100気圧程度の高圧水素を必要とする場合もあるが，反応後にNiや酒石酸は溶出しない．

$$\text{(6.20)}$$

　置換アルケンの不斉水素化には担持Pd触媒が有効である．Pd/C触媒に対して不斉誘起化剤としてシンコニジンを修飾することにより，ケイ皮酸誘導体の不斉水素化が中程度から高いエナンチオ選択性で進行する(式(6.21))．

第6章　ファインケミカルズ合成触媒1：不均一系触媒

$$\text{Ph}\diagdown\!\!\!\overset{\text{Ph}}{\underset{\text{COOH}}{\diagup}} + \text{H}_2 \xrightarrow[\text{シンコニジン}]{\text{シンコニジン修飾 Pd/C}} \text{Ph}\diagdown\!\!\!\overset{\text{Ph}}{\underset{\text{COOH}}{\diagup}} \qquad (6.21)$$

6.4.2　アルコール酸化

　酸化反応もファインケミカルズの合成には欠かせない．特にアルコールから対応するアルデヒドまたはケトンへの酸化は最も重要な分子変換プロセスの1つである．実験室レベルでは，過マンガン酸カリウムや，PCC酸化，ジョーンズ酸化などに用いられる6価クロム誘導体などの量論酸化剤を用いることが簡便ではあるが，それらの酸素利用効率は非常に低く，また反応後に残存する有害重金属試薬や含ハロゲン試薬の処理は環境への負荷が大きい．酸素の効率的な利用や環境負荷低減を視野に入れる場合は，やはり分子状酸素(O_2)を酸化剤に用いるプロセスが理想である．

　$RuCl_3$をイオン交換法によりヒドロキシアパタイト($Ca_{10}(PO_4)_6(OH)_2$, HAP)上に固定化した触媒(Ru/HAP)は，分子状酸素を酸化剤とするアルコールからアルデヒドあるいはケトンへの酸化反応に対してすぐれた触媒活性を示す．第一級アルコールの酸化では，カルボン酸やエステルへの過剰酸化が進行することがしばしば問題となるが，Ru/HAP触媒を用いた場合はそのような副生成物は一切生成しない．触媒は活性の低下をともなうことなく複数回使用することができ，反応溶液へのRu種の溶出はまったくない．その後に開発されたPd/HAP触媒はさらに高いアルコール酸化活性を示し，その触媒回転数(TON)は最高で23万以上に達する(式(6.22))．

$$\overset{\text{OH}}{\underset{}{\diagup}} + \frac{1}{2}O_2 \xrightarrow{\text{Pd/HAP}} \overset{\text{O}}{\underset{}{\diagup}} + H_2O \qquad (6.22)$$

TON>230000

　金は通常バルク状態ではほとんど触媒活性を示さないが，ナノメートルサイズで安定化された金微粒子がCO酸化に対して室温下でも高い活性を示すことが春田らによって見出された．その発見を契機に，金ナノ粒子触媒の酸化触媒としての機能が大きく注目されるようになり，アルコールの酸素酸化に対する検討もさ

114

れている．ポリビニルピロリドン(PVP)などの配位性高分子保護剤を用いて調製した金ナノ粒子(Au:PVP)は1〜2 nmといったクラスターサイズでも空気中で安定に存在できる．このAu:PVPは水中でのベンジルアルコール類の空気酸化を室温付近において良好に進行させる．これは同様の粒子サイズで調製されたPdクラスター触媒よりも高い活性を示す(式(6.23))．

$$\text{(6.23)}$$

これらを担持触媒とする場合は，CeO_2やTiO_2を担体とすると高いアルコール酸化活性を示す．ジオールの酸化も良好に進行させ，HT上に粒径3 nm程度で担持されたAu触媒(Au/HT)は，対応するラクトン誘導体を高収率で与える(式(6.24))．

$$\text{(6.24)}$$

メタクリル酸メチル(MMA)はメタクリル酸メチル樹脂やメタクリル酸メチル・ブタジエン・スチレン共重合体(MBS樹脂)をはじめとする塗料，接着剤，樹脂改質剤などの原料モノマーとしてきわめて重要であり，その生産量は全世界で年間300万トンを超える．欧米ではアセトンシアノヒドリン法(ACH法)によって主に工業生産されているが，シアン化水素HCNの調達や副生する硫酸アンモニウムの廃棄などが問題となる．5.5.3項でも述べたように，旭化成(株)はメタクロレインとメタノールの酸化的エステル化によって直接MMAを合成するプロセス(直接メタノール法)を開発した．初期に開発されたPd_3-Pb_1金属間化合物を触媒とするプロセスは，ギ酸メチルの副生や触媒寿命の点で課題があったが，新たに開発された担持$Au-NiO_x$ナノ粒子触媒によるプロセスでは，100 %に近い選択性で反応が進行し，触媒回転数もPd_3-Pb_1触媒の10倍となる(式(6.25))．$Au-NiO_x$ナノ粒子はAuを核とし，その表面が数原子層のNiO_xで被覆されたコアシェル構造を有し，反応はAuによって高酸化状態に安定化されたNiO_x上で進行していると推察されている．このプロセスは年間10万トンのMMAを製造するプラントで2008年に実用化されている．

第6章　ファインケミカルズ合成触媒1：不均一系触媒

$$\text{(構造式)} \quad + \quad CH_3OH \xrightarrow[\;O_2\;]{\text{担持 Au–NiO}_x\text{ 触媒}} \text{(構造式)} \qquad (6.25)$$

　アルコールからアルデヒドやケトンへの変換は酸化剤を用いずに行うことも可能である．直径3 nm程度のAgナノ粒子をHTに担持した触媒（Ag/HT）をArなどの不活性ガス雰囲気で用いると，定量的にH$_2$を発生しながらアルコールからアルデヒドあるいはケトンを選択的に生成する．この反応では，酸素酸化の場合よりも高い反応温度が必要であるものの，水素受容体などは必要としない．またシンナミルアルコールのように同一分子内にアルケンが共存する場合も，副生する水素によるアルケンの還元は進行せず，アルコール部位のみが選択的にアルデヒドへと変換される（式(6.26)）．同様にCuナノ粒子を担持した触媒もアルコールの脱水素反応に有効である．

$$\text{(構造式)} \xrightarrow[\substack{p\text{-キシレン, 130 ℃}\\ \text{Ar 下}}]{\text{Ag/HT}} \text{(構造式)} \quad + \quad H_2 \qquad (6.26)$$

6.4.3　メタロシリケート触媒による過酸化水素を用いた酸化

　アルコールからカルボニル化合物への変換のような脱水素型の酸化のほかに，エポキシ化やバイヤー－ビリガー酸化（Baeyer–Villiger oxidation）のような酸素原子導入型の酸化もファインケミカルズ合成においては非常に重要である．m-クロロ過安息香酸（m-chloroperoxybenzoic acid, mCPBA）などに代表される有機過酸が酸化剤としてよく用いられるが，これらは酸素利用効率が低く，また毒性や爆発の危険性など取り扱いの点で問題が多い．アルコール酸化と同様に分子状酸素を酸化剤とすることが理想ではあるが，酸素を活性化するために必要な条件下では，生成物の過剰酸化が併発してしまう．そのため，より温和な条件下で活性化され，酸素原子導入を可能とする酸化剤が必要である．その点で過酸化水素は，有機過酸に比べて酸化力は低いものの温和な条件で活性化され，なおかつ反応後の副生成物は水のみというクリーンな酸化剤であるといえる．

　チタノシリケートであるTS–1はZSM–5と同じMFI型ゼオライトの一種であり，骨格中にAl^{3+}の代わりに4配位のTi^{4+}種を含有する．このTS–1は過酸化水素を酸化剤とする各種有機化合物の酸化に有効な触媒として機能し，アルケンのエポキシ化やアルカンの酸化をすぐれた過酸化水素利用率で進行させる（式

（6.27））．また TS−1 触媒を用いたフェノールの過酸化水素酸化によるカテコール合成プロセスはすでに工業化されている．さらに 6.2.1 項で紹介した ε−カプロラクタムの合成プロセスにおいて，TS−1 はシクロヘキサノンのアンモキシム化によるシクロヘキサノンオキシム製造のための触媒としても利用されている．

$$\text{(6.27)}$$

TS−1, H$_2$O$_2$

TS−1 が親水性の過酸化水素を効率的に利用できるのは，その細孔内の疎水性と関係がある．非晶質の TiO$_2$/SiO$_2$ もアルケンのエポキシ化用触媒としてよく利用されるが，表面シラノール基（Si−OH 基）が多いため水溶液である過酸化水素の場合，活性点に水が優先的に吸着し，疎水性の反応基質であるアルケンの吸着を阻害する．一方，TS−1 は非常に結晶性が高いため細孔内はシラノール基が少なく疎水性となる．そのため，アルケンの吸着が阻害されず反応が効率的に進行する．

　そのほかに Sn を含有するベータ型ゼオライト（Sn−beta）は過酸化水素を利用した環状ケトンのバイヤー―ビリガー酸化に対して良好な触媒として機能する．この触媒はケトンの酸化のみを選択的に引き起こす．例えば，ジヒドロカルボンのようなアルケンが共存する環状ケトンに対して，mCPBA を酸化剤とした場合や Ti−beta と過酸化水素を組み合わせた場合は，アルケンのエポキシ化が主に進行するのに対し，Sn−beta と H$_2$O$_2$ を組み合わせた場合は対応するラクトンが選択率 100 ％で得られる（式（6.28））．

$$\text{(6.28)}$$

Sn−beta, H$_2$O$_2$	100	:	0	:	0
mCPBA	11	:	71	:	18
Ti−beta, H$_2$O$_2$	0	:	79	:	0

第6章　ファインケミカルズ合成触媒1：不均一系触媒

6.4.4　クロスカップリング反応

　複雑な炭素骨格を有するファインケミカルズにおいて，それらの構築のためには炭素－炭素結合形成反応の利用は欠かせない．なかでもsp^2炭素－sp^2炭素結合あるいはsp^2炭素－sp炭素結合を効率的に形成させるクロスカップリング反応は，Pd触媒をはじめとする遷移金属触媒に特有の反応である（7.3節参照）．それらを開発した鈴木，根岸，ヘック（R. F. Heck）に対してノーベル化学賞が授与されるなど，きわめてすぐれた合成手法として広く認知されている．これらの反応に対しては溶媒に可溶な均一系錯体触媒が数多く開発されてきたが，熱的・化学的安定性にすぐれ，かつ回収・再利用が容易な担持Pd触媒も，環境および実用の観点から重要視される．他の反応と同様にナノサイズで担持されたPd粒子は，その表面露出度の高さからすぐれた触媒活性を示す．

　Pd/C触媒は芳香族ハロゲン化物のアルケニル化であるヘック反応を効率的に進行させる．p－ブロモアニソールとアクリル酸オクチルの反応により生成する4－メトキシけい皮酸オクチルは最も汎用的な紫外線吸収剤の1つであり，全世界で年間5,000トン以上が消費されるが，これらの工業的製造にも応用されている（式(6.29)）．

4－メトキシけい皮酸オクチル

(6.29)

　ヘック反応に対してはPd/C触媒のほかにも，MgO, Al_2O_3, SiO_2, TiO_2, ZrO_2などといった金属酸化物に担持したPd触媒も有効に機能する．なかでもヒドロキシアパタイト（HAP）に担持したPd触媒（Pd/HAP）は芳香族臭化物を基質とした場合，4万を超える触媒回転数を示す．

　また担持Pd触媒は鈴木－宮浦カップリングに対しても有効に機能する．Pd/Cを触媒とし，水／メタノール混合溶媒中で反応を行うことにより，室温下においても対応するビアリール誘導体が高収率で得られる（式(6.30)）．

(6.30)

118

Pdを超安定化Y型ゼオライト（ultrastable Y, USY：Y型ゼオライトの骨格内Al
の一部をスチーミングなどにより脱Al化したもので強酸点を有する）に担持した
触媒（Pd/USY）は鈴木－宮浦カップリングにきわめて高い活性を示す．反応容器
内へ6％程度に希釈したH₂ガスを導入しながら反応を行う必要があるが，式
（6.31）に示した条件においてその触媒回転数は最高1300万にも達する．水素流通
によってUSYゼオライトの細孔内に原子状のPd種が形成されることが，きわめ
て高い触媒活性を示す要因となっていると考えられる（式（6.31））．

$$
CH_3O\text{—}\bigcirc\text{—}Br \;+\; \bigcirc\text{—}B(OH)_2 \;\xrightarrow[\substack{o\text{－キシレン}\\110\,^\circ C,\,1.5\,h}]{\text{Pd/USY}}\; CH_3O\text{—}\bigcirc\text{—}\bigcirc
$$

TON up to 13,000,000

(6.31)

　一方，担持Pd触媒を用いたクロスカップリング反応では，芳香族臭化物や芳
香族ヨウ化物を基質とした場合に反応が効率的に進行するのに対し，芳香族塩化
物の反応はその反応性の低さから生成物の収率が著しく低下する場合が多い．こ
の際，電子供与性配位子であるトリフェニルホスフィン（PPh₃）の添加によるPd
の活性化や，高温での反応によって収率は改善されるが，反応溶液へのPd種の
溶出が大きな問題となる．一方でMgとAlの層状複水酸化物にPdを担持した触
媒（Pd/LDH）は，芳香族塩化物のヘック反応にも適用可能である（式（6.32））．こ
の際，添加剤は不要であり，Pd/LDHは均一系触媒のPdCl₂よりも高い活性を示
す．通常の加熱では長い反応時間が必要となるが，マイクロ波を照射すると大幅
な反応時間の短縮が可能となる．鈴木－宮浦カップリングや薗頭カップリングに
対しても同様に芳香族塩化物を適用することができる．

$$
CH_3O\text{—}\bigcirc\text{—}Cl \;+\; \diagup\!\diagdown Ph \;\xrightarrow[130\,^\circ C]{\text{Pd/LDH}}\; CH_3O\text{—}\bigcirc\text{—}CH{=}CH\text{—}Ph
$$

(6.32)

76％（40 h，通常加熱）
80％（1 h，マイクロ波照射）
　5％（40 h，PdCl₂）

第6章　ファインケミカルズ合成触媒1：不均一系触媒

❖演習問題

6.1 均一系触媒と不均一系触媒の相違点，および，それぞれの利点について述べなさい．

6.2 不均一系触媒はその形態によって分類できる．形態によって分類した不均一系触媒の種別について列挙しなさい．

6.3 固体酸触媒において，その触媒活性を支配する因子は何か．説明しなさい．

6.4 金属ナノ粒子触媒では，一般的に粒子径の小さな金属ナノ粒子を用いた場合に高い活性を示すとされる．この理由について説明しなさい．

第7章 ファインケミカルズ 合成触媒2：均一系触媒

本章で学ぶこと
- 均一系触媒の特徴と代表的な触媒反応
- 重要な遷移金属触媒反応の触媒サイクルとその考え方
- アルケンの官能基化反応
- クロスカップリング反応
- メタセシス反応
- 不斉反応
- 重合反応

7.1 均一系触媒の特徴

前章で述べたように，回収や分離の容易さ，容器腐食軽減などの面においては，不均一系触媒が有利である一方，均一系触媒反応は，不均一系触媒反応と比較して次のような特徴を有する．

(1) 不均一系触媒の表面が不均一で，反応性の異なる複数の触媒活性点が存在するのに対して，均一系触媒は溶媒に可溶な単分子錯体であり，活性種はすべての分子で均一である．よって，反応の選択性にすぐれている．

(2) NMRやX線結晶解析などにより，触媒活性種の構造に関する情報が得られる場合が多く，詳細な反応経路を解明しやすい．

(3) 配位子の設計により，触媒の反応性を制御することが比較的容易である．

したがって，均一系触媒反応は不斉反応などの立体選択性や，高い官能基選択性が求められる複雑な構造を有する化合物の合成に利用される．

本章では，代表的な均一系触媒反応を取り上げ，その特徴と触媒サイクルを示す．

121

第7章　ファインケミカルズ合成触媒2：均一系触媒

7.2　ワッカー酸化，ヒドロホルミル化反応：アルケンの反応

　アルケン類は最も安価な炭素資源の1つであり，その二重結合の遷移金属錯体への配位と続く移動挿入反応を利用することにより，有用な化合物群へと変換する触媒反応が多く知られている．それらの中で最も重要な触媒反応の1つが，**ワッカー酸化**（Wacker oxidation）である．ワッカー酸化とは形式的にはエチレンを分子状酸素で酸化し，アセトアルデヒドを与える反応である（5.5.5項も参照）．化学量論量の塩化パラジウム（$PdCl_2$）と水によるエチレンのアセトアルデヒドへの酸化は古くから知られていたが，銅と分子状酸素によってPdを反応系中で再酸

● コラム　　遷移金属触媒反応における重要な素反応

　遷移金属触媒反応を理解するうえで重要な素反応をいくつか紹介する．触媒サイクルを理解するうえで，サイクルに出入りする原子および電子の数は同じでなければならない．すなわち，触媒が酸化される過程があれば必ず還元過程が必要である．触媒金属の酸化数と配位数を注意深く見ることが触媒サイクルを理解する第一歩であるので，各素反応の金属の酸化数や価電子数，配位数の変化に注意してほしい（Mは金属，Lは配位子を表す）．

酸化的付加：金属の酸化数＋2，金属の価電子数＋2，金属の配位数＋2

$$L_nM \ + \ A–B \ \longrightarrow \ L_nM\begin{smallmatrix}A\\B\end{smallmatrix}$$

還元的脱離：金属の酸化数－2，金属の価電子数－2，金属の配位数－2

$$L_nM\begin{smallmatrix}A\\B\end{smallmatrix} \ \longrightarrow \ L_nM \ + \ A–B$$

移動挿入（付加）：金属の酸化数±0，金属の価電子数－2，金属の配位数－1

$$L_nM \overset{A}{\underset{X}{=}}B \ \longrightarrow \ L_nM–A\begin{smallmatrix}B\\X\end{smallmatrix}$$

β脱離：金属の酸化数±0，金属の価電子数＋2，金属の配位数＋1

$$L_nM–A\begin{smallmatrix}B\\X\end{smallmatrix} \ \longrightarrow \ L_nM \overset{A}{\underset{X}{=}}B$$

金属交換反応：金属の酸化数±0，金属の価電子数±0，金属の配位数±0

$$L_nM\begin{smallmatrix}A\\X\end{smallmatrix} \ + \ B–M' \ \longrightarrow \ L_nM\begin{smallmatrix}A\\B\end{smallmatrix} \ + \ X–M'$$

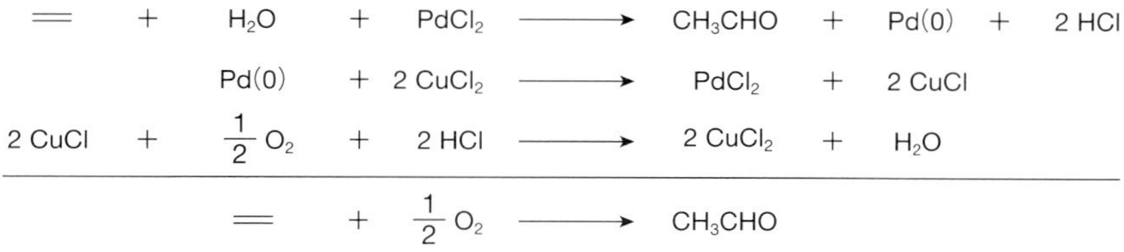

7.2 ワッカー酸化,ヒドロホルミル化反応:アルケンの反応

$$
\begin{aligned}
&=\!\!=\ +\ H_2O\ +\ PdCl_2\ \longrightarrow\ CH_3CHO\ +\ Pd(0)\ +\ 2\,HCl \\
&Pd(0)\ +\ 2\,CuCl_2\ \longrightarrow\ PdCl_2\ +\ 2\,CuCl \\
&2\,CuCl\ +\ \tfrac{1}{2}O_2\ +\ 2\,HCl\ \longrightarrow\ 2\,CuCl_2\ +\ H_2O \\
\hline
&=\!\!=\ +\ \tfrac{1}{2}O_2\ \longrightarrow\ CH_3CHO
\end{aligned}
$$

図7.1 ワッカー酸化の素反応

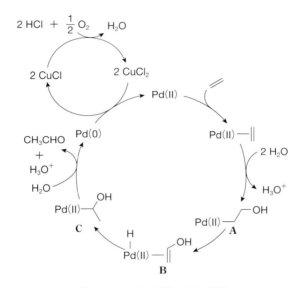

図7.2 ワッカー酸化の反応機構

化することにより触媒反応として組み立てられたのがワッカー酸化である.ワッカー酸化は**図7.1**に示すような3つの化学量論反応に分割することができる.1つめは先に述べた塩化パラジウムと水によるエチレンの酸化である.2つめはCu(II)による0価パラジウム(Pd(0))の酸化,3つめは分子状酸素によるCu(I)の酸化である.

図7.2に示すように,触媒サイクルはPdが関与するエチレンの酸化サイクルと,銅塩の酸化還元サイクルから構成されている.まず,2価パラジウム(Pd(II))にエチレンが配位する.続いて,オキシパラジウム化によって中間体**A**が生じ,β水素脱離により**B**に至る.反応系中に重水を加えても,生成物であるアセトアルデヒドに重水素が取り込まれないことから,中間体**B**からヒドロキシエテン配

位子が解離し，互変異性によりアセトアルデヒドを与える経路は除外される．アセトアルデヒドの生成過程については，中間体 **B** 上のヒドロキシエテン配位子の Pd–H 結合への挿入によって錯体 **A** の異性体である錯体 **C** が生じ，これより生成物と Pd(0) が生じる経路が提唱されている．ここまでの過程で Pd(II) が Pd(0) へと還元されるため，この反応を触媒的に進行させるためには，Pd(0) を Pd(II) へと酸化する必要がある．これを実現するのが銅塩の酸化還元サイクルである．2 分子の Cu(II) が Pd(0) を酸化し，2 分子の Cu(I) と Pd(II) が生成する．これによりパラジウムが関与するプロセスは触媒サイクルとして完成する．一方，パラジウムを酸化した結果，銅塩は 1 価へと還元されるが，Cu(I) は分子状酸素による酸化を受けて Cu(II) を再生するため，銅塩も触媒として機能する．本反応は，2 価 Pd による配位エチレンの親電子的活性化を利用した触媒反応である．

ヒドロホルミル化反応は，アルケンと合成ガス（CO と H_2 の混合ガス）からアルケンの一炭素増炭をともなってアルデヒドを合成するプロセスであり，Co や Rh が触媒として用いられる．特に重要な工業的プロセスとしてプロピレンからブタナールへと変換するプロセスがあげられる．得られるアルデヒドは還元反応に

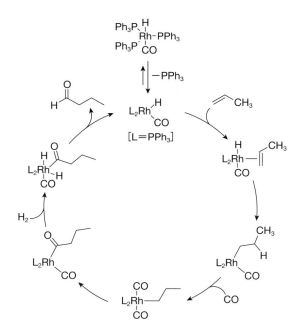

図7.3　ヒドロホルミル化反応の触媒サイクル

よって1–ブタノールに変換できる．また，アルドール反応によって二量化させた後に還元することにより，安価なプロピレンから工業原料として用いられる2–エチル–1–ヘキサノールが合成されている．本反応の触媒サイクルについて，**図7.3**にRhH（CO）（PPh$_3$）$_3$錯体を触媒前駆体として用いたプロピレンのヒドロホルミル化反応を例に示す．

7.3　クロスカップリング反応

　2つの異なる化合物が1：1で新たに共有結合を形成する様式の反応を広義に**クロスカップリング反応**（cross-coupling reaction）と呼ぶが，最も基本的な反応は式(7.1)に示す有機ハロゲン化物の炭素－ハロゲン結合を切断し，有機金属試薬由来の炭素骨格と新たに結合を形成する反応群である．

$$R-X \ + \ R'-M \ \longrightarrow \ R-R' \ + \ M-X \tag{7.1}$$

　この反応の特徴はハロゲン化アリールやハロゲン化ビニルのようなsp^{2}炭素上で効率よく炭素－炭素結合を形成できることである．1970年代に遷移金属触媒を用いることにより，従来困難であったsp^{2}炭素同士の連結を可能とするクロスカップリング反応が多数開発されて以降，この様式の反応は創薬をはじめさまざまな分野で利用されている．これらの反応の多くは，低原子価金属へのハロゲン化アリールの酸化的付加から始まり，有機金属試薬との金属交換反応と続く還元的脱離によってクロスカップリング生成物を与える．これらのクロスカップリング反応が報告される以前の1970年に，山本らはジエチルNi錯体がクロロベンゼンと反応し，ブタンの生成をともなって，Ni上にフェニル基とクロロ基を有するNi錯体が得られることを報告した．これは，ジエチルNi錯体の還元的脱離により0価Ni錯体が生成し，これがクロロベンゼンの酸化的付加を受けることによって生成したものであり，Niの酸化的付加，還元的脱離を示した最初の例である（式(7.2)）．

● コラム　　有機金属試薬を用いたさまざまなクロスカップリング反応

　山本らの研究成果をもとに，熊田および玉尾らは有機マグネシウム試薬すなわちグリニャール試薬との金属交換反応を組み合わせることにより，触媒反応へと発展させた．また，同時期にコリュー(R. J. P. Corriu)らも同様の反応を報告している．その後，村橋らはNiの代わりにPdが触媒として有効であることを明らかにした．さらに，反応性が高く無水，無酸素条件を必要とするグリニャール試薬や有機リチウム試薬の代わりに，より安定かつ取り扱いが容易な有機金属試薬を用いる試みがなされ，さまざまな有機金属試薬を用いたクロスカップリング反応が開発された．今日では，目的の化合物の構造や有する官能基の種類によって有機金属試薬を使い分けることが一般的に行われている．2010年にはPd触媒を用いたクロスカップリング反応の開発に関して，鈴木，根岸および後述する溝呂木ーヘック反応で知られるヘック(R. F. Heck)がノーベル化学賞を受賞している．用いる有機金属試薬ごとにそれぞれ開発者の名を冠する人名反応として知られており，この分野への日本人研究者の貢献度は高い．

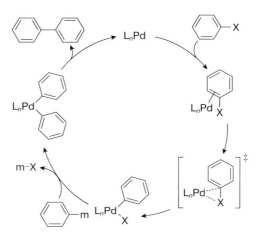

図7.4　クロスカップリング反応の触媒サイクル

　これらクロスカップリング反応の代表的な反応機構を図7.4に示す．まず，有機金属試薬や配位子として用いられるホスフィンによって触媒前駆体の還元が起こり，0価Pd種が生成する．空の配位座にハロゲン化アリールが配位し，次い

で酸化的付加により2価Pd種が生成する。次に有機金属試薬との金属交換反応によってPd上のハロゲン配位子が有機基に置き換えられることによって，塩の生成をともないながらジアリールパラジウムが生成し，還元的脱離によって新たに炭素－炭素結合が生成する。ハロゲン化アルキルは求核置換反応を受けやすく，求電子的なアルキル化剤として利用されるが，sp^2炭素上での求核置換反応は一般に起こらない。一方，遷移金属触媒を用いたクロスカップリング反応では，sp^2炭素－ハロゲン結合が容易に切断され，新たな結合が形成される。今日では，炭素求核剤のみならず，ハロゲンやアミン，アルコール，チオールなどのさまざまなヘテロ原子(団)も類似の反応機構により芳香環へと導入可能になっている。一方，ハロゲン化アルキルのクロスカップリング反応は，ハロゲン化アリールやハロゲン化ビニルに比べて難易度の高い反応であった。これは酸化的付加が遅く，中間体として生じるアルキル遷移金属錯体がβ水素脱離などにより分解しやすいためである。しかし，近年電子供与性が強く嵩高い配位子を用いて酸化的付加，還元的脱離を促進する方法や，上記の反応機構とは異なる触媒サイクルを経由する反応によって，ハロゲン化アルキル類の効率的なクロスカップリング反応も達成されている。

7.3.1　有機マグネシウム試薬を用いるクロスカップリング反応

　有機マグネシウム試薬を用いるクロスカップリング反応は熊田－玉尾－コリューカップリングとも呼ばれる。グリニャール試薬は最も重要な有機金属試薬の1つであり，求核性が高く対応する有機ハロゲン化物と金属マグネシウムから安価かつ容易に調製できる。後に述べる有機金属試薬の多くは，グリニャール試薬をいったん調製した後に，対応する金属へと置き換える手法により合成されることが多い。一方，グリニャール試薬の最大の欠点は，官能基許容性の低さであり，カルボニル基をはじめとする多くの官能基と反応するために，これらを有する基質には適用できない場合も多い。しかし，グリニャール試薬は安価に調製できるうえに，本反応はPdに比べて安価なNiを触媒として利用できることから，コストの低いクロスカップリング反応として工業的に重要である。例えば，フォトレジストとして利用されるスチレン誘導体の工業的な合成に本手法が利用されている(式(7.3))。

第7章　ファインケミカルズ合成触媒2：均一系触媒

$$\text{(7.3)}$$

7.3.2　有機亜鉛試薬を用いるクロスカップリング反応

　有機亜鉛試薬は最も歴史の長い有機金属試薬であり，グリニャール試薬と同様に金属亜鉛と対応する有機ハロゲン化物との反応によって調製することができる．有機亜鉛はグリニャール試薬と同様に水とは反応するが，グリニャール試薬に比べてカルボニル基に対する反応性は低く，官能基許容性にすぐれる．また，近年温和な条件における発生方法がノッシェル（P. Knochel）らによって開発され，共存可能な官能基が飛躍的に広がり，天然物の全合成など比較的複雑な化合物の合成反応に利用されている．有機亜鉛試薬を用いるクロスカップリング反応は根岸カップリングと呼ばれる．

　化学量論量のジルコニウムもしくはジルコニウム触媒によるアルキンやアルケンのカルボメタル化反応により，有機ジルコニウムおよび有機アルミニウム試薬を調製することができる．これらの反応と本手法との組み合わせは利用価値が高い．根岸らは不飽和結合のカルボメタル化反応とクロスカップリング反応を巧みに用いることにより，β-カロテンの合成を達成している（式(7.4)）．

［Cp：シクロペンタジエニル基］

7.3 クロスカップリング反応

(7.4)

7.3.3 有機ホウ素試薬を用いるクロスカップリング反応

有機ホウ素試薬は，ホウ素上の置換基によっていくつかの種類に分けられる．最もよく用いられる有機ホウ素試薬は $R-B(OH)_2$ で表される有機ボロン酸もしくはこれとジオールの脱水縮合によって調製されるボロン酸エステル $R-B(OR')_2$ である．いずれもグリニャール試薬や有機亜鉛試薬と異なり，水や酸素に対して安定な化合物である．一般的には，対応するグリニャール試薬や有機リチウム試薬と $B(OCH_3)_3$ との反応や，不飽和結合に対するヒドロホウ素化反応によって調製することができる（式(7.5)）．

(7.5)

また，近年遷移金属触媒を用いることにより，グリニャール試薬などの有機金属試薬を経由することなくハロゲン化アリールから直接合成する手法や，炭素－水素結合を切断して直接ホウ素官能基を導入する手法が開発され，官能基化された有機ホウ素試薬を容易に調製できるようになったことも有機ホウ素試薬を用いるクロスカップリング反応（鈴木－宮浦カップリング）の合成化学的有用性を飛躍的に向上させる要因となっている．安定で多くの官能基に対して不活性な有機ホウ素化合物をクロスカップリング反応の反応基質として利用できることが本反応の特徴である．

有機ボロン酸やボロン酸エステルを用いる鈴木－宮浦カップリングでは，塩基の添加が有効である．塩基は反応系中でホウ素と反応し，反応性の高い 4 配位構造のボレート $RB^-(OH)_3$ を形成し，これが金属交換反応における真の活性種として働くことが要因の 1 つと考えられる．同様の活性化手法は有機ケイ素化合物に

129

第7章　ファインケミカルズ合成触媒2：均一系触媒

も適用できる．4つの有機基を有する有機ケイ素化合物は安定な化合物であるが，これにフッ素アニオンを付加させた5配位のシリケートは速やかにケイ素上の置換基をカルボアニオン等価体として遷移金属触媒へ与える．

　熊田－玉尾－コリューカップリングや根岸カップリングとは異なり，鈴木－宮浦カップリングは反応溶媒としてアルコールや水などのプロトン性溶媒も用いることができる．本反応は湿気の影響を考慮する必要がなく，安定な有機ホウ素化合物とハロゲン化アリール，Pd触媒および塩基を混ぜるだけで行うことができる．このような操作の簡便さが本反応の長所であり，材料科学などさまざまな分野の研究に広く応用された要因の1つである．以下に代表的な例を示す．

　高血圧の治療薬であるロサルタンの工業的合成において，ビフェニル骨格の構築に鈴木－宮浦カップリングが利用されている（式(7.6)）．注目すべきは，クロスカップリング反応によるビフェニル骨格の構築反応を合成ルートの後半に実施している点である．反応基質として用いる臭化アリール，アリールボロン酸の官能基を損なうことなく新たに炭素－炭素結合を形成できることは，本反応の官能基選択性の高さを示している．

$$(7.6)$$

7.3.4 アルキンを用いるクロスカップリング反応

上で述べたクロスカップリング反応は，sp^2炭素同士の連結に特に有用な反応群である．一方，sp炭素すなわちアルキンとsp^2炭素を連結する触媒反応として薗頭—萩原カップリングが広く用いられている．形式的には，Pd触媒とCu触媒，塩基を組み合わせて用いる末端アルキンとハロゲン化アリール類とのクロスカップリング反応である．すでに述べたクロスカップリング反応と同様な反応機構で進行し，Pd触媒はハロゲン化アリールと反応し，酸化的付加生成物を与える．金属交換反応の段階においてはPd触媒と組み合わせて用いる銅塩（CuX）が重要な役割を果たす．すなわち，塩基の作用により，比較的酸性度の高い末端アルキンのC–H結合からHが引き抜かれ銅アセチリド中間体が生成する．これが金属交換反応の真の活性種であり，アルキニル基をPd中心へと供与する．続く還元的脱離によって内部アルキンが得られる．金属交換反応によって銅アセチリドはCuXとして再生されるため，銅塩も触媒として作用する（**図7.5**）．アルキンはπ結合を有しているため，アルキンで連結された分子は，アルキンのπ結合を介して大きなπ共役系を構築し，特徴的な物性を示すものが多い．そのため，アルキンによって2つの分子を連結できる薗頭—萩原カップリングは機能性材料合成の分野で多用されている．

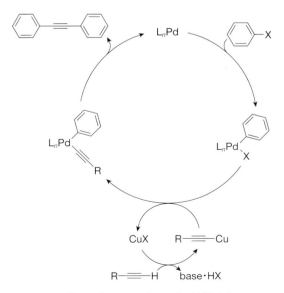

図7.5　薗頭—萩原カップリングの触媒サイクル

第7章　ファインケミカルズ合成触媒2：均一系触媒

● コラム　　真の触媒

「Pd 触媒なしで進行する鈴木－宮浦カップリング」と題した論文が公表され，物議をかもした．実際には塩基として用いた炭酸ナトリウムにごく微量（数十 ppb, ppb は 10 億分の 1）の Pd が含まれており，それが真の触媒として機能していた．同じように鉄触媒によるクロスカップリング反応において，鉄触媒に微量に含まれる銅が真の触媒であることが明らかになった例もある．微量元素の影響は，異なる製造会社の金属や，ロットの異なる試薬を用いて比較することにより明らかになる場合が多い．

7.3.5　炭素－水素結合の切断をともなうクロスカップリング反応

　ここまで取り上げてきた反応はいずれも有機ハロゲン化物や有機金属試薬を反応基質とするクロスカップリング反応である．いずれも位置選択的に新たに炭素－炭素結合を形成できることからその有用性は高いが，反応点となるハロゲノ基の導入や有機金属試薬の調製が必要である．そのような事前の官能基化を必要としない方法として，有機化合物中に遍在する炭素－水素結合を切断して炭素－炭素結合や炭素－ヘテロ原子結合へと変換する触媒反応が注目されている．炭化水素（R–H）と有機ハロゲン化物（X–R'）との反応の他に，有機金属試薬（m–R'）との反応や，2 つの炭素－水素結合の選択的切断をともなう理想的なクロスカップリング反応も達成されている（式(7.7)）．

$$
\begin{aligned}
&\text{R–H} \ + \ \text{X–R'} \\
&\text{R–H} \ + \ \text{m–R'} \quad\longrightarrow\quad \text{R–R'} \\
&\text{R–H} \ + \ \text{H–R'}
\end{aligned}
\tag{7.7}
$$

　初期の研究例として Pd を用いたスチレンとベンゼンとのクロスカップリング反応によるスチルベンの生成が知られている．この反応は次項の溝呂木－ヘック反応と似ているが，本反応では炭素－ハロゲン結合の代わりにベンゼンの炭素－水素結合が切断され，新たな結合が形成される（式(7.8)）．

$$\tag{7.8}$$

7.3 クロスカップリング反応

この反応は反応基質の事前の官能基化を必要としないことから原子効率の高い反応であるが，有機分子中に存在する多数の炭素－水素結合の中から望みの結合を位置選択的に切断することが，合成反応としての利用上の課題である．この1つの解決策として村井らは，配向基を利用する位置選択的な炭素－水素結合の官能基化反応を報告した．すなわち，金属に配位することができる官能基を配向基としてあらかじめ反応基質に導入することにより，配向基に隣接する炭素－水素結合を選択的に官能基化することができる．

具体例を式(7.9)に示す．Ru触媒存在下，アセトフェノンとアルケンを反応させると，アセチル基のオルト位の炭素－水素結合にアルケンが挿入した生成物が高収率かつ位置選択的に得られる．この位置選択性は，カルボニル基(配向基)がRuに配位することにより，オルト位の炭素－水素結合が位置選択的に切断されることに起因する．生成したRu(II)中間体がアルケンに付加し，続く還元的脱離により生成物を与える．

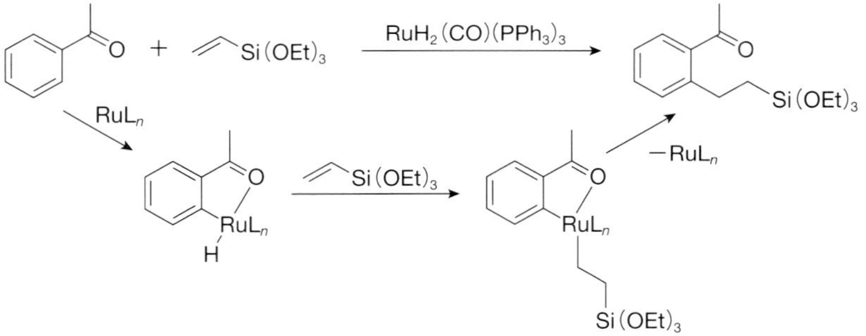

(7.9)

これらの先駆的な研究を契機に炭素－水素結合の変換反応が精力的に研究され，近年大きく発展しつつある．最近，実用化に向けた研究も始まり，またsp^3炭素の炭素－水素結合を官能基化する触媒系も報告されている．

7.3.6　ハロゲン化アリールとアルケンのクロスカップリング反応

塩基存在下，Pd触媒を用いてヨウ化ベンゼンとエチレンを反応させるとスチレンが生成する(式(7.10))．形式的には式(7.7)の最初の式と同じであるが，ビニル水素の置換反応は溝呂木－ヘック反応と呼ばれる．この反応の開発に対して，ヘックは鈴木，根岸と同時にノーベル化学賞を授与されたが，本反応の初報は1971年に溝呂木らが報告した．

133

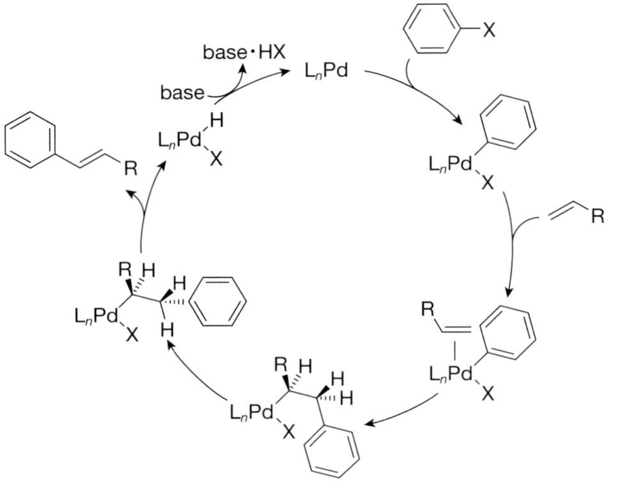

第7章　ファインケミカルズ合成触媒2：均一系触媒

図7.6　溝呂木－ヘック反応の触媒サイクル

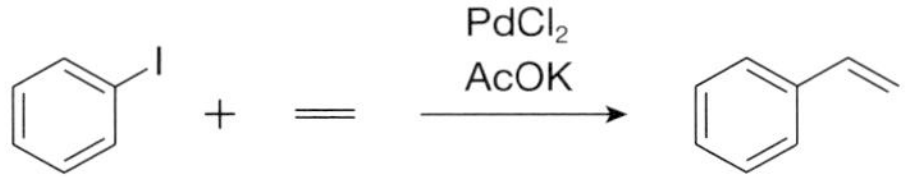

(7.10)

図7.6に示すように反応機構は，酸化的付加までは他のクロスカップリング反応と同様である．生じた2価Pdにアルケンが配位し，続く炭素－パラジウム結合への挿入の後，β水素脱離によって生成物が得られる．生じたL_nHPdXからのHXの脱離により，0価Pdが再生し，触媒サイクルが完成する．ハロゲン化アリールの代わりにハロゲン化ビニルを用いるとジエンが得られる．また，スチレンでは主に*trans*体を与えるが，アルケンの置換基によっては異性体混合物が得られる場合がある．アルケンの挿入段階においては，PdとPd上の有機基が炭素－炭素二重結合へ同じ側から，すなわち*syn*の関係で付加する．続くβ水素脱離も*syn*脱離で進行するため，脱離する水素とPdは重なり配座をとる必要があり，この配座の安定性から生成物の*cis/trans*を予測することができる．すなわち，反応機構で示した中間体は2つのβ水素を有するが，アルケンの置換基Rとフェニル基が*anti*の位置関係になる中間体からβ水素脱離が進行し，安定な*trans*体を与える．さらに，R基にβ水素がある場合には，R基側のβ水素脱離が競合し，二重結合の位置が異なる生成物が副生する．このことを積極的に利用することにより，二置換ビニル炭素へのアリール基の導入を経て，第四級炭素が置換したアルケン

134

7.3　クロスカップリング反応

を合成することも可能である．このように，β水素が複数存在する場合も，Pdと
脱離するβ水素が*syn*の位置関係になるときに最も立体的に有利となる配座を探
せば生成物を予測することができる．

　溝呂木－ヘック反応はビニル水素を有機基で置換する反応であり，前項の炭
素－水素結合の切断をともなう反応と同様に，有機金属試薬を事前に調製する必
要がないこと，得られるアルケンがさらにさまざまな合成反応へと利用できるこ
とから，工業的にも広く利用されるきわめて重要な触媒反応である．例えば，気
管支喘息治療薬の鍵中間体が溝呂木－ヘック反応によって合成されている．メル
ク（株）の方法では，ビニルキノリンとの反応により2つのフラグメントを連結し
ている．一方，米国メルク社の方法では，アリルアルコールに対して溝呂木－ヘッ
ク反応を行い，生成するアリルアルコール中間体の水素移動によるケトンへの異
性化により鍵中間体を合成している（式(7.11)）．

（7.11）

第7章 ファインケミカルズ合成触媒2：均一系触媒

● コラム　　触媒の失活

　触媒とは化学反応の反応速度を向上し，自身は反応の前後で変化しないものと定義される．しかし，触媒は永久に働き続けるわけではなく，さまざまな要因によりその機能を失う．これを失活（degradation）と呼び，実際の触媒化学においては触媒の失活を考慮する必要がある．触媒の失活は触媒サイクルのさまざまな段階で起こり，その要因は多様である．触媒サイクルの中間体からある一定の割合で起こる副反応に起因するものもあれば，酸素や水などの外的要因によるものもある．均一系触媒では配位子を精密に設計することにより，触媒の活性や失活過程への耐性の向上を目指した研究も盛んに行われている．例えば，鈴木－宮浦カップリングでは触媒回転数が数千万に達する触媒が開発されている．

7.4　メタセシス反応

　オレフィンメタセシス（olefin metathesis，単にメタセシスともいう）は，カルベン錯体を鍵活性種とするアルケン（オレフィン）同士の結合の組み換え反応である．最も単純な反応様式は次の式（7.12）で表される．

$$R^1 \diagup\!\!\!\diagdown \;+\; \diagdown\!\!\!\diagup R^2 \;\xrightarrow{\;M=\;}\; R^1 \diagup\!\!\!\diagdown^{R^2} \;+\; = \tag{7.12}$$

　このアルケンの結合組み換え反応は一見するときわめて単純な反応であるが，その応用範囲はきわめて広い．すなわち，2つのアルケンのビニル基同士を連結することにより，さまざまな置換アルケンが合成できる．2種類のアルケンを用いる場合はクロスメタセシスと呼ばれ，非対称アルケンが生成する．逐次的にジエンや環状アルケンのメタセシスを繰り返すことにより，重合反応にも利用できる．さらに，非共役ジエンの分子内メタセシス（閉環メタセシス）は，さまざまな中員環・大員環の構築に利用できることから，天然物などの複雑な環状化合物の合成に多用されている．従来，このような炭素－炭素二重結合形成反応はカルボニル基などの極性官能基の反応性を利用して行われていたが，多官能基化された分子の合成における反応点の位置選択性や大員環構築の効率の向上が課題であった．一方，オレフィンメタセシスは極性をもたないアルケンを利用できることから複雑な分子の合成ルートの終盤においても選択的に実施可能であり，天然物合

成や創薬の分野における合成戦略に大きな変革をもたらした．合成したアルケンは還元やその他の分子変換によって飽和炭化水素鎖へと変換できる．また，アルキン同士，あるいはアルキンとアルケンとのメタセシスも可能である(式(7.13))．

開環メタセシス

閉環メタセシス

クロスアルキンメタセシス

エンインメタセシス

(7.13)

オレフィンメタセシスの一般的な反応機構を**図7.7**に示す．まず，カルベン錯体にアルケンが配位し，環化の位置選択性の違いにより4員環メタラサイクル**A**および**A′**を形成する．**A**からエチレンが脱離するとR^1基を有する新たなカルベン錯体**B**が生成する．**A′**からはいずれの方向に切れても元のカルベン錯体とアルケンに戻る．新たに生じたカルベン錯体**B**がさらにアルケンと反応し，アルケン同士の組み換え反応が起こる．これらすべてのプロセスは平衡反応であるため，平衡を望みの生成物へと片寄らせる工夫が重要である．例えば，末端アルケン同

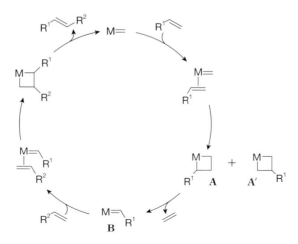

図7.7　オレフィンメタセシスの反応機構

第7章　ファインケミカルズ合成触媒2：均一系触媒

士のクロスメタセシス反応や閉環メタセシス反応ではエチレンが生成することから，エチレンガスを系外へと排出すれば平衡は生成物側へと片寄る．また開環メタセシス重合では，原料の環状アルケンの環歪みエネルギーを反応の駆動力とすることができる．

　メタセシス反応はさまざまな分野においてその応用例が見られるが，特に天然物合成に与えた影響は大きい．例えば，ストレプトグラミン系抗生物質の合成ルートの終盤において，グラブス触媒（Grubbs catalyst）による閉環メタセシス反応が20員環の構築に利用されている（式(7.14)）．本反応では，立体的に安定な*trans*-アルケンが選択的に生成する．なお，このような閉環メタセシス反応では分子間反応を抑制するために高希釈条件で反応を行う場合が多い．

［Cy：シクロヘキシル基，
PPTS：*p*-トルエンスルホン酸
　　　　ピリジニウム塩］

(7.14)

7.5　不斉反応

　同じ分子式および官能基からなる分子であるが，立体配置の違いにより鏡に映した構造と元の構造が重なり合わない分子同士を鏡像関係にあるといい，それらを鏡像異性体と呼ぶ．不斉の環境下では，2つの鏡像体にエネルギーの差が生じ，異なる反応性を示す．すなわち，2つの鏡像体は異なる分子としてふるまう．生物の体はアミノ酸や糖などの不斉化合物からなり，生体内は不斉環境である．よって，医薬品をはじめとして我々が摂取する合成化合物の鏡像体の作り分けが重要となる．鏡像体の一方を選択的に合成する最も有用な手法の1つが遷移金属触媒を用いる不斉反応である．

　不斉遷移金属触媒反応は，遷移金属触媒上の配位子を適切な不斉配位子に置き換えることにより達成される．不斉触媒反応を用いない場合には，基質に不斉点を導入し，その不斉環境下でのジアステレオ選択的な反応によって立体化学を制

● コラム　鏡像異性体

　不斉化合物の身近な例としてアミノ酸をあげる．アミノ酸はα炭素にアミノ基とカルボキシ基を有しており，グリシンを除いてさらに側鎖が結合している．図1の左の鏡像体のアミノ基とカルボキシ基が右の分子のアミノ基とカルボキシ基とそれぞれ重なるように回転させると側鎖Rと水素が重ならないことがわかる．四面体構造をとるsp^3炭素に結合する4つの置換基がすべて異なる炭素を不斉炭素といい，図1の左のような立体配置をS体，右のような立体配置をR体と呼び区別する．また，アミノ酸はシステインを除きL-アミノ酸がS体である．

　次に図2に示すような2つの不斉炭素を有する有機分子を考える．各不斉炭素はそれぞれSおよびRの立体配置をとりうることから，この化合物には4種類の立体異性体が存在する．2つの不斉炭素がともに反転したものを上記と同様鏡像異性体と呼び，1つの不斉炭素が反転した関係にあるものをジアステレオマーと呼ぶ．ジアステレオマーの関係にある2つの分子は物理的・化学的性質が異なるが，鏡像異性体同士は不斉環境下にない限り，旋光度の符号を除いてまったく同じ物理的・化学的性質を有している．n個の不斉炭素を有する分子は2^n個の立体異性体が存在しうることからも立体選択的合成反応の重要性が理解できるであろう．

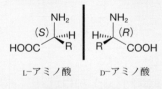

図1　S体とR体

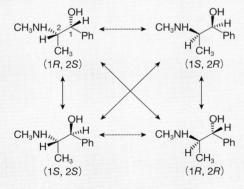

図2　鏡像体とジアステレオマー

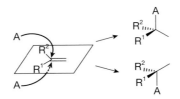

図7.8 プロキラル面と付加反応生成物の鏡像体

御する手法が用いられる．一方，不斉触媒反応では，触媒量の不斉源を用いて，多量の不斉化合物を合成できる利点がある．これまでにさまざまな様式の不斉触媒反応が開発されているが，本節では工業的に利用されている不斉還元反応と不斉酸化反応の代表例を取り上げる．これらの反応はいずれもアルケンのsp^2炭素をsp^3炭素へと変換する反応である．**図7.8**においてR^1, R^{2}およびAが異なる場合には，新たに生成するsp^3炭素は不斉炭素となり，アルケンの平面の上もしくは下から付加することにより，それぞれ鏡像体のどちらか一方を与える．アルケンのようなもともと不斉ではないが，付加や置換により不斉となる分子をプロキラルと呼び，平面分子が存在する面をプロキラル面と呼ぶ．プロキラル面を一方から見たときに，付加を受ける炭素に結合する置換基の優先順位が時計回りとなる側の面を*Re*面，その逆を*Si*面として区別する．

7.5.1　不斉水素化還元反応

2つのリン原子を有する軸不斉配位子BINAPは，野依らによって開発された最も有名な不斉配位子の1つである．野依らはこの軸不斉配位子とルテニウムを組み合わせ，ケトンやアルケンの不斉水素化反応を開発した．同じく不斉水素化によるL–DOPAの開発（後述）に貢献したノールズ（W. S. Knowles）と不斉酸化反応の開発を行ったシャープレス（K. B. Sharpless）とともに2001年にノーベル化学賞が授与された．

Ru–BINAP錯体を用いた不斉水素化は，非ステロイド系抗炎症剤であるナプロキセンの不斉合成に利用されている（式(7.15)）．ナプロキセンは，カルボキシ基のα位に不斉炭素を有し，鏡像体間で生理活性が異なる．すなわち，(*S*)–ナプロキセンは抗炎症作用を示す有用な薬剤であるのに対して，(*R*)–ナプロキセンは肝毒性を有している．そのため，市販のナプロキセンは光学的に純粋な*S*体であり，その合成法として不斉水素化が重要な役割を担う．

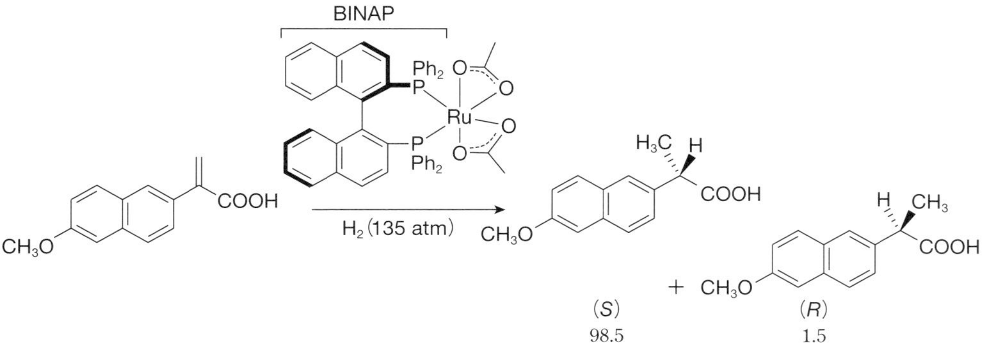

7.5 不斉反応

(7.15)

　反応機構を**図7.9**に示す．まず分子状水素とRu錯体との反応によりルテニウムヒドリド種が生成する．続いてカルボニル酸素の非共有電子対とアルケンのπ電子により基質がRuに配位する．このように反応に関与するアルケンのみならず，隣接するカルボニル基が同時に配位することがプロキラル面の選択において重要である．このとき，不斉配位子であるBINAPのフェニル基と基質との立体障害により，アルケンのプロキラル面の一方が選択され，Ru–H結合へのアルケンの挿入が起きる．その結果，新たな不斉炭素が立体選択的に構築される．最後に，HXによってRu–C結合がプロトン化され，触媒サイクルが完成する．触媒サイクルを通してRuは2価のままである．

　ケトン類の不斉還元反応のすぐれた触媒としてBINAP/Ru/ジアミン触媒が知

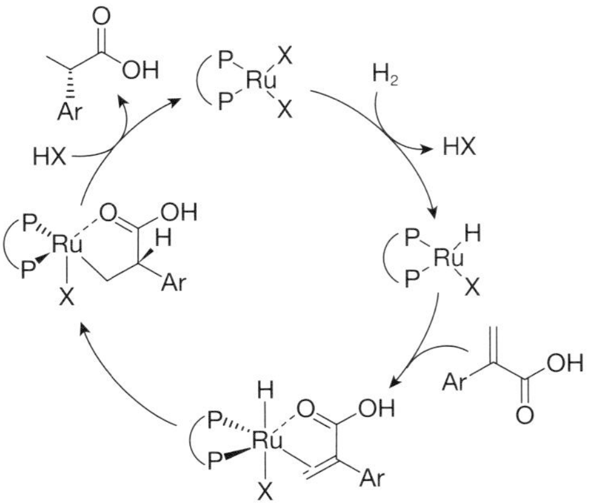

図7.9　Ru–BINAP錯体を用いた不斉水素化の反応機構

第7章　ファインケミカルズ合成触媒2：均一系触媒

られている．例えば，アセトフェノンの不斉水素化では，触媒回転数は240万に達し，対応するキラルアルコールを高い立体選択性で与える（式(7.16)）．この触媒の特徴は，Ru–N結合部位で水素と反応し，生じたRu–H結合とN–H結合がケトンを還元する点にある．すなわち，基質のケトンはRuに配位することなく，直接6員環遷移状態を経て還元される．

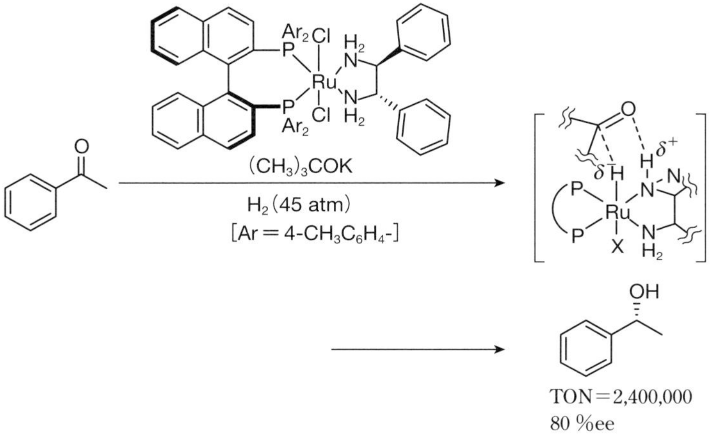

$$(7.16)$$

TON＝2,400,000
80 %ee

　不斉水素化の触媒として9族元素であるRhやIrも広く利用されている．9族元素触媒の反応プロセスは，Ruの場合とは異なり，金属中心の酸化還元をともなう反応機構が提唱されている．その反応機構について，ウィルキンソン触媒（Wilkinson catalyst）RhCl(PPh₃)₃を例にして**図7.10**に示す．まず，触媒前駆体か

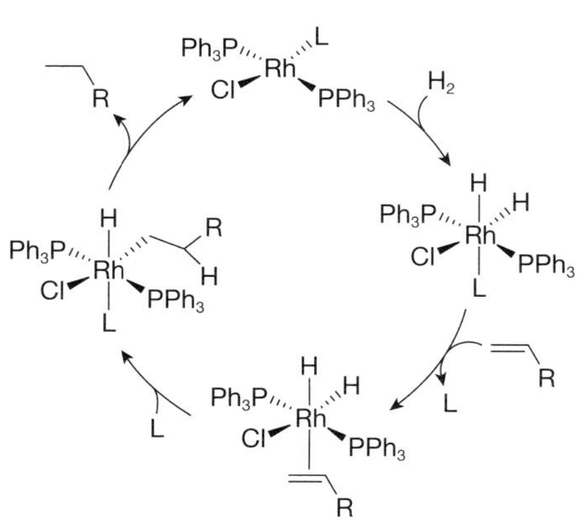

図7.10　金属の酸化還元をともなうアルケン水素化の反応機構

らトリフェニルホスフィンが解離し，溶媒分子が空配位座に弱く配位する．続いて，水素が酸化的付加し，Rh(III)ジヒドリド錯体が生成する．次に，溶媒分子と基質のアルケンが配位子交換し，Rh–H結合に移動挿入する．最後にこのアルキル基とヒドリドが還元的脱離することにより，触媒サイクルが完成する．

　2つのホスファン配位子の代わりにキレート型不斉配位子であるDIPAMPを用い，Cl配位子を非配位性のBF$_4^-$に置き換えた触媒がL–DOPA合成の工業プロセスで利用されている（式(7.17)）．

(7.17)

　アリルアミンの不斉水素移動にはRhのBINAP錯体が有効である．現在，この不斉水素移動反応を用いたL–メントールの工業的な合成が高砂香料工業(株)によって行われており，不斉触媒反応としては世界最大規模の，年産3,000トンスケールのプラントが稼働している．L–メントールはハッカ臭をもつモノテルペンであり，3つの不斉炭素を有することからその立体異性体は8種類存在する．L–メントールの立体選択的な合成では，ミルセンを原料にジエチルゲラニルアミンへと誘導した後に，不斉水素移動によって1つめの不斉炭素を構築する．この過程は，三置換アルケンのRh–H結合への挿入と，続くβ水素脱離によって，アルケンの異性化とともに不斉炭素を立体選択的に構築する反応である．その後の臭化亜鉛による環化反応とニッケル触媒によるアルケンの還元反応は，上記の不斉水素移動によって構築した不斉点を利用してジアステレオ選択的に行われる（式(7.18)）．

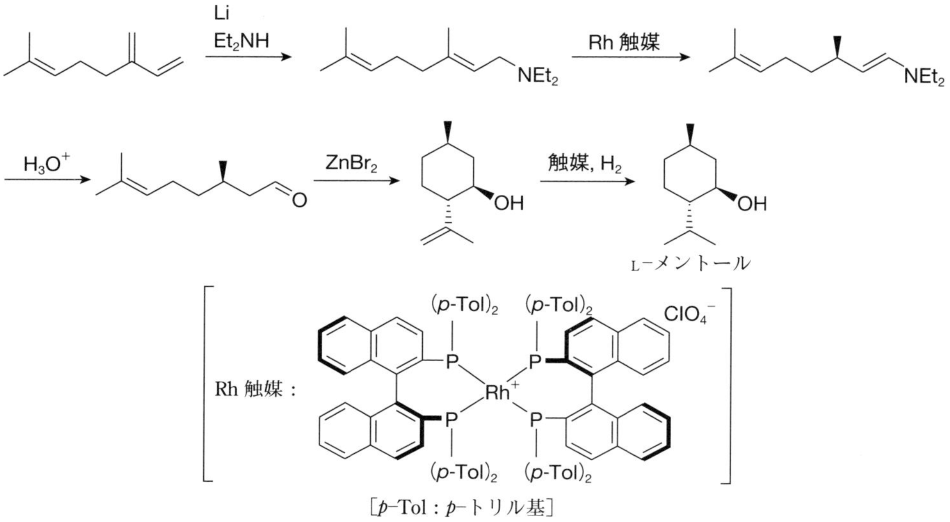

第7章　ファインケミカルズ合成触媒2：均一系触媒

Li
Et₂NH

Rh 触媒

H₃O⁺

ZnBr₂

触媒, H₂

L-メントール

Rh 触媒：

ClO₄⁻

[p–Tol：p–トリル基]

(7.18)

7.5.2　不斉エポキシ化反応

　不斉水素化は，プロキラルなアルケンの還元による不斉炭素の構築反応であり，新たに導入されるのは水素である．一方，水素以外の官能基を立体選択的に導入できれば，不斉炭素の構築と同時に官能基化が行えることから，合成化学的に有用である．このような反応として不斉エポキシ化があげられる．エポキシ基は酸素を含む3員環であり，歪んだ環構造のため求核剤などとの反応により容易に環が開裂する．すなわち，不斉エポキシ化とそれに続く求核剤との反応によって，ヒドロキシ基と求核剤をプロキラルなアルケンに立体選択的に導入できる．不斉エポキシ化は，1980年に香月，シャープレスらによって酒石酸由来の不斉配位子を有するTi触媒とヒドロペルオキシドを用いて達成された（式(7.19)）．

7.5 不斉反応

$$
\text{(7.19)}
$$

> 97.5

< 2.5

Ti(OCH(CH$_3$)$_2$)$_4$

この反応では，アリルアルコールのヒドロキシ基がTi触媒と相互作用することが立体選択性発現の鍵であり，アリルアルコールと選択的に反応する．

その後，さまざまな改良がなされ，Mn触媒と不斉配位子を組み合わせた単純アルケンの不斉エポキシ化反応などの実用性の高い触媒系が開発され，光学活性なアルコールの構築方法として全合成研究などに広く利用されている．

7.5.3　不斉ルイス酸触媒による反応

前項までは，還元的脱離や移動挿入など，遷移金属との共有結合の切断および生成を含む触媒反応を取り上げてきた．これらの反応では，遷移金属触媒が結合の組み換えに直接関与する．一方，カルボニル基のような極性官能基が遷移金属に配位し，活性化されることにより誘起される触媒反応も多く知られている．このような反応では，金属のルイス酸性が重要である．すなわち，金属カチオンや，d軌道に電子が十分に充填されていない前周期遷移金属は，カルボニル化合物の非共有電子対と強く相互作用し，カルボニル炭素を求電子的に活性化するため，エステル化やアルドール反応などのさまざまな酸触媒反応を遷移金属触媒を用いて行うことができる．さらに，遷移金属触媒に不斉配位子を導入することにより，不斉合成が可能となる．本項ではアルドール反応を例にいくつかのルイス酸触媒を用いた不斉触媒反応を取り上げる．

向山アルドール反応は，一方の基質をシリルエノールエーテルとすることにより，異なる2つのカルボニル化合物の交差選択的なアルドール反応（交差アルドール反応）を可能とする重要な炭素－炭素結合形成反応である．通常，TiCl$_4$などのルイス酸を添加し求核剤を活性化する必要がある．カレイラ（E. M. Carreira）らは光学活性配位子を有するTi錯体を用いて次の式(7.20)に示すような不斉向山アルドール反応を達成している．

145

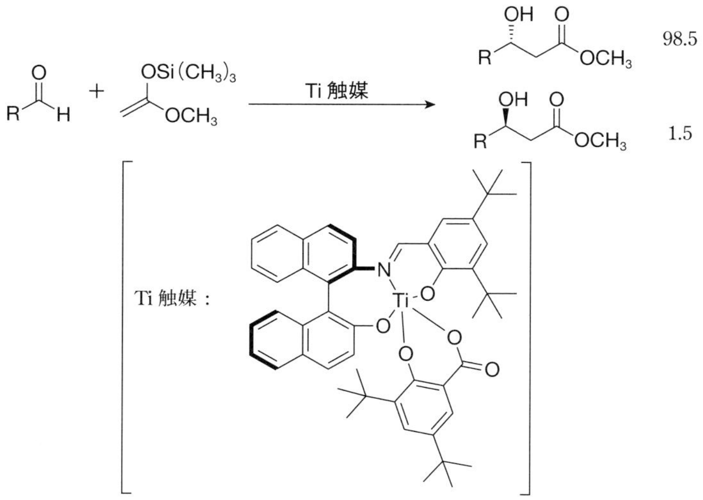

(7.20)

柴崎らは希土類元素である La(III) と BINOL，Li からなる触媒系を用いて，シリルエノールエーテルを経由しない直接的な不斉交差アルドール反応を開発し，高い立体選択性を達成した（式(7.21)）．

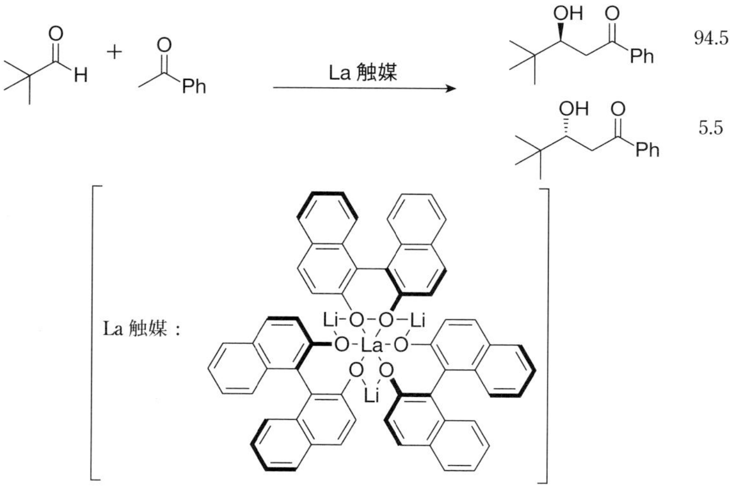

(7.21)

　複雑な構造の触媒であるが，希土類元素がルイス酸としてカルボニル求電子剤を活性化するとともに，Li などのアルカリ金属－酸素結合が塩基として活性メチレン化合物を脱プロトン化し，エノレートを発生させることにより直接アルドー

7.6 高分子合成

● コラム ノーベル化学賞と触媒化学

化学者にとっての一大イベントは10月初旬のノーベル化学賞の発表である．均一系触媒反応に関連する研究は，2000年以降で3回もノーベル化学賞の対象となった．すなわち，2001年の不斉触媒反応（野依，ノールズ，シャープレス），2005年のメタセシス反応（ショーヴァン，グラブス，シュロック），2010年のクロスカップリング反応（根岸，鈴木，ヘック）である．今年はどの分野のどの研究が対象となるのか？ また，3名しか受賞できないなか，誰が受賞するのか？ 大きな期待を込めて毎年さまざまな予測がニュースになる．発表はノーベル財団のHPなどで生中継されている．

ル反応を実現している．類似の触媒系は，アルドール反応のみならず，さまざまなカルボニル求電子剤と活性メチレン求核剤との反応の不斉触媒として機能する．

7.6 高分子合成

アルケン（オレフィン）の重合反応は，ポリエチレンやポリプロピレンなどの汎用ポリマーを合成する重要な工業プロセスである．1950年代に$TiCl_3$と有機アルミニウム試薬を組み合わせたチーグラー—ナッタ触媒が開発され，常温常圧でのエチレン重合が実現された．特にナッタが開発した$TiCl_3$と$(CH_3CH_2)_2AlCl$を組み合わせた触媒系を用いると，プロピレンの重合において主鎖に対してメチル基が同じ側を向いたイソタクチックポリマーが立体選択的に得られる．

その後，触媒活性の向上，立体選択性の制御，重合度および分子量分布の制御に重点を置いた研究が活発になされた．特に，均一系前周期遷移金属錯体触媒は，配位子の設計により高い活性や立体選択性を実現できる触媒として注目されている．この契機となったのが，カミンスキー（W. Kaminsky）らによるジルコノセン錯体触媒（通称カミンスキー触媒）である．カミンスキー触媒は高いイソタクチック選択性を示すとともに，高分子量かつ分子量分布の狭いポリマーを与える．触媒サイクルではまず4価のジルコノセン錯体と助触媒であるメチルアルミノキサン（MAO）との反応により配位不飽和なカチオン性メチルジルコノセン錯体が生成し，このアルキル金属種へのモノマー分子の配位と移動挿入の繰り返しによって高分子鎖が伸長する（式(7.22)）．

147

第7章　ファインケミカルズ合成触媒2：均一系触媒

● コラム　　高分子の立体規則性

　プロピレンなどの一置換エチレンモノマーの重合では，主鎖に対して側鎖が異なる相対的な位置関係をもつ異性体が生成する．側鎖の向きが制御されていないものをアタクチックポリマー，同じ側に向いたものをイソタクチックポリマー，交互に互い違いに制御されたものをシンジオタクチックポリマーと呼ぶ．これらのポリマーは，物性が異なる．例えば，アタクチックポリプロピレンの融点は100 ℃程度であるが，イソタクチックポリプロピレンでは165 ℃程度まで向上する．

$$(7.22)$$

　プロピレンなどの1-アルケン（α-オレフィン）を用いた場合には，挿入段階においてモノマーが配位する方向によってポリマーの主鎖に対する側鎖の相対的な位置関係が決まる．モノマーの配位方向を決定する要因は，金属まわりの立体的環境およびモノマーと成長末端上の分岐構造の相互作用であり，前者は配位子により制御可能である．すなわち，2回回転軸を有するC_2対称のメタロセン触媒を用いることにより，プロピレンはメチル基と配位子の立体反発を避けて同じ面から配位し位置選択的に挿入するため，イソタクチック選択的に重合が進行する．一方，対称面を有するC_s対称の重合触媒を用いた場合には，プロピレンの配位

148

面が*Re*面と*Si*面で交互に配位，挿入するためにシンジオタクチックポリマーが得られる（式(7.23)）.

[P：ポリマー]

(7.23)

シクロペンタジエニル配位子の修飾や中心金属としてZrもしくはTiやHf（ハフニウム）を使い分けることにより立体規則性の制御も可能なことから，アルケンの精密重合が可能となった．また，非メタロセン型の重合触媒の研究も進んでいる．特に，前周期金属触媒では難しい極性モノマーの重合反応にはPdなどの後周期遷移金属触媒系が開発されている．また，エチレンのオリゴマー化反応（2量化や3量化による末端アルケンの合成）も注目を集めている分野である．

　上記の金属上での配位／移動挿入反応による重合反応に加えて，近年オレフィンメタセシスに基づく開環メタセシス重合を利用することにより，さまざまな官能基を有する高分子材料が得られるようになった．例えば，ノルボルネンのような歪んだモノマーの重合による機能性ポリマーの合成に関する研究が盛んに行われている（式(7.24)）．このモノマーはシクロペンタジエンと電子不足アルケンとのディールス−アルダー反応によって容易に調製可能である．開環メタセシス重合が注目されている最大の理由は，オレフィンメタセシス反応の高い官能基許容性である．また，ランダム共重合やブロック共重合により，複数の官能基（FG）を交互にもしくは連続して並べたポリマーを自在に合成できることからも合成ポリマーに新たな可能性を与えると期待されている．

第7章　ファインケミカルズ合成触媒2：均一系触媒

$$(7.24)$$

❖**演習問題**

7.1 クロスカップリング反応の触媒サイクル（図7.4）の各中間体におけるPdの酸化数を求めなさい．なお，Lは中性の配位子であり，酸化数には関与しないものとする．

7.2 溝呂木－ヘック反応の触媒サイクル（図7.6）の各中間体におけるPdの酸化数を求めなさい．また，2分子のトリフェニルホスフィンが配位した場合（$L_nPd = (Ph_3P)_2Pd$）の各中間体における金属上の価電子数を求めなさい．

7.3 ウィルキンソン触媒による水素化の触媒サイクル（図7.10）の各中間体におけるRhの酸化数および価電子数を求めなさい．

7.4 メタノールと一酸化炭素から酢酸を合成する化学プロセス（モンサント法）は〔$Rh(CO)_2I_2$〕$^-$とHIが関与する2つの触媒サイクルからなる．モンサント法について調べ，触媒サイクルを図示しなさい．

7.5 クロスカップリング反応において有機ハロゲン化物として臭化ベンゼンに代えて臭化ベンジル，臭化ブチルを用いた場合は反応効率が低下する．臭化ベンジル，臭化ブチルで考えられる問題点を述べなさい．

7.6 鈴木－宮浦カップリングで電子求引基もしくは電子供与基を有するハロゲン化アリールを反応基質とした場合に，酸化的付加，還元的脱離の速度に置換基が及ぼす影響を説明しなさい．

7.7 遷移金属触媒反応の素反応を調べなさい．また，各素反応における金属の酸化数，価電子数および配位数の変化をまとめなさい．

第**8**章　　環境触媒

本章で学ぶこと
・環境問題における触媒の役割
・環境触媒を用いる基本反応
・代表的な環境触媒の概要

8.1　環境触媒とは

　工業規模での触媒の利用が始まってから1世紀以上が経過するが，環境触媒と呼ばれる分野の歴史は比較的浅い．今日，環境触媒として分類される代表例—排煙脱硝，脱硫および自動車排ガス浄化用の触媒—はいずれも1970年代以降に実用化されている．これらは当時先進諸国で深刻化していた公害問題に対応するという社会的要請を受けて開発されたもので，有害物質を除去あるいは浄化するための触媒，あるいは広義には環境保全に貢献する触媒すべてが対象となる．それまで工業触媒の中核を担ってきた石油精製・石油化学分野における合成用触媒に代わって，環境触媒が工業触媒出荷額の大半を占めるようになった．

　地球規模の環境問題としてしばしば取り沙汰される酸性雨，地球温暖化およびオゾン層破壊の対策技術としての環境触媒の社会的貢献はきわめて大きい．酸性雨を引き起こす硫黄酸化物（SO_x）や窒素酸化物（NO_x）といった酸性ガスの大気中での濃度は環境触媒の普及によって低く抑えられるようになった．また第9章で述べるように，温暖化対策という点で注目が高まっている水素をはじめとするクリーンエネルギーの製造と利用にも触媒が必要になる．そして，オゾン層破壊の原因物質であるフロンの分解に有効な触媒も開発されている．環境問題は実に多様であり，**揮発性有機化合物**（volatile organic compounds, **VOC**），臭気，汚れ，水の浄化などにも触媒が用いられる．第10章で述べる光触媒の中にも環境保全を目的とする用途がある．将来的には有害成分を浄化する後処理だけでなく，環境負荷そのものを低減する触媒プロセスの開発が望まれる．グリーンケミスト

151

リーの浸透とともに，ファインケミカルズなどの合成用触媒にも，環境負荷低減の視点が広がっている．今後も地球規模から身近な生活環境に至るさまざまな階層で新しいニーズが次々に見出されていき，環境触媒の用途はさらに拡大していくものと予想される．

8.2 脱硝触媒

8.2.1 窒素酸化物の生成と浄化法

窒素酸化物（NO_x：NO, NO_2）は主に化石燃料の燃焼によって発生し，（1）燃料中に含まれる窒素化合物（ピロール，ピリジンといった複素環式化合物など）が酸化されて生じるFuel NO_xおよび（2）N_2とO_2とが火炎の中で熱反応して生じるThermal NO_xがある．Fuel NO_xは含窒素燃料に由来するHCN（シアン化水素）とラジカル（•O, •H, •OH）との反応で生成し，生成速度の温度依存性は小さい．一方，Thermal NO_xは酸素分子の高温での熱解離で生じるラジカルの反応により生成し，燃焼温度が1,500 ℃を超えると濃度が急増する．自動車排ガス中のNO_x濃度はおよそ数百ppmである．生成機構から明らかなように，燃料に含まれる窒素成分を除去してもThermal NO_xの発生を抑えることはできず，燃焼排ガスからNO_xを除去する後処理が必要になる．NO_xをN_2へと変換する基本触媒反応としては，以下に述べる直接分解と接触還元がある．

A. 直接分解

NOをN_2とO_2とに分解する反応で，還元剤が不要なうえに生成物は無害なN_2とO_2なので理想的な浄化法であるが，実用化は最も難しい．熱力学的には2$NO \rightleftarrows N_2 + O_2$の平衡は低温ほど分解側に有利になるが，$N\text{–}O$結合解離の活性化エネルギーが高いため，低温では速度がきわめて小さい．高温においてさえ実用的な反応速度に到達するのは困難なうえに，O_2が共存する雰囲気では反応が著しく阻害される．触媒としてはCu/ゼオライト，貴金属，遷移金属酸化物，複合酸化物などが研究されている．Pt上での反応は以下のように進行する．

$$NO + s \longrightarrow NO_{ads} \cdot s \tag{8.1}$$

$$NO_{ads} \cdot s + s \longrightarrow N_{ads} \cdot s + O_{ads} \cdot s \tag{8.2}$$

$$N_{ads} \cdot s + N_{ads} \cdot s \longrightarrow N_2 + 2s \tag{8.3}$$

$$O_{ads} \cdot s + O_{ads} \cdot s \longrightarrow O_2 + 2s \tag{8.4}$$

（s：表面吸着サイト，$_{ads}$：吸着種）

吸着後の表面との電子授受に対応してNOは異なる電子状態や幾何学配置を生じ，それによって式(8.2)のNO解離のしやすさが決まる．NO分子は$2\pi^*$軌道に不対電子1個をもち，表面に吸着した際にこの不対電子を供与すればNO$^+$，逆に表面から電子を受容すればNO$^-$になる．N–Oの結合次数はNO$^+$では3，NO$^-$では2なので後者の方が解離しやすい．Rhは電子供与によってNOの解離吸着を生じやすい代表的な金属である．解離吸着によって生じたN_{ads}は式(8.3)に従って直ちにN_2として脱離するが，一方のO_{ads}は表面との親和性が高く表面を占有するので，式(8.4)が進行しにくく次のサイクルのNO吸着(式(8.1))が阻害されてしまう．酸化物触媒の場合は，式(8.5)に上面図を示すように表面の酸素欠陥サイトにNOがO側から吸着してN–O結合の解離とN_2の脱離が生じるが，このときにもその後のO_{ads}の脱離が律速となる．同じ理由で反応雰囲気にO_2が存在する場合は，いずれの触媒でも顕著な反応阻害を受ける．

$$[\text{M : 金属}] \tag{8.5}$$

B. 接触還元

NO$_x$の還元剤としては，H_2, CO，炭化水素(HC)およびNH_3があげられる．NH_3を用いると10 ％程度のO_2が共存する雰囲気でも選択的にNO$_x$を浄化できるため，こうした反応はNH$_3$–SCR（selective catalytic reduction）と呼ばれ，広く実用化されている．NH_3源として尿素を用いる場合もこれに含まれる．NH_3以外の還元剤を用いる場合，数％のO_2存在下では還元剤とO_2との反応すなわち燃焼が優先的に進行してNO$_x$還元が阻害される場合が多いが，反応条件や触媒によっては選択還元が可能になる場合もある．NH$_3$–SCRについては次項で述べるので，ここではそれ以外のNO還元について述べる．

（1）水素による還元

$$2\,\text{NO} + 2\,\text{H}_2 \longrightarrow \text{N}_2 + 2\,\text{H}_2\text{O} \tag{8.6}$$

H_2は最も低温でNOと反応する還元剤である．H_2が容易に解離吸着するPt触

媒では100 ℃以下でも高速に反応し，低温ほどO_2による反応阻害も少ない反面，CO被毒を受けやすい．また，N_2Oを副生する場合が多い．O_2存在下では反応温度の上昇とともに水素の燃焼($H_2+1/2\ O_2\rightarrow H_2O$)が優勢となり式(8.6)は阻害されるため，水素だけで広い温度範囲に対応することは困難である．

（2）一酸化炭素による還元

$$2\,NO\ +\ 2\,CO\ \longrightarrow\ N_2\ +\ 2\,CO_2 \tag{8.7}$$

貴金属触媒および酸化物触媒で進行する反応で，CO濃度が比較的高い燃焼排ガスでは主要なNO還元反応になる．200 ℃以上の反応温度において実用的な反応速度に到達するが，O_2存在下ではCO酸化($CO+1/2\ O_2\rightarrow CO_2$)と競合するため式(8.7)は強い反応阻害を受ける．貴金属触媒の活性序列はRh>Ru>Ir>Pd>Ptの順で，RhはO_2による阻害を最も受けにくい．また共存酸素はCO酸化との競合以外に，貴金属触媒表面の酸化による活性低下も引き起こす．生成物は理想的にはN_2であるが，N_2Oも副生する．N_2選択性の序列はRh>Ru～Ir>Pd>Ptの順である．Rh上では，式(8.1)～(8.3)に加えて，

$$CO\ +\ s\ \longrightarrow\ CO_{ads}\cdot s \tag{8.8}$$

$$CO_{ads}\cdot s\ +\ O_{ads}\cdot s\ \longrightarrow\ CO_2\ +\ 2\,s \tag{8.9}$$

の反応が進行し，NO解離によって生じるO_{ads}はCO_{ads}によって速やかに消費されるので，NO解離(式(8.2))が律速になる．

（3）炭化水素による還元

$$\left(2n+\frac{m}{2}\right)NO\ +\ C_nH_m\ \longrightarrow\ \left(n+\frac{m}{4}\right)N_2\ +\ n\,CO_2\ +\ \frac{m}{2}\,H_2O \tag{8.10}$$

燃料未燃成分に由来する炭化水素(C_nH_m)もCOと同様に燃焼排ガスに含まれ，主要な還元剤として作用する．Pt, Rh, Pdなどの貴金属触媒では過剰のO_2が存在すると炭化水素が完全酸化されることによって式(8.10)は阻害を受けるため，非選択的な還元剤であるとみなされていた．しかし，Cu/ゼオライト，Ir/ゼオライトなどの触媒で炭化水素選択接触還元(HC–SCR)が実証され，一部は自動車排ガスの浄化に実用化されている．HC–SCRでは式(8.10)とは異なり，部分酸化された炭化水素あるいはNO_2が関与する反応機構が提案されているが，まだ十分には解明されてない．

8.2.2 アンモニアを用いる窒素酸化物選択接触還元（NH₃–SCR）

NH_3–SCRはO_2が存在する条件で最も効果的な排煙脱硝法である．火力発電所，石炭・重油焚ボイラ，ごみ焼却炉などの大型固定発生源における脱硝技術として世界中で広く実用化されている．以下に示す主反応のほかに条件によってはN_2Oが関与する副反応が加わる．

$$NO + NH_3 + \frac{1}{4}O_2 \longrightarrow N_2 + \frac{3}{2}H_2O \tag{8.11}$$

$$3\,NO_2 + 4\,NH_3 \longrightarrow \frac{7}{2}N_2 + 6\,H_2O \tag{8.12}$$

式（8.11）の反応がO_2を必要とするために，O_2が大過剰に存在する雰囲気でのNO_x還元に適している．

触媒には上記反応に対する活性のほかに，硫黄酸化物（SO_x：SO_2, SO_3など）に対する耐性が求められる．石炭・重油焚ボイラなどのSO_2濃度が高い排ガスでは，上記反応の温度（約400 ℃）において，多くの金属酸化物は硫酸塩を形成して劣化するため使用できない．また，SO_2が酸化されてSO_3となるとNH_3と反応し，固体の酸性硫安（NH_4HSO_4）が析出して，圧力損失や流路閉塞を引き起こす．一般には硫酸塩を形成しにくいV, Mo, Wの酸化物とTiO_2とを組み合わせた複合酸化物触媒が用いられるが，V成分が多いとSO_2酸化活性が高まるので，触媒組成は反応条件によって調節しなければならない．圧力損失や流路の閉塞を防ぐためにハニカム状もしくは板状に成型した触媒が主に用いられる．ごみ焼却炉用Ti–W–V触媒はダイオキシンを浄化する能力も示す．硫黄被毒のない条件でのNH_3–SCRではゼオライトやアルミナ担持触媒が利用されることもある．

代表的組成であるV_2O_5–TiO_2触媒では**図8.1**に示すような反応機構が提案されている．NH_3が酸点V–OHに吸着し，続いてNOが吸着NH_3と反応してN_2とH_2Oを生成し，残りのHはV＝Oによって引き抜かれてV–OHを形成し，最後にV–OHがO_2によって酸化されてV＝Oを再生する．

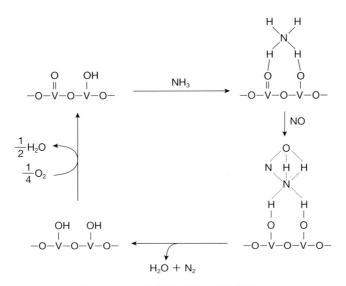

図8.1　V₂O₅-TiO₂触媒によるNO$_x$選択接触還元の反応機構
［菊地英一，射水雄三，瀬川幸一，多田旭男，服部 英，新版 新しい触媒化学，三共出版(2013), p. 129］

8.3　脱硫触媒

　原油中には硫黄を含有する化合物(チオール，スルフィド，チオフェンなど)が含まれ，一般にその濃度は高沸点の留分ほど高くなる．すなわち，ナフサや軽油に比べて重油の方が硫黄含有量は高い．そのまま利用すると石油精製および石油化学プロセスの反応装置の腐食や触媒被毒を引き起こすほか，燃焼によって硫黄酸化物(SO_x)を発生し，スモッグや酸性雨をはじめ深刻な大気汚染をもたらす．そこでこれらを事前に除去する脱硫工程が必要になる．硫黄濃度を目安である0.1％以下にまで下げるには高圧水素の存在下，触媒を利用して原油を処理する**水素化脱硫**(hydrodesulfurization, HDS)が用いられる．HDSは，以下のような有機硫黄化合物のC–S結合を水素存在下で切断し，硫黄をH_2Sとして取り除く反応である．

$$\text{チオール} \quad R\text{–}SH + H_2 \longrightarrow RH + H_2S \qquad (8.13)$$

$$\text{スルフィド} \quad R\text{–}S\text{–}R' + 2H_2 \longrightarrow RH + R'H + H_2S \qquad (8.14)$$

8.3 脱硫触媒

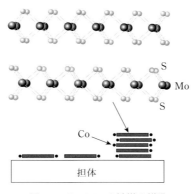

図8.2 Co-Mo-S触媒の構造

　工業的には触媒としてCo-Mo, Ni-Mo, Ni-Wなどの複数の金属を含む硫化物が用いられている．単一の金属の硫化物では低活性であるが，複合化により高い活性が発現する．最も代表的な触媒であるCo-Mo系硫化物は層状構造を有するMoS$_2$板状結晶を含み，その露出したエッジにCoが存在する構造はCo-Mo-S構造と呼ばれ，これが活性サイトと考えられている(図8.2)．例えばチオフェンの場合，エッジに生成する配位不飽和なMo^{4+}サイトにチオフェンの硫黄が吸着し，水素化によってC-S結合が切断されて，硫黄原子を残したままブタジエンが脱離する．残された硫黄は水素化を受けてH$_2$Sとして脱離し，配位不飽和サイトを再生する(4.2.1項参照)．Coは配位飽和なMoサイトの濃度を高めるほか，その電子状態にも影響すると考えられているが，その詳細はまだ明らかになっていない．

　水素化脱硫には固定床を用いる場合が多く，反応条件は，温度300 ℃以上，圧力1 MPa以上で，高沸点の留分ほど反応温度と圧力を高くする．チオールやスルフィドは低沸点留分に多く，比較的脱硫しやすいのに対して，高沸点留分には反応性の低いチオフェンが多く含まれる．特に多環チオフェンはその構造によっては脱硫が困難になる．例えば，ジベンゾチオフェンの4,6位にアルキル基をもつ化合物は，硫黄が触媒の活性サイトに吸着するには立体障害が大きく，きわめて反応性に乏しい(図8.3)．このため，芳香環の水素化あるいは異性化によって立体障害を低くするなどの対策がとられる．この結果，現在では硫黄含有量を10 ppm以下まで低減する深度脱硫が可能になっている．硫黄濃度が低くなれば，自動車排ガス浄化触媒の劣化が抑制できるほか，リーンバーン(希薄燃焼)エンジ

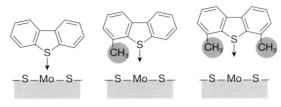

図8.3　ジベンゾチオフェンの4,6位置換による立体障害

ンに対応可能な触媒の利用も促進されるなど，環境保全全体への波及効果が大きい．なお，硫黄成分を多く含む重油や石炭を燃料とする火力発電所などでは，後処理として排煙脱硫法が広く利用されている．具体的には燃焼排ガスに石灰石スラリーを噴霧して，次式のようにSO_2を石膏($CaSO_4$)として回収する．

$$CaCO_3 \longrightarrow CaO + CO_2 \quad (750 \sim 1,000\ °C) \tag{8.15}$$

$$CaO + SO_2 + \frac{1}{2}O_2 \longrightarrow CaSO_4 \tag{8.16}$$

8.4　自動車触媒

自動車排ガス浄化触媒，いわゆる自動車触媒は工業触媒の中でも最も市場規模が大きい．わが国の工業触媒出荷量に占める割合は10数％にすぎないが，出荷額では60％以上を占めることからわかるように，触媒成分に高価な貴金属が多量に使用されている(2.1節参照)．2010年度の世界の自動車の生産台数は7,800万台，2輪車の生産台数は5,600万台であり，前者についてはすべてに，後者についても約70％に排ガス浄化触媒が装着されている．これらのエンジンから排出される有害排ガス成分であるNO_x, CO, HCおよび粒子状物質(PM)を還元もしくは酸化してN_2, CO_2とH_2Oに変換することで浄化する．以下に示す主な反応のほかにN_2O, NH_3が関与する副反応がある．

$$2\,CO + O_2 \longrightarrow 2\,CO_2 \tag{8.17}$$

$$C_mH_n + \left(m + \frac{n}{4}\right)O_2 \longrightarrow m\,CO_2 + \frac{n}{2}H_2O \tag{8.18}$$

$$2\,H_2 + O_2 \longrightarrow 2\,H_2O \tag{8.19}$$

$$2\,NO + 2\,CO \longrightarrow N_2 + 2\,CO_2 \tag{8.20}$$

8.4 自動車触媒

表8.1 ガソリンエンジンとディーゼルエンジンの違い

	ガソリン	ディーゼル
燃焼方式	火花点火 （予混合燃焼）	圧縮自着火 （拡散燃焼）
熱効率	～30%	～40%
空燃比	14.6	20～80
排ガス温度	～1,000℃	～600℃
排ガス酸素濃度	～0.5%	5～10%
浄化対象	NO_x, CO, HC	NO_x, CO, HC, PM
排ガス浄化触媒	TWC	DOC + DPF + SCR + ASC

$$\left(2n + \frac{m}{2}\right) NO \ + \ C_nH_m \ \longrightarrow \ \left(n + \frac{m}{4}\right) N_2 \ + \ n\,CO_2 \ + \ \frac{m}{2}\,H_2O \tag{8.21}$$

$$2\,NO \ + \ 2\,H_2 \ \longrightarrow \ N_2 \ + \ 2\,H_2O \tag{8.22}$$

$$C_mH_n \ + \ m\,H_2O \ \longrightarrow \ m\,CO \ + \ \left(\frac{n}{2} + m\right) H_2 \tag{8.23}$$

$$CO \ + \ H_2O \ \longrightarrow \ H_2 \ + \ CO_2 \tag{8.24}$$

　自動車触媒は，（1）エンジンの始動，加速・減速などの非定常条件で用いられるため，反応物供給量，組成および温度が常に変動する，（2）反応物には燃料および潤滑油に由来する触媒毒が含まれる，（3）修理交換がなく耐用期間が長い，など苛酷な使用環境の中で長期の耐久性が求められる．**表8.1**に示すようにガソリンエンジンかディーゼルエンジンかによって排ガスの組成や触媒に求められる性能は異なる．技術的な理由や目的に応じてそれぞれ以下のような触媒が用いられる．

8.4.1 三元触媒

　三元触媒（three-way catalyst, TWC）は1978年に実用化されて以来，ガソリン自動用の排気ガス浄化触媒として最も広く普及している．ガソリンエンジンでは量論混合比の燃料と空気との混合気を燃焼させる．このときの燃料と空気の質量比を**空燃比**（air-to-fuel ratio, A/F）で表すと14.6（理論空燃比）になる（**図8.4**）．この条件で燃焼した場合，排ガス中に含まれる還元性成分（CO, HC, H_2など）と酸化性成分（NO_x, O_2）は当量なので，触媒を用いてCO, HCおよびNO_xを同時に浄化

159

第8章　環境触媒

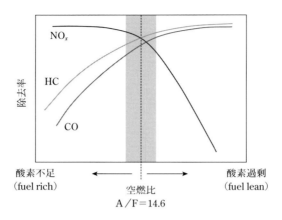

図8.4　三元触媒浄化性能の空燃比依存性

できる．混合気の組成が理論空燃比からずれて酸素不足（燃料過剰，fuel rich）になると，COおよびHC酸化（式(8.17)〜(8.19)）の反応率が低下し，逆に酸素過剰（燃料不足，fuel lean）になるとNO_x還元（式(8.20)〜(8.22)）の反応率が低下してしまう．このため，排ガス中の酸素濃度を安定化ジルコニア型酸素センサーで常時計測し，燃料・空気供給装置にフィードバックして理論空燃比近くに自動制御することで，効率的な浄化が可能になる．三元触媒は最高1,000 ℃程度の高温酸化還元雰囲気にさらされるので（表8.1），触媒活性のほかに熱安定性も重要になる．

三元触媒は**図8.5**のように触媒担体，酸素吸蔵材および貴金属触媒がコーディエライト（cordierite：$2\,MgO \cdot 2\,Al_2O_3 \cdot 5\,SiO_2$）もしくは合金（Fe−Cr−Al）製のハニカム支持体に薄くコートされた構造を基本とする．ガス空間速度（GHSV）は最大$10^5\,h^{-1}$を超えるので圧力損失が少なく，排ガスとの接触効率が高い400〜900 cell inch^{-2}程度（cell inch^{-2}はセル密度：平方インチあたりのセル数）のセル密度のハニカムが主に用いられる．触媒担体としては貴金属の種類に応じてAl_2O_3，ZrO_2などが用いられる．貴金属としてはRh, PdおよびPtの3元素が用いられる．

A. 貴金属触媒

表8.2に6種類の白金族元素の性質を比較して示す．一般に貴金属触媒ははじめ直径数nmの微粒子状で担体上に析出するが，高温排ガスにさらされると徐々に粒成長して比表面積が減少し，触媒性能が劣化する．この現象を**シンタリング**（sintering）という．シンタリングの起こしにくさは金属の融点に依存しており，

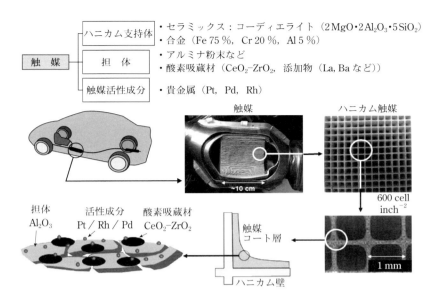

図8.5 三元触媒の成分と構造

表8.2 白金族元素の性質

	Ru	Rh	Pd	Os	Ir	Pt
地殻存在度/ppb [a]	1	0.7	6.3	1.8	0.4	3.7
融点/°C	2,333	1,963	1,555	3,033	2,446	1,768
蒸気圧(1,400 °C)/atm [b]	1.8×10^{-2} (RuO$_2$(g))	1.4×10^{-5} (RhO$_2$(g))	4.9×10^{-5} (Pd(g))	高 (OsO$_4$(g))	1.2×10^{-3} (IrO$_2$(g))	1.2×10^{-5} (PtO$_2$(g))
酸化物の ΔG_f° / kJ mol^{-1}	RuO$_2$	Rh$_2$O$_3$	PdO	OsO$_2$	IrO$_2$	PtO$_2$
25 °C	−253	−132	−167	−240	−192	−81
1,000 °C	−96	−8	38	−67	−16	68

[a] "Abundance in Earth's Crust": https://www.webelements.com/
[b] 1 atmのO$_2$中における平衡圧.

白金族元素の場合，Os > Ir > Ru > Rh > Pt > Pdの順になる．一方，三元触媒は酸化および還元の両雰囲気にさらされ，酸化物も生成するが，酸化物の安定性は元素によって異なる．酸化物の標準生成自由エネルギー(ΔG_f°)から，PtおよびPdを除いた白金族元素は1,000 °C以上でも酸化物状態が安定であることがわかる．ここで酸化物の蒸気圧に注目すると，Os, RuおよびIrは酸化物の蒸気圧が高く，

第8章　環境触媒

高温の酸素過剰雰囲気では揮散による損失が避けられない．このような理由から金属の融点が高いだけでなく，酸化物の蒸気圧が低く，長期的な耐久性をもつRh, PtおよびPdの3元素のみが三元触媒の活性成分になりうる．

これら3元素は異なる触媒特性をもつ．RhはNOの活性化に最も有効な元素で三元触媒には必須の成分である．Rhは高いフェルミ準位（金属中の電子の化学ポテンシャルに相当し，絶対零度では電子によって占められている最高の軌道エネルギーにあたる）をもち，吸着NOに電子を逆供与することによりN–O結合の解離（式(8.2)）を促進する．そのうえ，NOはRhに2：1の比でジニトロシル型で吸着し，N–N間距離が短いのでN_2分子の生成に有利である．O_2が存在しない雰囲気におけるNOとCOの反応（式(8.20)）に対してRhとPdは同等の活性であるが，O_2存在下ではRhが高活性である．Rhのもう1つの重要な役割は，HCの水蒸気改質（式(8.23)）および水性ガスシフト反応（式(8.24)）に対する触媒作用である．これらの反応によって，酸素不足雰囲気でもHCおよびCOを浄化でき，生成したH_2はNO還元を促進する．一方，PtおよびPdは低温域でのCOおよびHCの完全酸化活性がすぐれている．Ptはアルカンの酸化に，Pdはアルケンの酸化に特に高活性であり，いずれもC–H結合の切断にこれらの貴金属が有効であることに起因する．SO_x被毒耐性はRhおよびPtに比べて，Pdが劣る傾向にある．

B.　酸素吸蔵材

前述のように，三元触媒ではNO_x, COおよびHCを同時に浄化するため，排ガス中の酸素濃度がゼロ付近になるように制御されている（図8.4）．しかし実際の空燃比は振動しており，時々刻々と変化する運転条件に対応する制御にも限界があるため，酸素が過剰な場合は除去し，逆に不足する場合には供給する緩衝機能が触媒自体に求められる（**図8.6**）．酸素吸蔵材と呼ばれる金属酸化物がこの作用を担う成分として加えられており，格子酸素を放出あるいは気相酸素を取り込むことによって，より理想的な触媒反応条件へと近づけてくれる．

一般に金属酸化物の酸化還元は，遷移金属元素の価数変化とその電荷を補償する格子酸素の出入りをともなう．この酸化還元が表面だけでなく固体の内部にまで及ぶ場合，酸素吸蔵材になる．多くの金属酸化物はその候補になりうるが，還元・再酸化の可逆性と速度，さらにはミクロ構造，蒸気圧，毒性などを考慮すると実用的な物質は多くはない．遷移金属元素の多くは金属状態まで還元されると著しい凝集とシンタリングによって比表面積が減少し，再酸化速度が低下する．適度な酸化還元性をもち，安全性が高く，資源的にも豊富なCeO_2（セリア）が酸

162

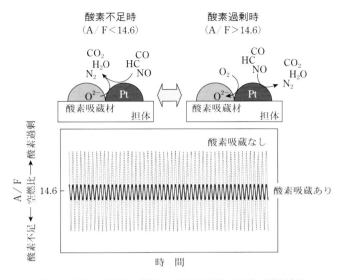

図8.6 酸素吸蔵材の作用と空燃比振動に及ぼす緩衝効果

素吸蔵材として自動車排ガスの空燃比を制御できる唯一の実用材料である.

CeO_2の酸素吸蔵放出は次式で表される酸化還元反応による.

$$CeO_2 \underset{O_2}{\overset{H_2/CO/HC}{\rightleftarrows}} CeO_{2-x} \tag{8.25}$$

しかしながら,実際には純粋なCeO_2は還元されやすい物質ではない.三元触媒の反応条件でも**酸素吸蔵容量**(oxygen storage capacity, OSC)は式(8.25)の反応式において$x=0.02$に相当する約$0.01 \text{ mol-O}_2/\text{mol}$と表面のみが還元される程度にすぎない.固相全体を還元するには結晶構造の大幅な変化を引き起こす必要があり,エネルギー障壁があまりにも大きいのである.

CeO_2は立方晶の蛍石型構造をもち,イオンの配置は**図8.7**のように表される.この構造はCe^{4+}からなる面心立方格子とその半分の大きさをもちO^{2-}からなる単純立方格子の組み合わせで,すべてのCeは8個のOで囲まれる.CeO_2(セリア)のOSCを向上させるためにはZrとの複合化が有効である.ZrO_2は室温では単斜晶系に歪んでいるが基本的には同じ蛍石型構造をとるので,CeO_2-ZrO_2系は全率固溶が可能である.CeO_2-ZrO_2固溶体では,Ceが価数変化して酸素を放出しても蛍石型構造は安定に保持される.構造変化のエネルギー障壁が低いため,低温から速やかな酸化還元が実現できる.OSCは式(8.26)が示すように$x=0.5$に相当

第8章　環境触媒

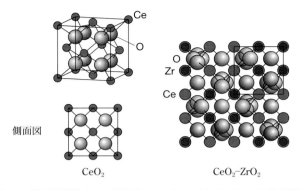

図8.7　蛍石型構造をもつ酸化物 CeO$_2$ および CeO$_2$–ZrO$_2$ の結晶構造

する 0.25 mol-O$_2$/mol に到達する．

$$(\text{Ce}^{4+}\text{Zr}^{4+})\text{O}_4 \underset{\text{O}_2}{\overset{\text{H}_2/\text{CO}/\text{HC}}{\rightleftarrows}} (\text{Ce}^{3+}\text{Zr}^{4+})\text{O}_{3.5} \tag{8.26}$$

8.4.2　リーンバーン（希薄燃焼）用の触媒

　ガソリンエンジンは排ガス中に酸素をほとんど含まないので，排ガス浄化には好都合な反面，ディーゼルエンジンに比べて熱効率が低く CO$_2$ 発生量は多い（表8.1）．その対策として，空燃比20付近のリーンバーン（希薄燃焼）エンジンがある．排ガス中に高濃度の O$_2$ が含まれるので，三元触媒は適用できない．そこで，触媒表面に添加した Ba などの強塩基性元素で排ガス中の NO$_x$ を吸収除去する **NO$_x$ 吸蔵還元**（NO$_x$ storage reduction, NSR）触媒が開発された（**図8.8**）．希薄燃焼時には排ガス中の NO を Pt 触媒上で排ガス中に含まれる過剰酸素により酸化して，触媒表面に Ba(NO$_3$)$_2$ を形成させることによって吸蔵除去する．NO$_x$ 吸蔵が飽和に近づくと空燃比を短時間だけ酸素不足（燃料過剰）側に変化させ，これにより生じた還元ガスと温度上昇により蓄積した Ba(NO$_3$)$_2$ を分解して NO$_x$ を放出させ，Pt 触媒上で接触還元する．こうして吸蔵材を再生した後に，希薄燃焼状態に戻すと再び NO$_x$ を吸蔵できる．この触媒の課題は燃料に含まれる硫黄成分によって，Ba が安定な BaSO$_4$ へと変化して NO$_x$ 吸蔵能を失いやすい点にある．このため深度脱硫した燃料が必要になるほか，硫酸塩の分解を促進するために，水蒸気改質による水素生成を促進する触媒成分の添加などの対策がとられる．NSR 以外に実用化された希薄燃焼用触媒としては，Ir, Rh などをゼオライトに担持した HC–

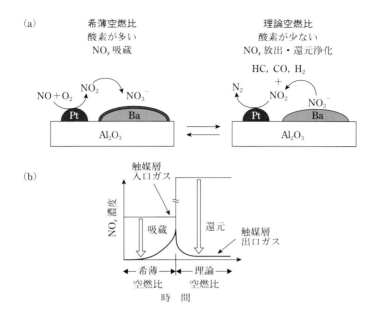

図8.8 NO$_x$吸蔵還元(NSR)触媒の作用機構
NO$_x$吸蔵および還元にともなう(a)化学変化および(b)触媒層出口のNO$_x$濃度の経時変化.
[松本伸一, 触媒, **39**, 210 (1998)]

SCR触媒がある.

8.4.3 ディーゼル排ガス浄化触媒

　表8.1に示したようにディーゼルエンジンとガソリンエンジンでは排ガスの成分および温度が大きく異なる.ディーゼルエンジンはガソリンエンジンに比べて燃焼効率が高く,CO$_2$発生量を低減できる.しかしながら,空燃比が20～80と高く,排ガス中のO$_2$濃度も5～10％と高くなるので三元触媒は適用できない.そのうえ,NO$_x$, CO, HCに加えてすす(PM)も除去する必要がある.PMとは固形炭素,未燃燃料や潤滑油に由来する**可溶性有機成分**(soluble organic fraction, SOF),硫酸ミストなどから構成されるサブミクロン程度の大きさの凝集体である.これらすべての有害成分を単一の触媒反応器で除去することは困難であるため,現行のディーゼル排ガス浄化触媒は**図8.9**に示すように異なるハニカム触媒を多段で連結した複雑なシステムを用いている.それぞれの触媒について以下に示す.

第8章　環境触媒

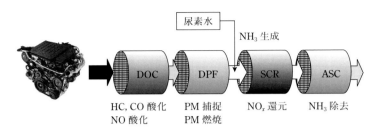

図8.9　ディーゼル排ガス浄化触媒システム

A. ディーゼル酸化触媒（diesel oxidation catalyst, DOC）

　DOCは最もエンジンに近い位置にあり，HC, CO, SOFを酸化して排ガス温度を上昇させるとともにNOをNO$_2$へと酸化して，次段のDPF中でのPM燃焼を促進するための触媒である．ディーゼルエンジンは燃焼効率が高いうえ，燃焼器直後に過給機（ターボチャージャー：エンジンに多くの空気を供給するための装置）が装備されることが多く，排ガス温度が低くなる．したがって触媒としては，低温酸化活性にすぐれるPt/Al$_2$O$_3$もしくはPt–Pd/Al$_2$O$_3$が用いられる．

B. ディーゼルパティキュレートフィルター（diesel particulate filter, DPF）

　DPFはPM捕捉のためのハニカム型フィルターにPM燃焼を促進する触媒成分をコートしたもので，**図8.10**のようなウォールフロー型の構造が主に用いられる．通常のハニカム構造とは異なり，交互に目詰めされたセル（通常のハニカムの端面に市松模様になるよう目詰め処理をして製作される）が並んでおり，排ガスが多孔性のハニカム壁を通過する際に，PM粒子が捕捉される．素材としては

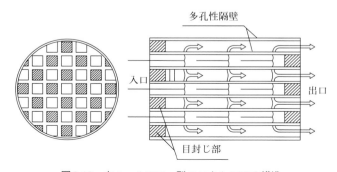

図8.10　ウォールフロー型ハニカムDPFの構造

8.4 自動車触媒

● コラム　日本が自動車大国になったわけ

　かつて大気汚染が深刻であった米国では，1970年に世界初の自動車排ガス規制「マスキー法」を制定したが，実際には効力をもつには至らなかった．米国に先んじて日本は1975年に規制を実施し，世界の先頭を切って「クリーン自動車」への舵を切った．当時の世界市場での日本車のシェアは微々たるものであった．また，排ガス浄化対策の導入は走行性能を犠牲にする，販売価格が上がるなどのマイナス面があったが，その見返りとして手に入れた環境性能は，まったく新しい付加価値を生み出し，その後急速に世界市場に受け入れられていくことになる．触媒がもたらす環境性能が世界シェアを獲得していくうえでの強力な広告塔となり，世界最大の自動車生産国への成長につながったといえる．

コーディエライトもしくは炭化ケイ素が多い．PMの堆積が進むと圧力損失によるエンジン出力の低下や燃費の悪化を招くので，再生すなわちPMの燃焼除去が必要になる．PMをそれ単独で着火させるには500 ℃以上での加熱を必要とする．これに対してPMと触媒とが密着した状態であれば，350 ℃程度でも燃焼できるが，ディーゼル排ガス温度は一般にこれよりも低い場合が多い．NO_2はO_2よりもPMとの反応性が高い強い酸化剤であるが，ディーゼル排ガス中に含まれるNO_xのうち，NO_2の濃度は20 ％程度と低い．そこで前段のDOCによって排ガス温度を高めるとともに，排ガス中のNOをNO_2へと酸化し，フィルター上に堆積するPMを連続的に燃焼除去している．PM燃焼触媒としては白金族元素，CeO_2のような酸化物などが用いられる．PMと触媒の固体界面で進行するPM燃焼触媒の作用機構は解明されていない部分が多い．

C. NO_x還元触媒

　固定発生源用の脱硝技術であるNH_3を還元剤とするNO_x選択接触還元（NH_3-SCR）はディーゼル排ガスに対しても有効だが，自動車のような移動発生源ではNH_3に比べて取り扱いが容易な尿素水が用いられる（尿素-SCR）．SCR触媒層の直前で排ガスに尿素水を噴霧すると，次式によりNH_3が発生し，触媒層でNO_xを還元する．

$$(NH_2)_2CO + H_2O \longrightarrow 2NH_3 + CO_2 \tag{8.27}$$

$$NO + NH_3 + \frac{1}{4}O_2 \longrightarrow N_2 + \frac{3}{2}H_2O \tag{8.28}$$

167

第8章　環境触媒

触媒としてはゼオライトに担持した Cu や Fe が用いられている．NH$_3$ の代わりに HC を還元剤とする HC–SCR も一部で利用されている．リーンバーンエンジン用に開発された前述の NO$_x$ 吸蔵還元（NSR）触媒は，硫黄被毒を受けやすいためにディーゼル排ガスには不向きとされていた．しかしながら，軽油の深度脱硫技術の進展により，ディーゼル排ガスに適用可能な触媒の開発が進んでいる．さらに NSR と DPF を一体化し，吸蔵した NO$_x$ を酸化剤として PM 燃焼を促進することで両成分を同時に浄化する技術も開発されている．

D.　NH$_3$ スリップ防止酸化触媒（ammonia slip catalyst, ASC）

前項 C で述べたように，NH$_3$ は NO$_x$ の還元剤として用いられるが，NH$_3$ が未反応のまま，大気中に放出されることを「NH$_3$ スリップ」という．現在主流となっている尿素–SCR 法では排ガス中の NO$_x$ 濃度に応じた量の尿素水が供給されるが，供給が過剰な場合は生じた NH$_3$ が環境に放出されないように浄化しなければならない．この目的で酸化触媒が最も下流にも配置される．A と同様の Pt 系触媒が用いられる場合が多い．

8.5　触媒燃焼

炭化水素などの可燃性分子を CO$_2$ と H$_2$O にまで完全酸化する触媒反応を広義の**触媒燃焼**（catalytic combustion）という．石油化学プロセスなどにおいては炭化水素を部分的に酸化してより有用な化合物に変換する選択酸化が主流で，完全酸化は無用な副反応にすぎない．これに対して有害物質や悪臭物質を浄化したり，炭化水素の燃焼による発熱を利用する用途ではむしろ完全酸化することに意味がある．火炎を生じる燃焼（気相ラジカル反応）と比較して，触媒表面で進行する燃焼は低温で開始可能で，空燃比，圧力，共存ガスなどの制約を受けにくい．例えば火炎を生じるには燃焼限界と呼ばれる空燃比の範囲になければならないが，その範囲にはない希薄な混合気でも触媒燃焼は可能である．また反応は均一かつ制御可能であり，火炎を生じないので安全性が高く，不完全燃焼物や Thermal NO$_x$ も発生しにくい．反応機構としては中低温域では通常の触媒表面反応と同じであるが，800 ℃以上の高温域では気相反応を併発する．前者は悪臭や有害物質の除去を目的として主に民生用機器で利用されており，後者は発電用ガスタービンをはじめとする高負荷燃焼器への応用が進みつつある．

8.5.1 完全酸化触媒の活性序列

一般に可燃性分子の酸化反応は**ラングミュア－ヒンシェルウッド機構**（L–H機構，3.3節参照）か**マーズ－ヴァン・クレベーレン機構**（Mars–van Kreveren mechanism, M–K機構）のいずれかによって進行する．金属表面ではL–H機構に従う場合が多いが，金属酸化物では表面の酸化還元サイクルにより進行するマーズ－ヴァン・クレベーレン機構に従う．

$$R + [O] \longrightarrow RO + V_O \tag{8.29}$$

$$O_2 + 2V_O \longrightarrow 2[O] \tag{8.30}$$

（R：可燃性分子，[O]：格子酸素，V_O：酸素欠陥）

この機構では，酸化物表面は金属－酸素結合の解離と再生を繰り返す．Rが低級炭化水素の場合，酸化反応速度を金属－酸素結合あたりの生成エンタルピー（ΔH_O）に対してプロットすると，**図8.11**のような火山型の序列を示し，その頂点に位置するのが，PtやPdなどの白金族元素である．頂点の左側の元素では金属－酸素結合が弱く，還元されやすいが，再酸化過程が律速になる．一方，右側の元素では金属－酸素結合が強いため，還元過程が律速になる．このプロットの縦軸は触媒反応速度であり，横軸の熱力学的性質と直接に関連づけることはできないが，両者の間にはしばしば直線関係が認められ，これを線形自由エネルギー関係（LFER，3.1.2項参照）という．このように，金属酸化物の酸化活性は一般に酸化力（還元されやすさ）とともに増加する傾向を示す．実際には，酸化物表面の酸素の反応性は金属－酸素結合エネルギーだけで単純には評価できない．また，頂

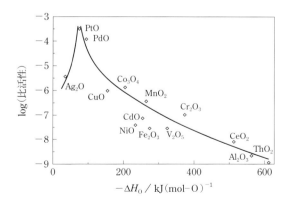

図8.11 プロピレン酸化に対する触媒活性と金属－酸素結合強度との間の火山型相関
［Y. Morooka and A. Ozaki, *J. Catal.*, **5**, 116（1966）を改変］

点より左側に位置する貴金属では，L-H機構に従って反応が進行する可能性が高い．そのような粗い近似的な表現ではあるが，酸化活性の序列を考察するうえでは役立つ．実際，HC, CO, H_2の完全酸化に対して，多くの場合，PtあるいはPdが最も高い触媒活性を示す．

遷移金属酸化物の酸化活性は，他の金属酸化物との複合化によってしばしば向上する．その典型的な例がペロブスカイト（perovskite）型酸化物ABO_3（A＝s-ブロック元素，f-ブロック元素，B＝d-ブロック元素）である（図10.17参照）．ペロブスカイト型酸化物と単独酸化物のプロピレン酸化活性をB元素の種類で比較すると，活性序列はほとんど等しいが，B＝Cr, Fe, Co, Cuではペロブスカイト相の形成によって活性が向上する．A元素はB元素の特性を制御するうえで重要である．例えば，$LaCoO_3$のLa^{3+}の一部をSr^{2+}で置換すると触媒活性は大幅に向上する．これは次式に示す電荷補償に従って生成するCo^{4+}によって酸化力が向上するため，言い換えれば格子酸素の脱離が容易になるためである．

$$LaCoO_3 \longrightarrow La^{3+}_{1-x}Sr_xCo^{3+}_{1-x}Co^{4+}_xO_3 \tag{8.31}$$

$$La^{3+}_{1-x}Sr_xCo^{3+}_{1-x}Co^{4+}_xO_3 \longrightarrow La^{3+}_{1-x}Sr_xCo^{3+}_{1-x+2\delta}Co^{4+}_{x-2\delta}O_{3-\delta} + \frac{\delta}{2}O_2 \tag{8.32}$$

しかし，Sr置換量が増えすぎると格子酸素の反応性が低下するうえに再酸化が困難になり，触媒活性は逆に低下する．

8.5.2 中低温域での触媒燃焼の応用

触媒燃焼は水素燃焼器，触媒バーナー，調理器具，脱臭装置などにおいて主に室温から800℃程度の温度域で用いられる．いくつかの実用例について以下に述べる．

A. 触媒バーナー

都市ガスやLPGなどの燃料を空気とあらかじめ混合せずにプレート状の触媒層に供給し，触媒表面での完全酸化を起こさせると，350〜450℃に発熱した触媒層から赤外線が放射される．このバーナーは燃焼用あるいは排気用のファンが不要なため騒音もない．暖房機や乾燥機などで実用化されている．

B. 調理器用自己浄化触媒

調理器内壁，煙筒には調理によって発生する調理油煙，臭気，タール分などを酸化分解する主に酸化マンガン系化合物をガラスで固化した触媒が取り付けられている．こうした汚れ成分を分解するには通常500℃以上に加熱しなければな

8.5 触媒燃焼

らないが，触媒の利用で300 ℃程度の温和な条件で分解することができる．

C. アメニティー用品

　ヘアカーラーや蚊取器の熱源としてLPG，メタノールなどの燃料を酸化する触媒が実用化された例がある．軽量でコードレスなので主に野外活動などで用いられる．触媒を利用して着火を容易にした携帯カイロ，触媒点火ライター，灯油臭気を浄化する機能をもつ石油ストーブなどの例もある．

D. 触媒燃焼式ガスセンサー

　可燃性ガス検知用センサーとして利用される加熱抵抗素子はコイル状の白金線にアルミナ担体を焼結させ，その上にPtやPdを分散担持している．可燃性ガスが触媒上で酸化されて生じる温度上昇を素子の電気抵抗変化としてとらえ，ガス漏れを検知している．

E. 揮発性有機化合物浄化触媒

　化学工場，印刷工場，塗料製造・利用工程などでは揮発性有機化合物（VOC）による健康被害や環境汚染が問題になっている．直接吸引すれば健康への影響があり，大気中に散逸すれば光化学オキシダントを生じる．VOC対策として，PtあるいはPd触媒を用いて触媒燃焼する浄化法が用いられている．

8.5.3 高温域での触媒燃焼の応用

　NO_xの発生源の大半は燃焼器が占めている．従来の燃焼器におけるNO_x低減法は，①事前処理による燃料の改善（Fuel NO_xの低減），②排煙脱硝による生じたNO_xの後処理，③燃焼によるNO_x発生そのものを抑制する方法に大別される．①ではThermal NO_xを抑制できないので，②の排煙脱硝による後処理に頼らざるをえない．これに対して，③はより本質的なNO_x低減法である．触媒燃焼を用いて希薄予混合燃焼すれば，Thermal NO_x生成量がきわめて低い，すなわちNO_xを排出しない燃焼が可能になる．

　燃焼器内における温度分布を模式的に**図8.12**に示す．通常の火炎燃焼ではThermal NO_xを生成する1,500 ℃以上の高温域が局所的に発生する．燃料の希薄化や予混合により火炎温度を下げることによって，ある程度はNO_x発生を抑制できる．しかしこれらの対策は火炎の安定性を低下しかねず，その効果は限定的である．これに対して，触媒燃焼は従来の燃焼器では使用できない希薄予混合条件でも，触媒表面での接触酸化反応により安定に燃焼を維持できるため，燃焼温度をThermal NO_x生成領域以下に抑えることができる．

171

第8章 環境触媒

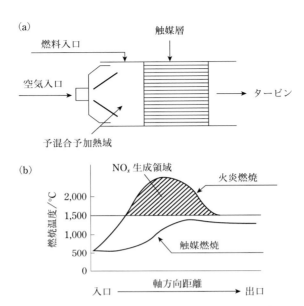

図8.12 触媒燃焼を利用した燃焼器の模式図(a)および触媒燃焼と火炎燃焼での燃焼器内における温度分布の違い(b)

　ガスタービンのような高負荷燃焼器に触媒燃焼を適用するには，火炎燃焼器と同等の単位容積あたりの熱放出速度が必要になる．これは**触媒反応によって安定化された気相希薄燃焼**(catalytically stabilized thermal combustion, CST燃焼)によって可能になる．**図8.13**に示すように反応は触媒表面で開始する(領域a)が，温度上昇にともなって物質移動律速(領域b)となり，さらには気相反応が併発する(領域c)．CST燃焼は領域cに相当し，触媒層で併発する気相燃焼によって反応が完結する．CST燃焼器はThermal NO_x 生成温度以下で作用させるという触媒酸化の利点と大きい熱放出速度が得られるという火炎燃焼器の利点をあわせもつ．断熱CST燃焼器内で物質移動律速状態の燃焼反応(領域b)が進行している場合，触媒表面温度は気相反応を開始，維持するのに十分高く，触媒表面での燃焼反応は直ちに気相中に伝播する．触媒表面では燃料が瞬時に燃焼するため触媒表面での燃料濃度はほとんどゼロで，触媒表面温度は混合気の断熱火炎温度にまで上昇する．

　CST燃焼を実現するには通常の運転条件における断熱火炎温度以上，すなわち約1,300 °C以上の耐熱性を有する触媒材料が必要である．触媒への熱負荷をでき

8.5 触媒燃焼

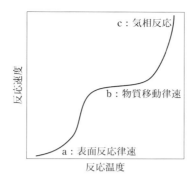

図8.13　触媒燃焼における表面反応および気相燃焼の支配領域

るだけ低減するために，図8.13のaからbに遷移する領域までを触媒層で進行させ，気相燃焼（気相反応）併発領域cを触媒層の下流とする方法もある．この方法は触媒表面反応と火炎燃焼を組み合わせたハイブリッド触媒燃焼法という．ハイブリッド触媒燃焼では，空気の全量と燃焼排ガスの一部を混合して前段の触媒層で燃焼させて800 °C以上のガス（空気過剰）を作り，これに二次燃料を加えて気相燃焼させる．触媒層の温度は1,000 °C程度まで低く抑えることができるため，Pdなど貴金属触媒の使用も可能になる．現在，大規模な商業施設や病院向けのエネルギー変換効率の高いコジェネレーションが急速に普及しており，これにともなって排ガス規制も強化されている．大型ガスタービンではNH_3–SCRが主流であるが，排煙脱硝を必要としない触媒燃焼ガスタービンの実用化に向けた技術開発が期待される．

8.6 水処理触媒

さまざまな種類およびレベルの水処理にも触媒が利用される．水質を表す指標として**化学的酸素要求量**(chemical oxygen demand, **COD**)がある．これは水に含まれる有機化合物の酸化に必要な酸素量を表し，その値が高いほど水質が悪化していることを意味する．触媒を用いて廃水を酸化処理すると，CODを99%低減することが可能である．触媒としてはNiあるいはCoの酸化物が用いられる．

一般に飲料用の原水は中に生息する微生物，菌類などを死滅させて浄化するために塩素処理が行われる．通常10～30 ppmの塩素が注入されるが，それに起因する塩素臭の対策として家庭用浄水器が用いられ，粉末状のヤシ殻活性炭の触媒作用によってCl_2やHClOがHClやCO_2へと変換されて浄化される．一方，化学肥料や工業排水により，地下水中の硝酸性窒素の濃度が増加している．こうした地下水が体内に摂取されると硝酸イオンは亜硝酸イオンに還元され，血液中のヘモグロビンや食物に含まれるアミンと反応して，メトヘモグロビンやニトロソアミンなどの発がん性物質を生成し，糖尿病，アトピーなども誘発する．硝酸性窒素は浄水場での浄化が困難なうえ，現行の家庭用浄水器でも除去できない．硝酸イオンを窒素ガスに変換する浄化法が理想的であるが，実用レベルに達しているものはない．現時点では，触媒による硝酸イオン還元がその候補であり，Cu–Pd/Al_2O_3を硝酸イオンを含む水中に分散して室温で水素を供給すると**図8.14**に示す還元反応が逐次的に起こる．N_2のみが生成することが理想であるが，有害なNO_2^-やNH_3が副生するので，選択性の向上が課題である．

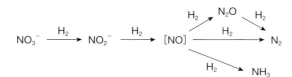

図8.14　硝酸イオンの還元反応経路
［NO］は，NOの生成は実際に確認できないが中間体として生成していると予測されることを示す．

❖演習問題

8.1 窒素の酸化物にはNO, NO_2のほかにN_2Oもある．大気中でこれらの濃度が高まるとそれぞれどのような環境問題を生じるか説明しなさい．

8.2 工業的に実用化されている触媒を用いた窒素酸化物浄化法について，2つ例をあげて説明しなさい．

8.3 三元触媒に含まれる貴金属元素の中でRhは窒素酸化物を浄化するうえで欠くことができない必須成分である．RhがNO浄化に高活性を示す要因について説明しなさい．

8.4 ガソリン車で主に用いられる三元触媒をディーゼル車に適用しても，窒素酸化物は浄化できないのはなぜかを説明しなさい．

8.5 酸化反応においてPt, Pdなどの貴金属元素が高い触媒活性を示す理由を「線形自由エネルギー関係」をもとに説明しなさい．

8.6 自動車触媒は長期間にわたって浄化性能を維持しなければならない．自動車触媒が劣化する主な原因について説明しなさい．

第9章　エネルギー関連触媒

本章で学ぶこと
・燃料電池の電極触媒の作用
・燃料電池用燃料を製造する触媒の作用
・クリーンエネルギーの製造に用いられる触媒の作用
・バイオマスの可能性を広げる触媒の作用

9.1　エネルギー問題と触媒

　エネルギー問題は人類の存続に関わる最重要項目である．現代のエネルギー需要の大半を支える石油，天然ガス，石炭といった化石資源のうち，100年後に残っているのは石炭のみであると予測されている．議論が分かれる原子力にしてもウランの埋蔵量は100年足らずしかもたない．一方で，化石資源の中にはシェールガスのように新たに利用可能になったものもある．どの資源を実際に利用するかは，コストと環境負荷によって決まる．エネルギー問題は地球規模での環境保全と密接に関係している．地球温暖化の進行を加速させないためにも，再生可能エネルギーを含めたエネルギー資源の選択肢に多様性をもたせる持続的努力が強く求められる．

　我々はエネルギー資源をさまざまな形態に変換して利用している．可搬性，貯留性，安全性，利便性などの因子が複雑に絡み合うため，変換の方法にも多様性が必要といえる．石油，天然ガス，自然エネルギー，バイオマスなどの多様な資源を，状況に応じて最適な燃料形態に変換し，利用するための柔軟な科学技術を蓄積しておかなければならない．その鍵となるのが触媒および触媒プロセスである．新しい触媒の発見が，未利用資源の開発につながる場合もありうるのだ．本章ではこれらエネルギーの製造，変換および利用に関連する触媒について述べる．なお，工業的な水素の製造については第5章で述べたとおりであり，太陽光を使って水から水素を生成する光触媒については第10章で述べる．

9.2 燃料電池に関連する触媒

化学エネルギーを電気エネルギーに直接変換するシステムを電池といい，なかでも燃料と酸化剤とを外部から供給することで連続的に発電できるものを燃料電池という．燃料電池の歴史は古く，19世紀初頭にはすでに原理の発見と実証がなされたが，民生機器への利用は21世紀に入ってからである．2009年に都市ガスを燃料とする家庭用燃料電池が発売され始め，2015年には**燃料電池自動車**(fuel cell vehicle, FCV)の一般販売が始まり，いよいよ燃料電池の時代が間近に迫っている．エネルギー変換効率が高く，燃料に水素を用いた場合には環境負荷がないことから，次世代クリーンエネルギーの中核技術として期待される．燃料電池技術においても触媒は重要な役割を果たしており，その役割は電極触媒と水素製造触媒に大別される．

9.2.1 燃料電池用電極触媒

図9.1に示すように燃料電池の基本構造は電解質，燃料極(負極)および空気極(正極)の三要素から構成される．電池温度は電解質の種類によって大きく異なる．電解質としてプロトン伝導膜を用いた場合，燃料極で水素が酸化されてプロトン(H^+)と電子(e^-)を生じる．電子は外部回路を通って，プロトンは電解質膜を拡散してそれぞれ空気極へと移動し，酸素を還元して水を生成する．この結果，全反応($H_2 + 1/2\,O_2 = H_2O$)の標準生成ギブズ自由エネルギー$\Delta G°$に相当する起電力

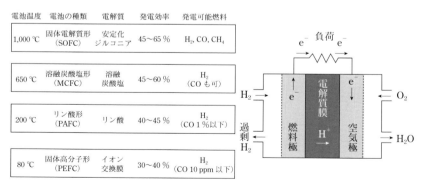

図9.1　燃料電池の種類と基本構造(PEFCの場合)
［太田健一郎，佐藤 登 監修，燃料電池自動車の材料技術，シーエムシー出版(2002)，p.123，表1を一部改変］

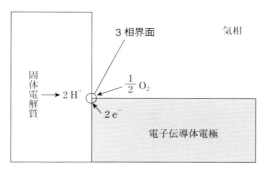

図9.2 気相／固体電解質／電極の3相界面における反応過程
［触媒学会 編，触媒便覧，講談社(2008)，p.583，図16-39］

が得られる．反応基質は電極(e^-)，電解質(H^+)，気相(O_2)に空間的に分離されており，電気化学反応は3相の界面のみで起こる．このため，燃料極および空気極は比表面積が大きな多孔構造を有し，3相界面を多く形成する必要がある(**図9.2**)．このような電極をガス拡散電極という．一方で，電極表面の触媒特性も重要である．求められる触媒特性は燃料，電極反応(**表9.1**)および温度に依存し，電解質の種類(電解質中を移動するイオンの種類)によって以下のようにまとめられる．

A. リン酸形燃料電池(phosphoric acid fuel cell, PAFC)および固体高分子形燃料電池(polymer electrolyte fuel cell, PEFC)

電解質としてそれぞれリン酸およびポリスチレンスルホン酸膜などのプロトン伝導性高分子が用いられ，燃料極には水素を供給する．燃料極には電解質の酸性に耐え，かつ水素を活性化できるPtが用いられる．電極反応は以下で示される．

$$H_2 \longrightarrow 2H_{ads} \longrightarrow 2H^+ + 2e^- \tag{9.1}$$

PAFCは作動温度が200℃と高いので，式(9.1)は高速で進行し，多くの電流を流すことができる．これを反応抵抗が低い，すなわち水素過電圧が小さいという．電解質の濃厚リン酸水溶液は炭化ケイ素粉末を整形した板に含浸して用いられる．一方，PEFCは作動温度が100℃以下と低いため，水素に微量に混入するCOがPt表面に強く吸着して占有し，式(9.1)を阻害してしまう．そこでd電子密度の低いRuを加えて合金化するとCOへの逆供与が弱まり，COの吸着を弱めることができる．Ru表面に吸着した水から生成するOHがPt上に吸着したCOを酸化除去する効果も指摘されている．PAFCおよびPEFCのいずれも，空気極での

第9章　エネルギー関連触媒

表9.1　燃料電池の電極反応

燃料電池の種類	電極反応
リン酸形燃料電池 （PAFC）	負極反応：$H_2 \rightarrow 2\,H^+ + 2\,e^-$ 正極反応：$\frac{1}{2}\,O_2 + 2\,H^+ + 2\,e^- \rightarrow H_2O$ 電池反応：$H_2 + \frac{1}{2}\,O_2 \rightarrow H_2O$
固体高分子形燃料電池 （PEFC）	負極反応：$H_2 \rightarrow 2\,H^+ + 2\,e^-$ 正極反応：$\frac{1}{2}\,O_2 + 2\,H^+ + 2\,e^- \rightarrow H_2O$ 電池反応：$H_2 + \frac{1}{2}\,O_2 \rightarrow H_2O$
直接メタノール形燃料電池 （DMFC）	負極反応：$CH_3OH + H_2O \rightarrow CO_2 + 6\,H^+ + 6\,e^-$ 正極反応：$\frac{3}{2}\,O_2 + 6\,H^+ + 6\,e^- \rightarrow 3\,H_2O$ 電池反応：$CH_3OH + \frac{3}{2}\,O_2 \rightarrow CO_2 + 2\,H_2O$
溶融炭酸塩形燃料電池 （MCFC）	負極反応：$H_2 + CO_3^{2-} \rightarrow CO_2 + H_2O + 2\,e^-$ 正極反応：$\frac{1}{2}\,O_2 + CO_2 + 2\,e^- \rightarrow CO_3^{2-}$ 電池反応：$H_2 + \frac{1}{2}\,O_2 \rightarrow H_2O$
固体電解質形燃料電池 （SOFC）	負極反応：$H_2 + O^{2-} \rightarrow H_2O + 2\,e^-$ 正極反応：$\frac{1}{2}\,O_2 + 2\,e^- \rightarrow O^{2-}$ 電池反応：$H_2 + \frac{1}{2}\,O_2 \rightarrow H_2O$

酸素の4電子還元反応は以下で示される.

$$\text{Pt} + \text{O}_2 \xrightarrow{\text{H}^+ + \text{e}^-} \text{Pt--}(\text{HO}_2) \xrightarrow{\text{H}^+ + \text{e}^-} \text{Pt--}(\text{H}_2\text{O}_2) \xrightarrow{2\,\text{H}^+ + 2\,\text{e}^-} \text{Pt} + 2\,\text{H}_2\text{O} \tag{9.2}$$

式(9.1)に比べて反応抵抗が高く，大きな酸素過電圧を生じる. 反応にはPt系の合金触媒が用いられる.

B.　直接メタノール形燃料電池（direct methanol fuel cell, DMFC）

　PEFCと同様にプロトン伝導性高分子固体電解質を用いるが，燃料極にはメタノールを直接供給する. メタノールはPt–Ru触媒上に吸着した後，段階的に脱水素されて，（CO），（COH）あるいは（COOH）を経由してCO_2まで酸化される（カッコは触媒上に吸着した状態を表す）. 空気極の反応は基本的にPEFCと同じである.

C. 溶融炭酸塩形燃料電池（molten carbonate fuel cell, MCFC）

炭酸リチウムや炭酸カリウムなどの溶融した炭酸塩が電解質として用いられ，CO_3^{2-} イオンが移動する．作動温度が650 ℃と高く，電解質が塩基性なので，電極は貴金属である必要はなく，燃料極には通常 Ni が用いられる．H_2 は Ni 上に解離吸着した後に炭酸イオンと反応して CO_2 を生成する．

$$
\begin{aligned}
2\,Ni \; + \; H_2 \; &\longrightarrow \; 2\,Ni-H \\
Ni-H \; + \; CO_3^{2-} \; &\longrightarrow \; Ni \; + \; CO_2 \; + \; OH^- \; + \; e^-
\end{aligned}
\tag{9.3}
$$

空気極では酸化ニッケル上で O_2 と CO_2 が還元されて CO_3^{2-} が生成する．

D. 固体電解質形燃料電池（solid oxide fuel cell, SOFC）

固体電解質は蛍石型構造を有するイットリア安定化ジルコニア（$ZrO_2-Y_2O_3$，YSZ）に代表される酸素イオン伝導体である．作動温度は1,000 ℃と非常に高いので，多様な燃料が利用できるうえ，電極触媒に貴金属は必要ない．燃料極には Ni–YSZ 系サーメット（金属の炭化物や窒化物などの粉末を金属と混合して焼結した複合材料），空気極には（LaSr）MnO_3 のようなペロブスカイト型酸化物が用いられる．燃料極には H_2, CO のほか，CH_4 などの炭化水素も利用可能である．CH_4 の場合，水蒸気や CO_2 とともに供給すると，Ni 電極触媒上で改質反応が併発し，生成する H_2 や CO が電気化学反応に使える．これを内部改質型 SOFC という．ただし，炭素数2以上の炭化水素は炭素を析出しやすいので事前に改質した後，燃料電池に供給しなければならない．空気極として用いられるペロブスカイト型酸化物の中には，組成を制御すると電子と酸素イオン（O^{2-}）の両方を伝導できる混合伝導性を発現するものがある．この場合，YSZ／気相／空気極の3相界面だけでなく，YSZ／空気極の界面でも O^{2-} の供給が可能になり，発電性能が向上する．

9.2.2 燃料電池用水素製造触媒

燃料電池自体の研究開発とともに重要になるのが燃料製造に関わる触媒技術である．図9.1には燃料電池の種類と燃料との関係を示してある．固体電解質形燃料電池（SOFC）は酸素イオン伝導性セラミックスを電解質に用いて高温（〜1,000 ℃）で作動させるため，H_2 のほかに CO, CH_4 などが燃料として利用できる．これに次いで作動温度が高い（〜650 ℃）溶融炭酸塩形燃料電池（MCFC）も H_2 とCO を燃料に利用できる．これに対して，リン酸形燃料電池（PAFC）と固体高分子形燃料電池（PEFC）ではプロトン伝導性物質を電解質に用いるために燃料は H_2

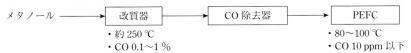

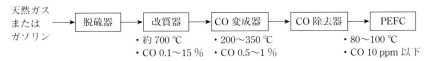

図9.3　燃料電池（PEFC）のための燃料改質
［太田健一郎, 佐藤 登 監修, 燃料電池自動車の材料技術, シーエムシー出版(2002), p.124, 図1］

に限定される．これらは比較的低温（200 °C以下）で作動するため，燃料にCOが混入すると電極触媒に強く吸着して，H_2の反応を阻害して性能低下を引き起こす．許容可能なCO濃度はPAFCでは1 %であるが，PEFCでは10 ppm以下に抑えられなければならない．

現在主流となっているPEFCの場合，燃料となる水素は天然ガス, LPG, ナフサ, メタノールなどの水蒸気改質によって製造される．**図9.3**に示すように，炭化水素やメタノールを水素に変換する改質触媒，COと水蒸気から水素を生成するCO変成触媒，さらには水素中の微量のCOを取り除くCO除去触媒が必要になる．それぞれのプロセスは，第5章で述べた工業的な水素の製造と基本的には似ているが，小型化，迅速な起動・停止，負荷変動への追従など燃料電池に固有の特性が求められる．また，天然ガスなどの原料に含まれる硫黄分は改質触媒やCO変成触媒を被毒するために，あらかじめ深度脱硫されなければならない（第8章参照）．PEFCで用いられる都市ガスやLPGでも，付臭剤として添加されている数ppmの有機硫黄化合物を取り除く必要がある．家庭用などの小型装置では脱硫触媒は利用できないので，吸着剤によって硫黄成分濃度をppbレベル以下に抑えている．

以下では改質触媒，CO変成触媒，CO除去触媒についてそれぞれ述べる．

A. 改質触媒

(i) 水蒸気改質

水蒸気改質は炭化水素と水蒸気を反応させてCOおよびH_2を生成する反応である．実際には後述する水性ガスシフト反応やメタン化反応が併発するため，生

成物中にはCO_2が含まれる.

$$C_mH_n \;+\; m\,H_2O \;\longrightarrow\; m\,CO \;+\; \left(m + \frac{n}{2}\right)H_2 \quad \Delta H^\circ = 206 \text{ kJ mol}^{-1} \quad (9.4)$$

大きな吸熱をともなう平衡反応で,高い反応率を達成するために700 ℃以上の高温で行われる.生成物の組成は水蒸気と炭化水素との比,温度および圧力に依存して変化するが,一般的には平衡組成に近い組成が得られる.触媒活性低下の主な要因は触媒上への炭素析出である.触媒としては工業的な水素の製造と同じNiが用いられるが,起動・停止が多い家庭用燃料電池ではNi表面が酸化されて劣化しやすい.そこで,Niに比べて酸化されにくく,式(9.4)の反応に高活性を示すRuが触媒に用いられることが多い.

メタノールの水蒸気改質は式(9.5)で表され,主にCu–Zn系触媒が用いられる.

$$CH_3OH \;+\; H_2O \;\longrightarrow\; CO_2 \;+\; 3\,H_2 \qquad \Delta H^\circ = 49 \text{ kJ mol}^{-1} \qquad (9.5)$$

反応温度は250〜300 ℃で,炭化水素の改質(式(9.4))に比べて低いため,触媒上への炭素析出もない.改質ガスのCO濃度は1 ％程度なのでCO変性工程は必要なく,10 ppm程度までCOを除去した後に燃料電池へ供給できる.

(ii)オートサーマル法

水蒸気改質では式(9.4)の大きな吸熱量に加えて,水を加熱して蒸気を発生させるのに熱が必要である.通常は燃料極から排出される未反応の燃料をバーナーで燃焼させて熱源としている.これに対して,必要な熱を炭化水素あるいはメタノールの部分酸化による発熱で供給する方法を**オートサーマル**(auto-thermal reaction, ATR)**法**という.バーナー加熱に比べて,素早い起動と負荷追従が可能なことから,自動車用燃料電池の改質プロセスとして期待されている.

B. CO変成触媒

炭化水素の改質後の生成ガスには比較的高濃度(〜10 ％)のCOが含まれている.そこで水性ガスシフト反応によって,CO濃度を低減させると同時に,さらにH_2を生成させる.

$$CO \;+\; H_2O \;\longrightarrow\; CO_2 \;+\; H_2 \qquad \Delta H^\circ = -41 \text{ kJ mol}^{-1} \qquad (9.6)$$

この反応は発熱反応であり低温ほど有利になるので,触媒層温度を低く抑える必要がある.このため触媒層を2段階にして,1段目の触媒層の後で熱交換器によって生成ガスを冷却し,2段目の触媒層でさらに反応率を高めている.しかし,家

庭用の小型装置には複雑すぎるので1段目のみの触媒層が用いられる場合もある．触媒成分としては，Cu–ZnやFe–Crが用いられ，反応温度は200〜300 ℃である．

C. CO除去触媒

　PEFCの電極触媒としては過電圧の低いPtが用いられる．動作温度が約80 ℃と低いため，燃料ガス中にCOが含まれるとPt表面は強く吸着したCOによって被毒され，性能が劣化する．CO変成触媒だけでは，許容濃度とされる10 ppm以下に到達できないので，**CO選択酸化**（CO preferential oxidation, PROX）**法**の開発が進められている．PROX法は水素を主成分とするガスにO_2などの酸化剤を加えて微量のCOを選択的に酸化除去する方法である．

$$CO + \frac{1}{2} O_2 \longrightarrow CO_2 \tag{9.7}$$

化学式としては単純なCO酸化であるが，加えたO_2はCOよりもむしろH_2と反応しやすいうえに，その燃焼熱が触媒層温度を上昇させてさらにCO酸化の選択性低下や副反応を引き起こす．そこで複数の触媒層を直列に配置し，それぞれの触媒層の入口からO_2を供給することで，O_2濃度を下げるなどの対策がとられている．触媒にはできるだけ低濃度のO_2でH_2を消費せずに選択的にCOを酸化する性能が求められる．触媒活性成分としてはPtやRuが用いられ，反応温度は100〜200 ℃である．

9.3　メタノールおよびジメチルエーテル製造触媒

　メタノールは酢酸やメタクリル酸メチルなど化成品の原料としてだけでなく，燃料電池および自動車用の液体燃料として需要の増加が見込まれている．天然ガスはCH_4が主成分であるが，水蒸気改質（式(9.4)）によって$CO + CO_2 + H_2$の混合物へと変換し，メタノールを合成した後にオレフィン（アルケン）へと変換するmethanol to olefin（MTO）法やガソリン成分へと変換するmethanol to gasoline（MTG）法のほか，液化が容易なクリーン燃料として期待されるジメチルエーテルへの変換など，触媒反応によって多様な展開が可能である．天然ガス以外の原料としては石炭やバイオマス由来の合成ガスも利用できる．石油生産量のピークアウトを迎えた今日，原料多様化の観点からもこれら非石油系原料を用いる炭化水素の合成経路の重要性が高まっていくであろう．

9.3.1 メタノール製造触媒

$CO + CO_2 + H_2$ 混合ガスからのメタノール合成は CO と H_2 との反応(式(9.8))ではなく,CO_2 と H_2 との反応(式(9.9))による.すなわち,CO がメタノールに変換される際には水性ガスシフト反応(式(9.6))により生じる CO_2 を経由する.

$$CO + 2H_2 \longrightarrow CH_3OH \qquad \Delta H° = -90 \text{ kJ mol}^{-1} \qquad (9.8)$$

$$CO_2 + 3H_2 \longrightarrow CH_3OH + H_2O \qquad \Delta H° = -49 \text{ kJ mol}^{-1} \qquad (9.9)$$

いずれの反応も大きな発熱をともなうので,メタノール収率を高めるには低温(300 ℃),高圧(50〜100気圧)条件が望ましい.工業的には $Cu/ZnO/Al_2O_3$ が触媒として広く用いられている.Cu は反応雰囲気において金属状態に還元されており,これに CO_2 と H_2 が吸着してギ酸イオンが生成し,さらに水素化されてメタノールが生成する.ZnO の役割は十分解明されていない.Pd も Cu と同様の高い活性を示すが,他の金属触媒ではメタン化や液体留分を生成するフィッシャートロプシュ反応が起こりやすい.

9.3.2 ジメチルエーテル製造触媒

従来,エチレンやプロピレンは石油から得られるナフサを熱分解して製造されていた.石油資源の枯渇が懸念されている近年は,天然ガス(メタン)の水蒸気改質によって得られる $CO + CO_2 + H_2$ 混合ガスからメタノールを経由してエチレンやプロピレンを合成するMTO法が代替プロセスとして利用され始めている.シェールガスの利用が始まったこともこの動きを加速している.

MTO法ではメタノール2分子から酸触媒存在下での脱水縮合によりジメチルエーテル(DME)が生成する.

$$2CH_3OH \longrightarrow CH_3OCH_3 + H_2O \qquad (9.10)$$

DMEはプロパンによく似た物性をもち,加圧液化した状態で輸送,貯蔵できるため,燃料としての需要が増加している.逆にDMEを280 ℃の低温で水蒸気改質すれば,メタノールを経由して合成ガスに戻すことができる(式(9.10)および式(9.8)の逆反応).水素は液化が困難なのでDMEとして液化すれば輸送や貯蔵が容易になる.このような目的に用いる化合物を水素キャリアと呼び,メチルシクロヘキサン,デカリン,アンモニアなどもその候補と考えられている.

メタノールからDMEを経由する物質生産の経路の概略を図9.4に示す.DME

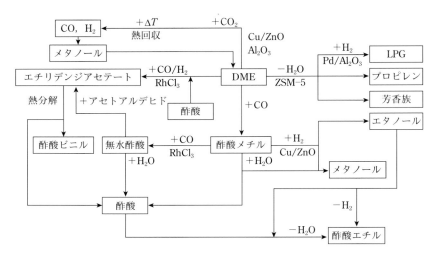

図9.4　メタノールおよびDMEを利用した物質生産の経路
[室井高城，工業触媒の最新動向，シーエムシー出版(2013)，p.74，図4を一部改変]

を脱水すると，炭素−炭素結合が新たに形成され，炭素数2〜5のアルケンが生成する．触媒としてはプロトン交換したゼオライト(H−ZSM−5)が用いられる．このゼオライトは酸素10員環に相当する0.55 nmの細孔径をもつ．これはベンゼン環の大きさにほぼ等しく，細孔内で生成する炭化水素は炭素数10程度までに制限され，ガソリン留分合成触媒用の担体として適している．これより大きな細孔があると炭素鎖がさらに成長して炭素質を析出しやすくなる．ZSM−5は高次の細孔構造ネットワークをもち炭素質が析出しても細孔が閉塞されないので，触媒劣化を起こしにくいという利点もある．

　DMEは燃料としてだけでなく，化学原料としても幅広い用途の可能性がある．酸触媒存在下でDMEはCOによってカルボニル化されて酢酸メチルを生成する．酢酸メチルはCu/ZnOで水素化分解するとエタノールとメタノールに転化できる．RhCl$_3$触媒を用いたDMEのヒドロホルミル化により得られるエチリデンジアセテートを熱分解すると酢酸ビニルと酢酸が得られる．

コラム　エネルギーキャリアとしてのアンモニア

　大気中の窒素を固定化してアンモニアを生成するハーバー―ボッシュ法は20世紀初頭に開発され「空気からパンを作る」触媒技術として知られている．得られる人工肥料によって農業生産量は飛躍的に増加し，食糧不足のために40億人しか生存できないはずの地球に70億人もが生存することを可能にした．アンモニアは最近，エネルギーキャリアとして再び脚光を集めつつある．太陽エネルギーを使って製造した水素をアンモニアに変換すれば液化が容易で，貯蔵や輸送に都合がよいうえ，アンモニアそのものを燃料にする技術も開発されつつある．ハーバー―ボッシュ法の開発から100年経った今，触媒は「水と空気と太陽光からエネルギーを作り出し」，世界を再び救うことができるのであろうか？

9.4　バイオマス利用のための触媒

　バイオマスはカーボンニュートラルな再生可能資源であり，エネルギー需要に見合うように生産性さえ向上できれば，最も効果的な地球温暖化対策として期待される．なかでも天然油脂を化学変換したバイオディーゼル油（BDF）は石油代替燃料としての実現可能性が高く，欧米，ブラジルなどでいち早く利用が始まった．副生成物として得られるグリセロールも石油代替の化成品原料として展開されている．しかしながら，バイオディーゼル油は可食性の原料油脂を必要とするために食糧と競合する，油脂価格の高騰を招くといった深刻な課題があるほか，熱帯雨林の伐採による環境破壊などの問題を生じている．食糧と競合しないバイオマスとしてはセルロースやリグニンなどの固形成分があるが，これらを利用するには強固な化学結合を切断して分解しなければならない．触媒を用いたセルロースやリグニンの分解法はまだ研究段階である．なお，バイオマス原料から燃料や化成品を製造する技術は**バイオリファイナリー**（biorefinery）と呼ばれる．

9.4.1　バイオディーゼル油製造触媒

　原料となる菜種油，大豆油，パーム油などの天然油脂（トリグリセリド）は粘性が高いために，そのままではバイオディーゼル油として使用できない．そのため，トリグリセリドをメタノールでエステル交換して脂肪酸メチル（fatty acid methyl ester, FAME）としたバイオディーゼル油を軽油へ混合して使用している．

第9章　エネルギー関連触媒

$$
\begin{array}{ccc}
\begin{array}{l}
\text{CH}_2\text{OCOR}_1 \\
| \\
\text{CHOCOR}_2 \\
| \\
\text{CH}_2\text{OCOR}_3
\end{array}
\;+\; 3\,\text{CH}_3\text{OH} \longrightarrow
\begin{array}{l}
\text{R}_1\text{COOCH}_3 \\
\\
\text{R}_2\text{COOCH}_3 \\
\\
\text{R}_3\text{COOCH}_3
\end{array}
\;+\;
\begin{array}{l}
\text{CH}_2\text{OH} \\
| \\
\text{CHOH} \\
| \\
\text{CH}_2\text{OH}
\end{array}
\end{array}
\tag{9.11}
$$

油脂　　　　　　　　　　　　　　　FAME　　　　グリセロール

FAMEはKOHなどの塩基触媒を用いる均一系プロセスや，懸濁床あるいは酸化物触媒の固定床などを用いた不均一系プロセスで合成される．FAMEは含酸素化合物なので酸化安定性が低く，燃料タンクや配管の腐食の原因となることが懸念される．そこで油脂の水素化処理によってパラフィン化した水素化バイオディーゼル油があわせて利用される．

　FAME合成（式(9.11)）では3分子のメタノールから1分子のグリセロールが副生するので，その有効利用も課題である．グリセロールをNi触媒存在下で水蒸気改質して水素を製造すれば，バイオディーゼル油の水素化に用いることができる．また貴金属触媒を用いてグリセロールを水素化分解すればメタノールが製造でき，FAME合成にリサイクルすることで石油由来のメタノールに依存しないバイオディーゼル油製造が可能になる．酸触媒を用いてグリセロールをイソブテンと反応させるとグリセロール *tert*–ブチルエーテル（GTBE）が得られ，燃料のオクタン価を向上させる添加剤として利用できる．このほか，次項に述べるようにグリセロールは化成品原料に展開することもできる．

9.4.2　グリセロールを利用する化成品合成用の触媒

　石油原料からの合成経路が複雑なプロセスや環境負荷が大きいプロセスになる場合，その代わりに，バイオマスを利用した合成経路の工業化が期待されている．特にヒドロキシ基，カルボニル基などをもつ含酸素化合物の有効な合成経路となりうる．すでに実用化が始まっているグリセロールの変換経路を**図9.5**に示す．グリセロールはバイオディーゼル油製造（式(9.11)）において大量に副生するほか，グルコースを水素化して生成するソルビトールをNi系触媒存在下で水素化分解しても得られる．グリセロールは貴金属触媒を用いた水素化によってメタノールへ，金属酸化物触媒を用いた脱水水素化によって1,2–プロパンジオールへ，酸触媒を用いた脱水によってアクロレインへ変換可能である．アクロレインからは機能性樹脂の原料として需要が高いアクリル酸が合成される．アクリル酸は，プロピレンの選択酸化によって製造されているが，CO_2の副生が避けられないので，バイオマス由来のグリセロールから合成すればCO_2削減にも貢献できる．

9.4 バイオマス利用のための触媒

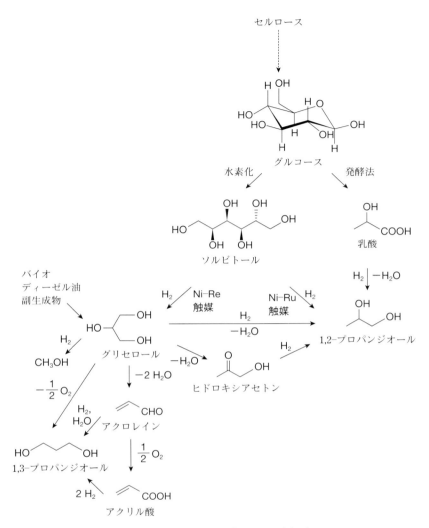

図9.5 グリセロールを利用した反応経路

このほか，グリセロールの水素化，アクロレインの水和および水素化，あるいはアクリル酸の水和および水素化から1,3-プロパンジオールを合成することもできる．

9.4.3　セルロース分解用の触媒

　植物の細胞壁の主成分として自然界で最も大量に存在するバイオマスであるセルロースの利用が注目されている．デンプンとセルロースはともにグルコースの重合体であるが，セルロースはβ-1,4-グリコシド結合からなり直線状の構造をとるために，重合体分子内・分子間で広範囲にわたり水素結合を形成し，強固な結晶構造をとる（図9.6）．その結果，デンプンとは対照的に分解がきわめて困難であり，その利用は板材，燃料，紙，繊維などに限られてきた．セルロースをグルコースに加水分解（糖化）するために酵素法，硫酸法，超臨界水法などが開発されたが，いずれも問題がある．酵素法では複数の高価な酵素（セルラーゼ複合体）が必要で，酵素の反応活性が低いうえに，反応後に酵素と生成物の分離が必要である．硫酸法には，装置腐食および廃酸後処理の問題がある．超臨界水法では，過酷な反応条件と秒単位での反応時間の制御が必要で，生成物選択性も低い．触媒を用いる分解法としては，水中で水素化分解条件を適用することにより，担持

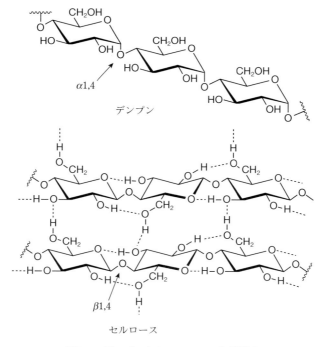

図9.6　デンプンとセルロースの化学構造

金属触媒上でセルロースを分解し，ソルビトールを主成分とする糖アルコールに変換する方法が提案されている．これらの未利用バイオマスからグルコースが得られるようになれば，前述のグリセロールの例を含めて多様な変換経路の開発が期待できる．

第9章　エネルギー関連触媒

❖**演習問題**

9.1 燃料電池を構成する固体電解質（安定化ジルコニア）は発電以外の用途にも
実用化もしくは研究されている．三元触媒と組み合わせて用いられる酸素
センサーや水素製造が具体的な例であるが，これらの原理について説明し
なさい．

9.2 固体高分子形燃料電池では燃料極に供給するH_2にCOが混入すると触媒
毒となるが，固体電解質形燃料電池では逆にCOは燃料として利用できる．
このような違いは何に起因するのか説明しなさい．

9.3 固体高分子形燃料電池では燃料極側および酸素極側にいずれもPt系の電
極触媒を用いるが，固体電解質形燃料電池ではそれぞれNi系サーメット
と金属酸化物系の電極触媒を用いられる．この2種類の燃料電池での電極
触媒の違いは何に起因するのか説明しなさい．

9.4 燃料電池用水素製造の触媒反応として水蒸気改質が利用される．この触媒
の劣化機構について説明しなさい．

9.5 水蒸気改質反応および水性ガスシフト反応は，第8章で述べた自動車触媒
（三元触媒）においても併発し，排ガス浄化に貢献している．その詳細につ
いて説明しなさい．

9.6 食糧と競合しないバイオマスとして期待されるセルロースをグルコースに
加水分解（糖化）する方法には，酵素法，硫酸法，超臨界水法，および触媒
法が研究開発されている．それぞれの長所と短所について説明しなさい．

第**10**章　　光触媒

本章で学ぶこと
・酸化チタンによる 2 つの光触媒作用「酸化還元反応性」「表面親水性」
・光触媒反応の反応機構
・光触媒の応用用途
・可視光を利用するための光触媒の改良
・酸化チタンを利用した太陽電池である色素増感太陽電池の構成と原理

10.1　光触媒とは

　光照射下で触媒として働くのが光触媒である．光触媒作用を示す物質には，半導体，錯体，色素がある．よく利用される光触媒は酸化チタン(TiO_2)をはじめとした半導体である．固体である半導体による光触媒反応の反応機構は，固体が触媒となる不均一系触媒反応に類似している．すなわち，反応物が固体表面(触媒や光触媒)に吸着して活性化され，化学反応が進行する．触媒反応は熱エネルギーを利用して進行するのに対して，光触媒反応は光エネルギーを利用する．

　光触媒反応は光化学反応にも関連している．光化学反応では，反応物自身が光を吸収して活性化され，励起状態となることにより反応が起こる．これに対して光触媒反応では，光を吸収して励起状態となった光触媒上で化学反応が起こる．すなわち，光触媒は励起状態での電子の授受などにより吸着している反応物を活性化し，化学反応を進める．光触媒は光照射により化学反応を起こす前と後において変化しないので，触媒の範疇に入る．

　酸化チタンは，光触媒活性が高く，安定かつ無害であり，粉体は白色で薄膜は無色透明であるなどの利点から，最も利用されている光触媒である．環境浄化，アメニティー空間の実現，クリーンエネルギーの創製など，酸化チタン光触媒の応用分野は広がりをみせる(**表10.1**)．これらの応用には，酸化チタンのもつ 2 つの光触媒作用，すなわち光照射により発現する「酸化還元反応性」と「表面親

193

第10章 光触媒

表10.1 酸化チタン光触媒の応用分野

光触媒作用	用途
酸化還元反応性	防汚・セルフクリーニング／室内空気浄化／脱臭／大気浄化・NO_x除去／水浄化・土壌浄化／抗菌・殺菌／水分解水素製造／有機合成
表面親水性	防汚・セルフクリーニング／防曇／都市温暖化防止
電子移動性	色素増感太陽電池（グレッツェルセル）

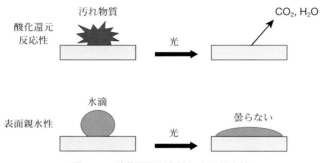

図10.1 酸化還元反応性と表面親水性

水性」が活躍する（**図10.1**）．酸化還元反応性により汚染物質を分解除去することで，水・空気浄化，脱臭，抗菌，防汚が可能となる．一方，表面親水性を利用して防曇が行われ，防汚の機能が強化される．水からの水素製造や，二酸化炭素の水による還元（人工光合成）などのエネルギー蓄積型反応もまた，酸化還元反応性を利用している．

10.2　酸化チタン光触媒の研究開発の歴史

　1972年に「本多－藤嶋効果」がイギリスの科学雑誌 *Nature* に発表された．これが契機となり，光触媒研究は盛んになった．本多－藤嶋効果とは，**図10.2**のように電解質水溶液中で酸化チタンに紫外光を照射すると，酸化チタン上に生成した正孔が水を酸化して酸素を発生し，一方で生成した励起電子が対極である白金に移動して水を還元して水素を発生する反応であり，反応式としては次のように表される．

10.2 酸化チタン光触媒の研究開発の歴史

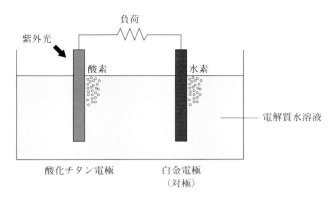

図10.2 本多－藤嶋効果

$$H_2O \longrightarrow H_2 + \frac{1}{2}O_2 \qquad (10.1)$$

その後，1978年に米国のバード（A. J. Bard）らが，粉末の白金を担持した酸化チタンを光触媒として用いた，酢酸の分解によるメタンと二酸化炭素の発生（光コルベ反応）を報告し，半導体光触媒粉末の利用が広がった．これは外部回路を取り除き，直接酸化チタンと白金を接触させた電極とみなせる．当時はオイルショックの真っ只中であり，水から水素を製造する試みが盛んになった（特に水素と酸素の同時発生を水の完全分解反応とよぶ）．そして，白金担持酸化チタン粉末を懸濁させた水にアルコールなどの有機物を加えると，水素の発生効率が飛躍的に向上すること，および，二酸化炭素を加えると水との反応によりメタンやホルムアルデヒドとして固定化できることが確認された．

一方，光触媒の酸化還元反応性を種々の有機合成反応に利用しようとする研究も行われた．特に常温での選択酸化反応による有用化合物の合成が試みられた．また，酸化チタンを微粒子化すると後述する量子サイズ効果が発現し，紫外光照射下での光触媒活性が向上すること，シリカ担体などに高分散させた酸化チタンは4配位構造をもち，ユニークな光触媒特性を示すことが見出された．さらに，酸化チタン光触媒の高い酸化力を利用すれば，水中・空気中の有機物を二酸化炭素と水にまで完全分解できることがわかり，特に汚染水の浄化に対して，酸化チタン光触媒粉末の懸濁系が利用された．

1990年代には，環境中にごく希薄な濃度で存在する環境汚染物質が対象となった．太陽光や室内灯に含まれる微弱な紫外光を利用する光触媒反応でも，こうし

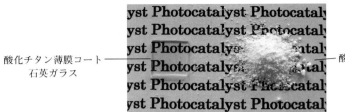

図10.3 酸化チタン薄膜をコートした石英ガラス(左)と酸化チタン粉末(右)

た物質を十分処理可能であることが確認され,光触媒の環境浄化への応用が飛躍的に広がった.大気中の窒素酸化物(NO_x)の除去,室内空気や水からの希薄有機物の除去などを可能にする空気清浄機や浄水器の開発が進んだ.また,扱いにくい粉末の酸化チタンを利用するのではなく,各種基板上に被膜(コート)した薄膜酸化チタン光触媒(**図10.3**)を利用することで,抗菌材料など応用分野に広がりをみせた.一方で1997年には,酸化チタン光触媒薄膜が光誘起表面親水性を発現することが見出され,セルフクリーニング機能や防曇能をもつ新しい建材の開発が進められた.

可視光を利用して駆動する光触媒(可視光応答型光触媒)への関心は高く,1996年に,金属イオン注入法により遷移金属イオン(V, Cr, Feイオンなど)を酸化チタンに注入すると,可視光応答性がある光触媒に改質できることが報告された.2001年には,窒素ドープした酸化チタンに可視光応答性があることが報告され,簡便に合成できる可視光応答型光触媒として注目された.最近は,太陽光や可視光を利用する光触媒の開発は活況をみせ,可視光照射下での光触媒による水の完全分解,汚染土壌の浄化,農業・牧畜環境の保全などへ応用が広がっている.

10.3 光触媒反応の反応機構と活性を決める因子

10.3.1 光触媒反応の反応機構

よく利用される光触媒は,酸化物や硫化物の半導体である.半導体光触媒では,以下の段階を経て反応が進行する.

(1)光照射による励起電子と正孔の生成
(2)表面への励起電子・正孔の拡散(電荷分離)あるいは再結合による失活
(3)励起電子・正孔の捕捉(トラップ)による表面活性種の生成

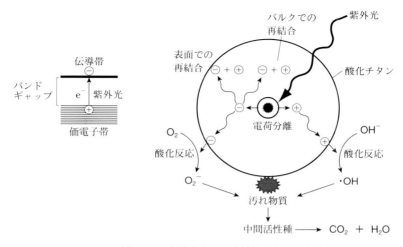

図10.4　酸化チタン半導体上での光触媒反応の反応機構

(4) 表面での酸化還元反応
(5) 中間活性種による二次的反応

以下に,酸化チタン半導体による有機物の酸化分解を例にして,反応機構を説明する(**図10.4**).

　半導体は,バンド構造とよばれる帯状の電子構造をもつ.電子が満たされているバンドのうちエネルギーが最も高いものを価電子帯,空のバンドのうちエネルギーが最も低いものを伝導帯とよぶ.両者の間には電子を収容できないエネルギー帯があり,このエネルギー帯を禁制帯といい,禁制帯の幅をバンドギャップという.酸化チタンにバンドギャップよりも大きなエネルギーをもつ光(アナターゼ型で388 nm (3.2 eV:バンドギャップ(eV)=1240/波長(nm)で計算できる),ルチル型で413 nm (3.0 eV)より短波長の紫外光)を照射した場合,酸化チタンの伝導帯に励起電子(e^-)が,価電子帯に正孔(h^+)が生成する.この励起電子と正孔は,酸化チタン固体中を別々に拡散する(電荷分離).しかし,酸化チタンに格子欠陥などがあると励起電子と正孔がトラップされ,再結合して熱を放出しながら失活する.一方,酸化チタン表面まで拡散した励起電子および正孔は,それぞれ次のような酸化反応と還元反応を起こす.

第10章　光触媒

$$e^- + O_2 \longrightarrow O_2{}^-$$
$$O_2{}^- + H^+ \longrightarrow HO_2\cdot \longrightarrow \frac{1}{2}H_2O_2 + \frac{1}{2}O_2$$
$$h^+ + H_2O \longrightarrow \cdot OH + H^+$$
$$h^+ + OH^- \longrightarrow \cdot OH$$
$$h^+ + O_2{}^- \longrightarrow 2\cdot O$$
$$h^+ + RH \longrightarrow R\cdot + H^+$$
$$R\cdot + O_2 \longrightarrow ROO\cdot$$

$$(10.2)$$

励起電子(e^-)は表面に吸着した酸素と反応し，スーパーオキシドアニオン($O_2{}^-$)を生成する．この$O_2{}^-$はH^+と反応して，より高活性な$HO_2\cdot$ラジカルを形成しそのまま酸化反応に関与するか，過酸化水素を経て酸化反応に関与する．

一方，正孔(h^+)は酸化チタンの表面に存在する吸着水や表面のヒドロキシ基(OH基)を酸化して，酸化力の高いヒドロキシラジカル($\cdot OH$)を，あるいは，$O_2{}^-$と反応して原子状酸素($\cdot O$)を生成する．$\cdot OH$や$\cdot O$は，有機物(多くは酸化チタン表面に吸着している有機物(RH))と反応し中間体有機ラジカル($\cdot R$)を生成する($\cdot OH$や$\cdot O$は生成せず，正孔が吸着している有機物を直接酸化し，有機ラジカルを生成する機構も考えられている)．酸素が共存する場合には有機ラジカルと酸素がラジカル連鎖反応を起こし，酸化反応が進行する．励起電子や正孔と反応して生成するラジカルや活性酸素種は非常に高い酸化力をもっており，種々の有機物を，最終的に二酸化炭素と水にまで完全分解する．この強い酸化力を利用することで，汚れ物質や臭い物質を分解できることから，酸化チタン光触媒は抗菌，防汚(セルフクリーニング)，防臭などの機能を発揮する．

一方，薄膜化した酸化チタン表面に対して紫外光を照射すると，上述した酸化還元力以外に，表面が超親水性になる特性が発現する．その機構はまだ不明な点もあるが，紫外光照射により次のような反応が起こり，表面に水の吸着層を形成することで親水性になると考えられている．

(1)光触媒表面から油成分が分解される．

(2)表面のTi–O–Ti構造から酸素が脱離し，ここに空気中の水分子が解離吸着し，表面ヒドロキシ基が生成する．

(3)表面ヒドロキシ基が正孔をトラップして活性化される．

(4)電荷分離により表面極性が生じ，水との親和性が高くなる．

超親水化表面では，水は広がり水滴を作らないので曇らない．また，超親水化

表面は油より水との親和性が高いため，油が表面に付着しても水をかけると水が浸透し油が浮き上がる．建材の汚れの多くは油分を含む汚れであるため，超親水性光触媒をコートしておけば，汚れが付着しても水により簡単に洗い流すことができる．すなわち，酸化チタン光触媒をコートした建材は，有機物酸化分解効果と超親水性をあわせもつことで，セルフクリーニング機能を発揮することになる．

10.3.2 活性を決める因子

光触媒が光を吸収して反応する触媒であることを考慮すると，触媒活性を高めるためには，（1）光吸収，（2）電荷分離，（3）基質の吸着，（4）表面反応などが円滑に行われる必要がある．これらの素反応には，光触媒のバンド構造，結晶性（欠陥密度），粒径，見た目の形態（粉体，薄膜，多孔性など），表面積，表面化学特性などが影響する．その寄与の程度は，対象とする光触媒反応の種類によりまちまちであり，ある反応に適している光触媒が必ずしも他の反応にも適しているとはかぎらないので，注意が必要である．

A. 半導体光触媒のバンド構造

半導体光触媒は，そのバンドギャップよりも大きなエネルギーをもつ光を吸収することで，伝導帯に電子が励起し，価電子帯には正孔が生成し，励起電子と正孔はそれぞれ還元反応や酸化反応に利用される．例えば水の分解が起こるためには，伝導帯に励起した電子が水を還元して水素を発生し，正孔が水を酸化して酸素を発生する必要がある．これらの反応が起こるためには，励起電子は水に移動し，水から正孔に電子が移動する必要がある．

図10.5には，各種半導体における伝導帯と価電子帯のエネルギー準位を示す．伝導帯の下端が高いほど（絶対値の大きい負の値であるほど）励起電子の還元力が強く（電子を流し出しやすい），価電子帯の上端が低いほど（大きい正の値であるほど）正孔の酸化力が強い（電子が流れ込みやすい）ことになる．半導体の種類によりバンド構造，つまり価電子帯と伝導帯のエネルギー準位が異なることは，光触媒として発揮できる酸化還元力が異なることを示す．水を分解して水素を発生するためには，伝導帯の下端がH^+/H_2の酸化還元電位より高い必要があり，酸素を発生するためには，価電子帯の上端がO_2/H_2Oの酸化還元電位より低い必要がある．図10.5からは，酸化亜鉛（ZnO），硫化カドミウム（CdS），酸化チタンなどは，水を分解して水素と酸素を発生できるバンド構造をもっていることがわかる．またバンドギャップの幅は，半導体が利用可能な光のエネルギー（波長）を示

第10章 光触媒

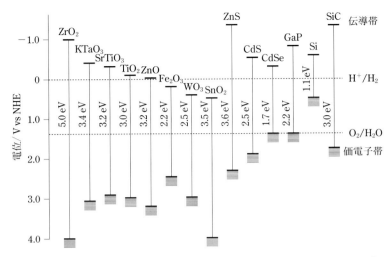

図10.5 各種半導体の伝導帯・価電子帯のエネルギー準位とバンドギャップ

す．可視光と紫外光の境を400 nm(3.1 eV)とすれば，これよりバンドギャップの小さな硫化カドミウム(2.5 eV)や酸化鉄(2.2 eV)では，可視光照射による光触媒反応が期待できる．一方，酸化チタン(アナターゼ型で3.2 eV，ルチル型で3.0 eV)は可視光を吸収することはできない．

B. 結晶性と表面積および製造方法

　高い光触媒活性を達成するためには，光触媒の結晶性が高くバルク中に欠陥が少ないこと，光触媒の表面積が大きいことが望ましい．光触媒の結晶性と表面積は焼成温度などの合成条件によって変化する．多くの光触媒は湿式プロセス(溶液プロセス)，乾式プロセス(気相合成)，イオン工学的手法などにより合成される．酸化チタン光触媒では，粉体は湿式プロセスである沈殿法やゾルゲル法，乾式プロセスである化学気相蒸着法(CVD)などで合成され，薄膜はディップコート法やスピンコート法と組み合わせたゾルゲル法や，イオン工学的手法であるスパッタ法や電子ビーム蒸着法で合成される．酸化チタン粉末の合成によく使われるのは，湿式プロセスである硫酸法と，CVDにあたる塩素法である．硫酸法とは原料鉱石($FeTiO_3$)を硫酸で溶かし，硫酸チタニルを加水分解して得た前駆体を焼成して酸化チタンを得る方法であり，塩素法とは原料鉱石を塩素化して塩化チタンにし，これを気相中で高温にすることで酸化して酸化チタンを得る方法である．

　得られた前駆体がアモルファス状態のときは，焼成して結晶化させてから光触

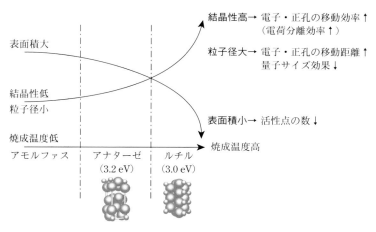

図10.6 酸化チタンの構造・諸物性と焼成温度の関係

媒として用いる．酸化チタンの場合，焼成温度を上げていくと，アモルファス状態から，アナターゼやルチルの結晶相が現れる（**図10.6**）．また条件によってはブルッカイトが生成する．アモルファス状態は，表面積は大きいもののバルク中に多くの格子欠陥を含んでいる．光触媒は大きな表面積をもつことが望ましいが，バルク中の欠陥は電子や正孔をトラップしやすく，再結合中心となるため，欠陥が多いと光触媒活性は低くなる．焼成温度を高くすると，欠陥は減少し，再結合中心が減るため，光触媒反応には望ましい状態になるが，結晶化が進むにつれ粒子は成長して表面積は減少する．すなわち，焼成温度が上がると，光触媒反応に望ましい結晶性は向上するが表面積は減少するため，光触媒の合成には最適な焼成温度が存在することになる．また，焼成温度の上昇とともに，表面ヒドロキシ基の減少など表面の化学的性質の変化も生じ，反応物の吸着特性などに影響するため光触媒の性能は左右される．

C．微粒子化の効果

合成方法と合成条件を適切に選択し，半導体光触媒を粒径10 nm以下の微粒子とすると，バンドギャップは大きくなる．さらに小さい微粒子とするとバンド構造は量子化され，とびとびのエネルギー準位が出現する．**図10.7**（a）に酸化チタンの粒子サイズの減少にともなうバンド構造の変化を示す．このように，粒子のサイズを小さくしていくことにより電子状態が変化することを**量子サイズ効果**（quantum size effect）という．量子化された酸化チタン微粒子は，バルクの半導

201

第10章 光触媒

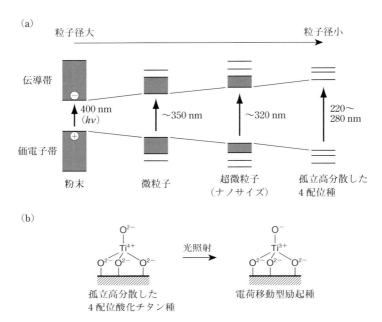

図10.7 酸化チタンの微粒子化にともなうバンド構造の変化(a)および高分散固定化された4配位酸化チタン種(シングルサイト光触媒)における光照射による励起種生成(b)

体のバンドギャップより大きな光エネルギー(より短波長の光)を光触媒反応に利用でき,酸化力と還元力が高められる.また粒径が極端に小さくなると,光照射により生成した励起電子と正孔の表面への移動が短時間で完了するため,粒子内部での励起電子と正孔の再結合による失活の割合が減少し,反応効率が上がる.さらに微粒子を小さくしていくとこの傾向が大きくなり,表面積が増えるとともに触媒表面には配位的に不飽和なサイトの濃度が増加する.このようなサイトは,励起電子や正孔をトラップしたり,反応基質を容易に吸着するなど,光触媒の活性サイトとして有効に働くと考えられる.結果的に,これらの物性変化は光触媒活性の向上に結びつく場合が多い.

一方,アナターゼやルチル相からなる酸化チタンは6配位構造であるが,シリカなどの担体上に酸化チタンを高分散状態で担持すると,配位数の少ない局所構造をもつ酸化チタンが構築できる.特に,シリカ上に孤立高分散固定化した酸化チタン種(シングルサイト光触媒)は4配位構造を有し,220～280 nmの光照射により電荷移動型の励起種を生成する(**図10.7**(b)).酸化チタン粉末では,光照射

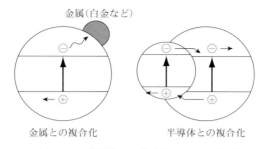

図10.8　金属または半導体との複合化による電荷分離の促進

により生成する電子と正孔は，電荷分離により空間的に大きく隔てられた表面サイトで個別に酸化反応と還元反応に関与する．これに対し，高分散固定化された4配位酸化チタン種（シングルサイト光触媒）においては，生成する励起種は電子と正孔が隣接した共存状態で反応に関与することになり，異なる反応を誘起する．

D.　複合効果

　白金を担持した酸化チタン光触媒のように，酸化チタンに白金やニッケルなどの金属を担持すると光触媒活性が向上する場合がある．金属は電子をトラップしやすいため，酸化チタン内で光照射により生成した電子は，金属に拡散しトラップされる．電子が貯まった金属は還元サイトとして働き，電子を吸着反応物に渡しやすくする．酸化チタンから金属へ電子が円滑に流れることで電荷分離は促進され（励起電子と正孔の再結合は抑制され），活性向上につながる（図10.8）．また，異なるバンド構造をもつ半導体を接合すると，エネルギー準位の違いにより励起電子や正孔が別の半導体に移動することで電荷分離が促進され，再結合を抑えることができる．しかし，複合化する量や条件を間違えると，不純物と同じように再結合中心になったり，光遮断して光触媒が吸収できる光量を減少させたりして，光触媒活性の低下を招くことになる．

E.　反応場の制御

　光触媒がおかれている反応場の環境は，総合的な光触媒効率に大きく影響する．特に光触媒反応は表面反応であるので，表面に反応物がないと反応が進まない．しかし，環境汚染物質など低濃度の反応物を対象とする場合が多いため，吸着剤と光触媒を組み合わせて光触媒表面へ反応物を導くことで，反応効率を上げる試みがある．

　担持系の光触媒では，親水性－疎水性，酸性－塩基性，表面電位などの担体の

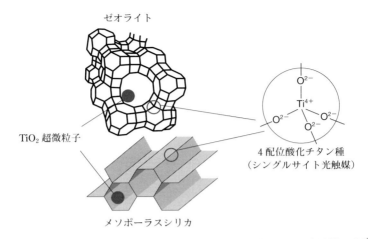

図10.9 ゼオライトやメソポーラスシリカの細孔を反応場とする光触媒の設計

表面化学特性も，光触媒反応の効率に影響する．ゼオライトやメソポーラスシリカの細孔や，粘土(層状化合物)の層間に光触媒を構築すると，ミクロ空間への反応物の吸着濃縮が期待できるだけでなく，空間サイズの制限のため微粒子状態の光触媒が調製でき，量子サイズ効果の発現による高い光触媒活性が期待できる(**図10.9**)．またF^-イオン修飾により表面を疎水化したゼオライトやメソポーラスシリカ上に，酸化チタン光触媒を担持することで，水中に希薄に存在する有害有機化合物も効率よく吸着濃縮し，分解できる．一方，水の分解による水素・酸素の生成反応では，逆反応が起こりやすく反応効率が上がりにくいが，層状の酸化ニオブ(Nb_2O_5)光触媒を利用して，酸化反応と還元反応が起こるサイトを層間で隔てることで，反応効率を上げている例もある．

10.4 酸化チタン光触媒の応用

10.4.1 環境浄化への応用

河川湖沼水の水質汚染や，窒素酸化物(NO_x)などによる大気汚染とそれにともなう酸性雨，二酸化炭素の濃度増大による地球温暖化など，地球規模の環境汚染が深刻化している．一方，身近な生活環境では，廃棄物焼却で排出されるダイオキシンや内分泌撹乱化学物質(環境ホルモン)，建材から発生し化学物質過敏症などの疾患を引き起こす揮発性有機化合物(VOC)，飲料水に含まれる発がん性の

あるトリハロメタンなど，低濃度汚染物質への関心が高まっている（多くはppb〜ppmオーダー以下）．こうした状況下，酸化チタン光触媒は微弱な紫外光照射下においても，環境中の低濃度汚染物質を分解除去できることが見出され，盛んに応用が行われている．環境浄化への酸化チタンの応用には，以下のようなものがある．

A. 汚染水の浄化

酸化チタン光触媒のもつ高い酸化力を利用すれば，水中に微量溶解している有害有機汚染物質の分解除去が可能であり，清浄な飲料水の確保，半導体洗浄用の超純水の製造，工場や家庭排水の処理，浴場施設や室内プールの水の浄化などの幅広い分野で，光触媒を利用する水浄化システムが検討されている．酸化チタン光触媒による有害有機化合物の分解除去反応は，空気や酸素の存在下において常温で進行する．酸化チタン光触媒上で生成する活性酸素種が高い反応性を示し，最終的には，有機化合物を二酸化炭素と水にまで完全分解する．

$$C_nH_mO_yCl_z\ +\ O_2\ \longrightarrow\ CO_2\ +\ H_2O\ +\ HCl \qquad (10.3)$$

水溶液系での光触媒の応用・実用化における問題点の1つは，光触媒反応後に水溶液系から粉末状の触媒をいかに分離回収し再利用するかである．このため，透明な大表面積シリカガラス，透明なシリカ繊維布，活性炭素繊維などの担体上へ，高活性な酸化チタン光触媒を固定化して利用される（図10.10）．また，水溶液から汚染物質を蒸発分離させ，気相で光触媒反応を行うことによる反応の高効率化が検討されている．

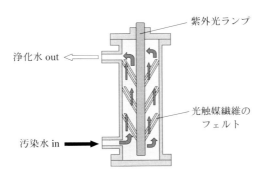

図10.10　光触媒を利用した水浄化装置の一例

B. 汚染空気の浄化

①窒素酸化物の分解除去

ディーゼルエンジンなど移動型内燃機関から放出されるNO$_x$は，酸性雨の主原因となる．いったん大気中に放出された低濃度かつ多量のNO$_x$を除去・無害化するためには，太陽光で駆動する省エネルギープロセスの光触媒利用が適している．NOを含む大気中（酸素や水蒸気の共存下）で酸化チタン光触媒に光を照射すると，生成した・OHやO$_2^-$などの活性種がNOと反応し，NOがNO$_2$からNO$_3^-$にまで酸化される．酸化チタンのみを利用する場合は，反応の初期に生成するNO$_2$の大部分が大気中へ放出される．これに対して，酸化チタンを活性炭や多孔性セラミックスに担持すると，生成するNO$_2$が担体に吸着されて気相へ拡散しないため，NOはNO$_2$からさらにNO$_3^-$にまで効率よく酸化される．このNO$_3^-$は，降雨や水処理により硝酸として洗い流すことができる．この光触媒浄化は，NO$_x$濃度の高いトンネル排気口や高速道路の防音壁などに適用され，太陽光を利用する省エネルギー環境浄化プロセスの一例である（**図10.11**）．

一方，ゼオライトに高分散担持した酸化チタンを光触媒とすると，NOの分解反応が進行し，N$_2$，N$_2$Oなどが生成する．この生成物の選択性は，酸化チタン種の分散性と局所構造に大きく依存する．酸化チタン種が4配位構造をとる光触媒（シングルサイト光触媒）では，NO分解で高選択的にN$_2$が生成し，半導体粉末のように6配位構造である酸化チタンでは，N$_2$O生成が主反応として進行する．現在，工業用ボイラなどの固定発生源から排出されるNOは，V$_2$O$_5$/TiO$_2$脱硝触媒により，400 °C以上の高温でNH$_3$を還元剤として用いて除去されている．酸化チ

図10.11　光触媒を用いた防音壁（大阪府泉大津市臨海町沿道）

タンは，常温でこの反応に対して高い光触媒活性を示す．$NO-NH_3-O_2$の混合ガスの流通下で酸化チタン光触媒に紫外光を照射すると，常温でNOが高選択的にN_2へ還元できる．中間体であるNH_2NO種を経由してNOとNH_3がN_2とH_2Oに分解される機構が考えられている．

②汚染室内空気の清浄化，消臭

　室内空気には，建材や塗装ペンキから発生するホルムアルデヒドなどの揮発性有機化合物や，喫煙や暖房器具使用により発生するガス状汚染物質，さらには周辺道路の自動車排ガスからのNO_xなどが含まれる．また，生ごみ，料理臭，トイレ臭などの生活臭も含まれる．住宅の高気密化，高断熱化が進むにつれ，これら室内汚染ガスや悪臭ガスは，人に不快感を与えるだけでなく，化学物質過敏症など健康に悪影響を与える．

　一方クリーンルームでは，建材や作業員の人体から発生し空気中に希薄に存在する揮発性有機化合物やアンモニアなどのガス状汚染物質が半導体などの製品の性能劣化を引き起こすため，これらの汚染物質をクリーンルーム内から完全除去する必要がある．また，収穫後の農産物の保存においては，農産物が自ら放出するエチレンガスが農産物の鮮度の低下，さらには腐敗を招く．農産物の鮮度を保つためには，このエチレンガスを保存庫から除去する必要がある．

　これら生活空間の室内空気の清浄化や消臭，クリーンルーム内の空気の清浄化，さらに農産物保存庫からのエチレンガス除去に，酸化チタン光触媒が利用されている．

C.　汚染土壌の浄化

　半導体洗浄やドライクリーニングなどで大量に使用され廃棄されたトリクロロエチレンやテトラクロロエチレンなどの揮発性有機塩素化合物は，難分解性かつ高浸透性であることから，土壌汚染や地下水汚染の主原因になっている．この難分解性物質を光触媒により無害化する試みがある．酸化チタン光触媒を直接土壌に混ぜるのではなく，汚染された土壌から揮発性有機塩素化合物を気化させ，分離回収してから光触媒で分解無害化するシステムが検討されている．

D.　抗菌

　酸化チタン光触媒には殺菌・抗菌効果もあり，医療施設などでの利用にも関心が寄せられている．酸化チタン薄膜をコートしたタイル上では，光照射すると，大腸菌のほとんどが死滅する．このような殺菌・抗菌効果をもつ酸化チタン光触媒と，殺菌・抗菌効果を有する銀イオンを組み合わせることで，光が当たるとき

第10章　光触媒

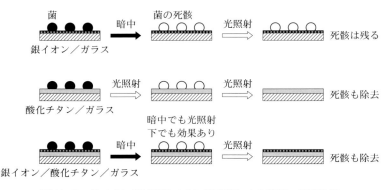

図10.12　銀イオン担持酸化チタン光触媒による殺菌・抗菌作用

だけでなく，光が当たらないときや光量が不足したときも，殺菌・抗菌効果を発揮する複合材が開発されている．さらに光触媒では菌の残骸も有機物質として酸化分解でき，完全除去が可能である（**図10.12**）．手術室などの無菌化室での利用や，その他の殺菌・抗菌を必要とする施設，さらにはカテーテルなどの医療器具への応用が行われている．また，光触媒を利用する室内空気清浄機に殺菌・抗ウイルス機能を付与し，SARSなどの危険なウイルスの拡散を防ぐ試みもある．

10.4.2　界面光機能材料の開発：超親水性の利用

A.　防汚

　先述のとおり，酸化チタン光触媒は表面に吸着した有機物を酸化分解除去する機能と，超親水性により表面に付着した油性の汚物を水により洗い流せる機能をあわせもつ．すなわち，酸化チタンを薄膜状に塗布または混ぜ込んだ建材や材料は，酸化チタン光触媒の2つの機能により，建材表面が排ガスからのすすやタバコのヤニなどで汚れない防汚（セルフクリーニング）効果をもつ．例えば，道路トンネル内の照明ランプカバーを酸化チタン薄膜でコートすると，汚れ成分が分解されランプカバーが汚れない．室内や車の窓ガラスなどに透明な酸化チタン薄膜をコートすると，タバコのヤニなどで汚れないきれいな窓ガラスの状態を維持できる．その他，フッ素樹脂や紙に透明な酸化チタン薄膜を薄い下地層を介してコートした，光触媒機能をもつ新しい材料が開発されている．さらに，トイレのタイルや衛生陶器に酸化チタン薄膜をコートすると，光触媒作用による防汚だけでなく，抗菌と悪臭除去も期待できる．

10.4 酸化チタン光触媒の応用

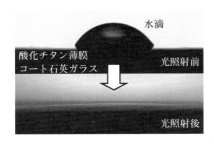 

図10.13　光誘起超親水性

B. 防曇

　セルフクリーニング機能とともに，薄膜酸化チタン光触媒の超親水性を利用することで雨の日にも曇らない自動車のサイドミラーや，水滴で曇らない浴室用の鏡などが実現されている．ガラス（鏡）の表面は水に濡れにくく，ガラスに水蒸気が触れるとその表面には小さな水滴が一面に覆われる．この無数の水滴による光の乱反射が曇りの原因となる．ガラス（鏡）の表面を酸化チタン薄膜でコートすると，紫外光照射下で超親水性が発現し，ガラス表面が濡れやすくなり，水は水滴を形成せず薄い膜を形成する．この状態では光の乱反射は起こらず曇らない（**図10.13**）．しかし，薄膜酸化チタンが超親水性を発現するのは紫外光照射下だけで，光が当たらないともとの状態に戻る．光遮断後も超親水性を長時間にわたり持続させるために，保水性の高いシリカを混合するなどの工夫がなされている．また，酸化タングステンと複合化することで，室内の微弱光でも高感度に親水化する材料も開発されている．

10.4.3　エネルギー蓄積型反応によるクリーンエネルギーの製造：酸化還元反応性の利用

　水を分解して水素と酸素を生成する反応は，ギブズ自由エネルギー ΔG が正のエネルギー蓄積型反応である．つまり，光触媒による水の分解反応では，光エネルギーを化学エネルギーに変換していることになる．

　無尽蔵の太陽光からエネルギーを得ることが目的であるが，初期の酸化チタン光触媒を中心とした研究では，水銀ランプなどの高強度の紫外光源を用いて反応が検討された．水の分解の原点である本多−藤嶋効果は，酸化チタン電極−白金電極を利用する光電極反応であった．白金を担持した酸化チタンは，光触媒反応

第10章　光触媒

により水を水素と酸素に分解できるが，逆反応などが原因で効率は低い．水の完全分解により発生した水素と酸素を気相にすばやく拡散したり，炭酸塩を添加するなどして逆反応を抑制したり，犠牲剤として有機物を添加する（酸化側の反応を有機物の酸化に当てる）ことで，水素発生量が飛躍的に増加する．最近は，酸化ニオブや酸化タンタル（Ta_2O_5）など，バンド構造が水の分解に適した半導体光触媒の利用と，その可視光応答性の付与に研究対象が移行している（10.6節参照）．

　光触媒による二酸化炭素と水からのメタンやメタノール合成もエネルギー蓄積型反応であり，反応の進行がきわめて困難である．二酸化炭素と水の共存下で，酸化チタンや各種金属担持酸化チタンに対して強い紫外光を照射すると，ホルムアルデヒド，メタノール，メタンが生成する．ゼオライトやメソポーラスシリカに固定化した4配位構造の酸化チタン光触媒（シングルサイト光触媒）は，より短波長の紫外光照射を必要とするが，メタノール生成に高選択性を示すという報告もある．水の完全分解や二酸化炭素の固定化は，太陽光の有効利用や地球温暖化抑制を意識する反応であることから，紫外光を利用する光触媒系でなく，可視光応答型の新規光触媒系の開発に期待がかかる（10.6節参照）．最近では，可視光応答性のある金属錯体を各種担体に固定化した系などの開発が進められている．

10.5　酸化チタン光触媒の固定化・薄膜化

　酸化チタンの利用が検討され始めた当初は，粉末状の酸化チタンが利用されていたが，触媒の分離回収が困難であるなど触媒の扱いが不便で，実用化が困難であった．そのため，酸化チタンの薄膜化が検討された．酸化チタン薄膜はほぼ完全な無色透明であり，実用的には各種基板上に酸化チタンを成膜するか，基板中に高分散状態で固定化して利用される．特に，「表面親水性」を期待する場合は，酸化チタンの薄膜化が必要である．酸化チタン薄膜を作るには，酸化チタンコロイドや有機チタンを原料として用い，スプレー塗布や真空蒸着で成膜し焼結する．また，チタンアルコキシドなどをディップコートやスピンコートし，ゾルゲル法で低温合成することでも成膜できる．イオン工学的手法であるマグネトロンスパッタ蒸着（**図10.14**），イオンビーム蒸着，電子ビーム蒸着などのドライプロセスを利用すると，各種基板上に結晶性が高く膜厚が精密に制御された酸化チタン薄膜が固定化できる．また，酸化チタンを高分散状態で固定化するために，CVDやイオン交換法も用いられる．

210

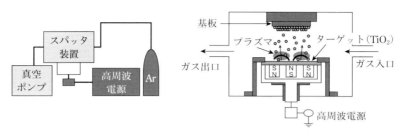

図10.14　マグネトロンスパッタ蒸着による酸化チタン薄膜の調製

10.6　可視光応答型光触媒

図10.15は地上における太陽光スペクトルである．波長400 nm以下のいわゆる紫外光は，大気中のオゾン，酸素，水蒸気などによりほとんど吸収されるため，紫外光の含有量はエネルギーにして全体のわずか約4％程度にすぎず，可視光（およそ400 nmから700 nmまで）が約40％，残りが近赤外光である．紫外光は蛍光灯などの室内灯にもわずかに含まれるが，ほとんどは可視光である．酸化チタンは最も利用されている光触媒であるが，紫外光しか吸収しないため，エネルギー利用効率という観点からは制限がある．このため，光触媒作用を可視光照射下で発現する可視光応答型光触媒の開発は重要な課題である．ここでは酸化チタンを改良して可視光応答型光触媒にする試みを紹介する．

A．金属イオンドープ

酸化チタンにCrイオンを添加すると可視光応答性が発現することは古くから知られていたが，溶液プロセスで添加したクロムイオンは凝集しやすく，励起電子と正孔をトラップする再結合中心となる．そこで，電子材料分野で半導体の改質に用いられていた金属イオン注入法の利用が検討され，これによりバルクの酸化チタン内に金属イオンを原子状に分散・注入でき，再結合中心を減少させることができた．V，Cr，Feなどの遷移金属のイオンを注入し，酸化チタンのチタンイオンと置換することで，可視光応答性がある酸化チタンに改質できる（図10.15参照）．

B．窒素イオンドープ

アンモニアの共存下で酸化チタンを合成したり，アンモニアや窒素酸化物（NO_x）の共存下で酸化チタンを熱処理すると，酸化チタンの酸素イオンが窒素イオンに置換され可視光を吸収できるようになる（図10.15参照）．安価なプロセス

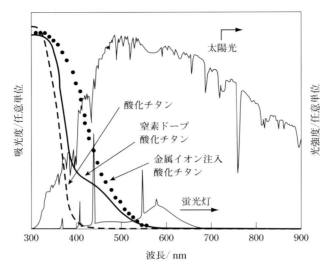

図10.15 太陽光と蛍光灯のスペクトルおよび酸化チタン,金属イオン注入酸化チタン,窒素ドープ酸化チタンの吸収スペクトル

でできるため実用的である.理論計算からはドープされた窒素によるエネルギー準位が,酸化チタンのO原子の2p軌道からなる価電子帯と混合することで新しい価電子帯が形成されるために,バンドギャップが小さくなると考えられている.窒素以外に硫黄や炭素のドープにも同様な効果がある.また,窒素ガスやアルゴンガスの存在下でマグネトロンスパッタ法により酸化チタン薄膜を成膜すると,窒素イオンや酸素欠損が導入された可視光応答型酸化チタン薄膜を作製できる.

C. 色素増感作用の利用

色素を酸化チタンに担持させ,色素が可視光を吸収することで生じた励起電子を酸化チタンの伝導帯に流して電荷分離を行う色素増感作用を利用することでも,可視光の利用が可能である.しかし,酸素共存下では酸化チタンにより色素が酸化分解されるなど,安定性に問題がある.色素の代わりに可視光増感可能な塩化白金酸(H_2PtCl_6)を酸化チタンに担持することでも可視光型に改良できる.酸化チタンに吸着した$PtCl_6^{2-}$は,光照射により$PtCl_5^{2-}$と・Clラジカルに開裂し,ラジカルが酸化チタンに移行することで,活性サイトを形成する.$PtCl_6^{2-}$は一連の連鎖プロセスにより再生され,反応が持続する.また,可視光を吸収できる半導体である酸化タングステンと酸化チタンを接合することで,可視光の利用を

実現している例もある.

D. 表面プラズモン共鳴の利用

金, 銀などの金属ナノ粒子は表面プラズモン共鳴により発色し, 赤, 黄色を示すことから, 古くから教会のステンドグラスなどに用いられてきた. 表面プラズモン共鳴は金属ナノ粒子の表面自由電子の集団振動が, 特定の波長の光と共鳴することにより起こる. さらに電子の振動によって分極が起こり, 粒子表面近傍に著しく増強された電場が発生する. これを局在表面プラズモン共鳴(localized surface plasmon resonance, LSPR)といい, その存在領域では光と分子の相互作用が強力に増幅されることが知られている. LSPRの効果は, 金属ナノ粒子における金属の種類, サイズ, 形状, 集合状態, 周囲媒体の誘電率などに大きく依存する. LSPRを示す金属ナノ粒子とTiO_2を組み合わせることで, 表面プラズモン共鳴に基づく電荷分離を引き起こすことができる. これまで, 薄膜状, 中空粒子, コアシェル構造などナノ構造制御されたAg(あるいはAu)ナノ粒子担持TiO_2が開発され, 可視光照射下における有機物の光触媒的分解反応が報告されている. Ag(あるいはAu)ナノ粒子が可視光により励起され, 励起電子がTiO_2の伝導帯に注入され, さらにこの電子は$O_2{}^-$, ・OOH, ・OHなどの活性酸素種を生成する. この機構は, AgClやCeO_2など他の半導体光触媒にも応用可能である.

E. その他の光触媒材料

光触媒材料としては金属を含む無機化合物が主流であるが, グラフィティック・カーボンナイトライド(g-C_3N_4: グラフィティックは「グラファイト状の」の意)は, 水素, 炭素, 窒素といったユビキタス元素からなるメタルフリー光触媒として注目されている. g-C_3N_4はメラミン, 尿素, シアナミド(CN_2H_2)などのアミン化合物の熱分解で容易に合成することができ, 450 nm付近に吸収端をもつ黄色の粉末である. これは適切な助触媒を担持させると水から水素あるいは酸素を生成できる可視光応答型光触媒となる. また水や多くの有機溶媒に不溶であり, 自己分解しない高い安定性をもつ. さらに前駆体の選定により2次元π共役系の電子構造を変化させて光吸収特性を制御することも可能である. これは同じ2次元π共役系からなるグラファイトとはまったく異なる性質である. 一方で稠密な構造で比表面積が小さいため, 多孔質化や, 層剥離によるナノシート化といった方法による高表面積C_3N_4の合成も試みられている. また, 金属錯体や色素の固定化, あるいはナノ粒子, 無機半導体とのヘテロ界面接合形成による高機能化も種々検討されており, より広い応用が期待される.

第10章　光触媒

10.7　光触媒による水分解

　$NiO/NaTaO_3:La$ や $Zn-Ga_2O_3$ などの酸化物半導体を用いると，紫外光照射下では50％以上の量子収率で水の完全分解反応が進行する．しかし太陽エネルギーの約半分を占める可視光を利用できないため，実用化には可視光応答型光触媒材料の開発が強く望まれている．前述したように，酸化物半導体により水を分解するためには，価電子帯の上端と伝導帯の下端が水の酸化還元電位を挟む位置にあることが熱力学的に必要である（図10.5参照）．これまでに報告されている光触媒材料の多くは，d^0 型あるいは d^{10} 型の電子配置を有する金属酸化物であり，その伝導帯は金属カチオンの空軌道から，価電子帯は酸素Oの2p軌道からなる．この価電子帯は水の酸化電位（1.23 V vs NHE）よりかなり深い（約3 eV低い）ポテンシャルをもっているため，伝導帯の下端がプロトンの還元電位（0.0 V）よりも高エネルギー側にある酸化物半導体では，必然的にバンドギャップが3 eVよりも大きくなってしまう．したがって，伝導帯のポテンシャルを保持したままバンドギャップを小さくするには，Oの2p軌道よりも浅い準位に水の酸化能をもつ価電子帯またはドナー準位を形成することが必要である．

　既存の光触媒材料に金属元素をドーピングして，Oの2p軌道に代わる新たなドナー準位を形成することで，可視光吸収能を向上できるが，不純物準位でのキャリア移動度は低く，またそれ自身が再結合中心としても機能してしまうため，効率を向上させるには限界がある．一方で，Oの2p軌道に代わる価電子帯をもつ光触媒材料として，遷移金属のオキシナイトライド（MO_xN_y）やオキシサルファイド（MO_xS_y）が知られている．例えば，バリウムタンタル酸窒化物（$BaTaO_2N$）では，Oの2p軌道よりもエネルギー準位の高いNの2p軌道の導入により価電子帯の上端が高エネルギー側に押し上げられるが，伝導帯を形成するTaの5d軌道の位置はほとんど変化しない．また可視光応答型光触媒の設計には，固溶体の組成を任意に変化させることでバンド構造を精密制御するいわゆるバンドギャップエンジニアリングも用いられる．例えば，窒化ガリウム（GaN）も酸化亜鉛（ZnO）も紫外光しか吸収できないが，両者が固溶体を形成した材料（$Ga_{1-x}Zn_x$）（$N_{1-x}O_x$）は，500 nm程度までの可視光を吸収し水分解反応に活性を示すことが実証されており，固溶体の形成が高機能性光触媒の新たな設計指針となりうることが示されている．

　一方で，水の分解が水素生成系と酸素生成系に二分され，その間がヨウ素酸・

214

ヨウ化物（IO_3^-／I^-）のような可逆的なイオン対によって連結された2段階光励起（Zスキーム）型水分解システムも盛んに研究されている．これまでに，遷移金属のオキシナイトライドや有機色素を用いることで，長波長（700 nm程度）の光も利用可能となっており，また，1種類の光触媒粒子上では通常不可能な水素と酸素の分離生成にも成功している．

さらに，最近では大規模展開を考慮し，拡張性にすぐれた粉末光触媒シートの開発も注目されている．例えば，酸素発生用にバナジン酸ビスマス（$BiVO_4$），水素発生用にCIGS（銅Cu・インジウムIn・ガリウムGa・セレンSeからなる化合物半導体）の光触媒シートを重ね合わせ，光エネルギーを2段階で利用できるタンデム構造の酸素・水素発生装置が開発され，最高3％の変換効率を達成している．

10.8 色素増感太陽電池

酸化チタンの利用法の1つとして，色素による増感作用を利用する太陽電池が注目されている．太陽エネルギーを電気に直接変換する素子が太陽電池であり，最も開発が進んでいるのは，シリコン半導体によるpn接合型固体太陽電池である．一方，今後の研究開発次第では，この固体太陽電池より安価に高性能を達成できるのではないかと期待されているのが，ここで紹介する**色素増感太陽電池**（dye sensitized solar cell）である．電子媒体として液体電解質を用いるため，湿式太陽電池とも呼ばれる．

前述のようにこの半導体の表面に可視光を吸収できる色素を固定し，可視光照射時でも色素の光励起電子を半導体の伝導帯に移動させることで電荷分離を実現する手法を色素増感と呼ぶ．色素は光吸収する際には最高被占分子軌道（HOMO）から最低空分子軌道（LUMO）に電子を励起するが，LUMOに励起された電子のポテンシャルが半導体の伝導帯より十分高い場合，この励起電子は半導体の伝導帯に移動する．すなわち，励起状態の色素が半導体表面に存在すると，光照射によって色素から半導体への電子の移動が起こる．半導体の空間電荷層（バンド湾曲により形成されるキャリアの分布が半導体のバルクとは異なる領域）中の電場は，注入された電子を表面から引き離す役目をし，電荷分離状態が実現する．色素が光を吸収し，励起電子が半導体の伝導帯に移動することで電荷分離状態が実現するという作用機構は，植物の光合成の作用機構と似通っている．このため，

第10章　光触媒

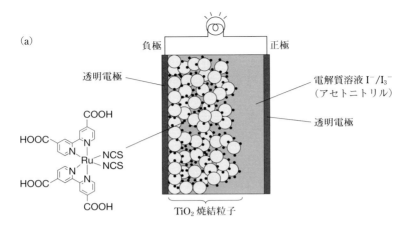

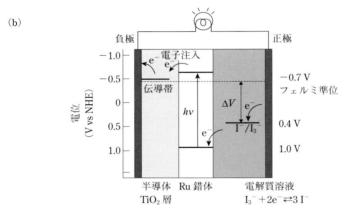

図10.16　グレッツェルセルの構造(a)と作用機構(b)

色素増感に利用する色素として光合成色素クロロフィルなどが当初検討されたが，光電変換効率はきわめて低いものであった．

そうしたなか，1991年スイス・ローザンヌ工科大学のグレッツェル(M. Grätzel)らにより提案された新しい色素増感太陽電池は，可視光領域全体に幅広い吸収をもつRu錯体を利用することで，8％という高い光電変換効率を示した．これを契機として色素増感太陽電池の開発と実用化が進められた．**図10.16**にグレッツェルセルの基本構造を示す．

ガラス板の表面に透明導電膜をコートし，その上に酸化チタンコロイドを積層

して焼成することにより，多孔質で表面積の大きな酸化チタン膜を形成させる．この多孔質酸化チタン膜の表面に，可視光領域に強い吸収をもつ増感色素を固定化する．そして，もう１枚の透明導電膜をコートしたガラスを対極として用い，その間に液体電解質を充填し封入したサンドイッチ構造になっている．増感色素はアンテナとして働き，可視光照射により励起電子e^-と正孔h^+を生じる．励起電子は酸化チタン半導体の伝導帯へ移動し，さらに外部回路を通り，対極の透明導電膜表面に移動する．ここで，電子は電解質中のイオンによって運ばれ，再び増感色素に戻る．このプロセスが繰り返されることで，光エネルギーが電気エネルギーとして変換され，発電される．この間，色素表面にトラップされた正孔は電解液中のI^-と反応してI_3^-を生じ（式(10.4)），一方，対極の透明導電膜表面に移動した電子は電解液中のI_3^-と反応してI^-を生じることで，回路が形成される（式(10.5)）．

$$3\,I^- \ + \ 2\,h^+ \ \longrightarrow \ I_3^- \tag{10.4}$$

$$I_3^- \ + \ 2\,e^- \ \longrightarrow \ 3\,I^- \tag{10.5}$$

理論最大光電変換効率は33％と予想され，開発次第では，シリコン系太陽電池と同等以上の変換効率を達成する可能性がある．現在の光電変換効率（太陽エネルギー変換効率）の最高値は13％程度である．

pn接合型光電変換素子であるシリコン太陽電池では，p型シリコンとn型シリコンの接合によってバンド勾配が形成され，光照射により生成した電子と正孔はシリコン半導体の中を移動するのに対して，グレッツェルセルでは，電子のみが酸化チタン層に移動するため，電子と正孔の再結合を防ぐことができる．不純物は電子と正孔の再結合を促進することを考慮すると，グレッツェルセルでは，シリコン太陽電池ほど高い純度の半導体を必要としないことになる．

従来の光増感型太陽電池に比べて，グレッツェルセルがきわめて高い光電変換効率を有する原因としては，以下の点があげられる．

（1）酸化チタン薄膜層は10〜30 nm程度の超微粒子により形成された多孔質であり，透明ながらも非常に大きな表面積を有し，色素との接触面が大きい．

（2）シリコン太陽電池では光の捕集と電子伝導が同じシリコン半導体の中で行われるのに対して，グレッツェルセルでは光の捕集（色素）と電子伝導（酸化チタン）が別々のところで行われており，光電変換がより効率的に行われる．

第10章　光触媒

（3）増感色素の構造にはカルボキシ基があり，このカルボキシ基が酸化チタン
　　　表面と結合し色素が固定化されるため，色素から酸化チタンへの電子移動
　　　の効率が高い．

（4）液体電解質を利用しているために内部抵抗が低減でき，電子の移動が速や
　　　かである．

またシリコン太陽電池を用いるよりも原料はかなり安価で，資源的に豊富かつ毒
性がない．セルの作製も通常の化学的手法で可能であり，高温，高真空を必要と
しないなど製造コストも低い．

　グレッツェルセルは透明導電性ガラス，酸化チタン超薄膜，透明な液体電解質
（ヨウ素の赤色をしている）から構成され，シリコン太陽電池と異なり，光が透過
できる透明な太陽電池である．採光しながら発電できることから，窓やアルミサッ
シなどに使用できる一種のインテリジェントガラスとしても利用できる．また，
グレッツェルセルの最大出力開放電圧は比較的高く，シリコン電池では困難なク
ロミックディスプレイの調光，液晶の配向などに，十分な性能を発揮する．

　一方で欠点として，増感色素の安定性のほか，液体電解質の使用による液漏れ
の問題があり，太陽電池性能の長期安定性が課題である．この欠点を改善すべく，
液体電解質の代わりに，常温溶融塩の利用や，電解質のゲル化・固体化が検討さ
れている．

10.9　ペロブスカイト太陽電池

　ペロブスカイト（perovskite）とは鉱石である灰チタン石（$CaTiO_3$）のことであ
り，これと同じ結晶構造をペロブスカイト構造と呼ぶ（**図10.17**）．化学式でABO_3
（A＝s−ブロック元素，f−ブロック元素，B＝d−ブロック元素）と表される遷移金
属酸化物などがこの結晶構造をとる．2009年に宮坂らは色素増感太陽電池の色
素部分にペロブスカイト構造を有する$CH_3NH_3PbI_3$結晶の薄膜を用いると，変換
効率3.9％の太陽電池として作動することを世界に先駆けて発見した．このとき
開発された太陽電池のホール輸送材料にはヨウ素を含む電解液を用いていたた
め，電荷分離層であるペロブスカイト材料が電解液で侵されてしまい寿命や効率
に課題があったが，以降ペロブスカイト太陽電池はたいへん注目を集めることに
なった．

　上記の問題を解決するために，2012年ホール輸送層に電解液を用いない全固

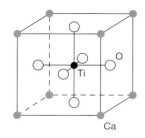

図10.17　ペロブスカイトの構造
$CH_3NH_3PbI_3$では，Caの位置にCH_3NH_3が，
Tiの位置にPbが，Oの位置にIがそれぞれ入る．

体型色素増感太陽電池が開発され，最大変換効率10.9 %という当時の薄膜太陽電池の中では非常に高い変換効率を達成した．その後も圧倒的なスピードで変換効率が上昇し，2016年には変換効率が21 %に達するなど，現在主流のシリコン太陽電池（結晶シリコン太陽電池で最大26 %）に迫りつつある．

　シリコン系太陽電池では製膜に1,000 ℃程度の温度が必要であるのに対して，ペロブスカイト太陽電池は塗布という簡便な方法で大量生産が可能であるうえ，廉価な材料で構成されていることから製造コストならびに環境負荷の大幅な低減が可能である．またプラスチックフィルム基板に印刷物を印刷するようにして薄型軽量の太陽電池を作製することもできる．これは，その柔軟性から曲面へ設置できるだけでなく，オフィスビル，電車の窓，車などへの塗布も可能である．現在，野外のみならず屋内の照明拡散光によっても高い電圧を維持して発電することができる大面積モジュールの実用化も検討されており，幅広い分野への応用が期待できる．

第10章 光触媒

● コラム　　光合成

　植物の光合成（photosynthesis）に対する人類の関心は古く，その重要性は古来より生活実感として暗黙の裡に理解されてきたと思われるが，すでに19世紀中頃には緑色植物の生命活動は太陽エネルギーを起源としていることが多数の実験や仮説に基づき科学的に考察されている．光合成は，太陽エネルギーを利用して原料となる水と二酸化炭素から，酸素と糖（$(CH_2O)_n$）を得る反応であり，太陽エネルギーの化学エネルギーへの変換反応（明反応）と，固定されたエネルギーを利用した糖の合成反応（暗反応）に大別できる．具体的には植物や藻類の細胞内小器官である葉緑体内で，葉緑素（クロロフィル）が太陽エネルギーを集めるアンテナの役割を担い，葉緑体中の膜上にある2つの光化学反応系（PS I, PS II）の協調的な働きにより，水から電子を引き抜き，電子移動をともなって生物学的に重要なアデノシン三リン酸（ATP）と還元型ニコチンアミドアデニンジヌクレオチドリン酸（NADPH）を生産する．この際，生成した酸素は細胞外へと放出される．暗反応では，膜外溶液中の酵素群が明反応の産物であるATPとNADPHを使い，取り出された電子を段階的に二酸化炭素に移動し還元することで糖に変換する．以上の過程はエネルギー貯蓄型のアップヒル型反応であるが，全体として太陽エネルギーの10％程度の変換効率で

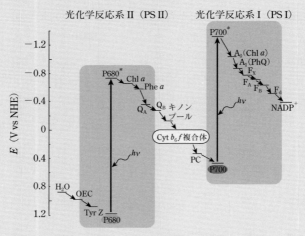

図　光化学反応系（PS I, PS II）におけるZスキーム

P680：PS IIの反応中心，P700：PS Iの反応中心，OEC：酸素発生中心（oxygen evolving center）を担うMn_4Caクラスター，Tyr Z：チロシン残基，Chl a：クロロフィル，Phe a：フェオフィチンa（クロロフィルの類縁体），Q_A, Q_B：プラストキノン，Cyt b_6f複合体：シトクロムb_6f複合体，PC：プラストシアニン，PhQ：フィロキノン，F_A, F_B, F_X：鉄と硫黄のクラスター，F_d：フェレドキシンタンパク質．

糖が生産される.

地球に届く太陽エネルギーの約1％が光合成に使われ，生成した糖は動物の食べ物や，植物自身に利用され，バイオマスとして保存される．地球上のすべての生物は光合成の恩恵を享受しており，太陽エネルギーがそれを支えている．つまり，エネルギー変換の視点からも，物質循環の視点からも，光合成は理想的なシステムといえる．これまでの精力的な研究により活性中心の構造解析がなされ，その役割，各素反応の具体的な機構も明らかになった．その原理を模倣した人工光合成に関する研究が，エネルギー・環境問題を解決しうる科学技術として大いに期待されており，その実現に向けて生体触媒はもとより，金属錯体や有機色素などの分子触媒，あるいは半導体光触媒の各分野からアプローチされている．

第10章 光触媒

❖ **演習問題**

10.1 次の振動数をもつ光の波長を求め，それぞれの光の分類を示しなさい．
(a) 15.0×10^{14} Hz, (b) 3.75×10^{14} Hz.

10.2 ある光化学反応A→2Bにおいて，400 nmの光を照射したときの量子収率 Φ は0.15であった．5 molのAに光を照射した際には，6 molのBが生成した．Aによって何個のフォトンが吸収されたかを求めなさい．

10.3 光触媒材料の価電子帯上端が，水の酸化による酸素発生の標準電極電位より貴(positive)側，伝導帯下端が水の還元による水素発生の標準電極電位より卑(negative)側にあれば，原理的に水の分解が可能である．$SrTiO_3$ ならびに WO_3 がそれぞれ水分解可能か，エネルギー論の観点から論じなさい．

10.4 紫外可視吸収スペクトルの吸収端から，$[F(R_\infty)h\nu]^{1/n} = A(h\nu - E_g)$ をもとに半導体光触媒のバンドギャップエネルギー E_g を見積もることができる．ここで，$F(R_\infty)$ はクベルカ–ムンク関数(11.2.4項参照)，$h\nu$ は光のエネルギー(eV)，A は比例定数，n は定数であり，TiO_2 の場合 $n = 1/2$ である．右上図は(a) TiO_2 バルク粉末，(b) ナノサイズ TiO_2 において，$h\nu$ に対して $[F(R_\infty)h\nu]^2$ をプロットしたものである．これより E_g を決定しなさい．

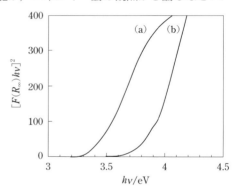

10.5 右に示すアナターゼ型酸化チタン(TiO_2)の結晶構造に関して，次の問いに答えなさい．
(a) 単位格子に含まれる TiO_2 はいくつか．
(b) 酸化チタンは TiO_6 八面体の充填構造からなり，Tiの配位数は6である．酸素の配位数はいくらか．
(c) アナターゼ型酸化チタンはルチル型に比べて熱力学的に不安定であるのはなぜか．

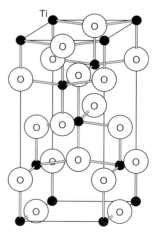

第11章 触媒の キャラクタリゼーション

本章で学ぶこと
- ・触媒の物理的・化学的性質および構造の分析・解析方法
- ・反応機構の解析方法
- ・計算化学的手法の触媒への応用

11.1 触媒分析の概要

触媒の物理的性質，化学的性質，表面およびバルクの構造・電子状態に関する情報は，触媒の反応機構を理解し，その機能を向上させる，あるいは新しい触媒を設計するために必要不可欠である．触媒の物理的性質もしくはそれを表す量としては，比表面積，細孔容積，細孔分布などがあげられる(**表11.1**)．実用触媒では，機械的強度(圧縮や摩耗に対する強度など)や，熱的強度(耐熱性，熱伝導性，熱膨張率など)も重要な性質である．化学的性質としては，親疎水性，酸塩基性，酸化還元性，等電点などがあげられる．触媒の表面およびバルクの構造・電子状

表11.1　触媒の物理的性質とその測定法

性質を表す量	測定法	求められる物理量 または解析方法
比表面積	物理吸着法	BET法
細孔容積	水銀－ヘリウム法 物理吸着法(細孔分布測定)	
細孔分布	水銀圧入法 物理吸着法(N_2, Ar, Krを用いる)	細孔径(約35 nm以上) BJH法，DH法，CI法
金属粒子径(分散度)	化学吸着法，小角X線散乱法 TEM, SEM X線回折(XRD)法 X線吸収分光法(XAFS)	平均粒径 粒径分布 結晶子径 平均粒径(配位数から)
形状，粒径	光学顕微鏡，TEM, SEM	

223

第11章　触媒のキャラクタリゼーション

態を解析するためには，その目的に応じてさまざまな手法が利用される．各種分光法以外に昇温スペクトル法（昇温脱離法，昇温還元法）なども用いられる．さらに最近では，*ab initio*（非経験的）分子軌道法，密度汎関数法，分子動力学法などさまざまな計算化学的アプローチが構造・電子状態解析に用いられている．適切な分析法・解析法を選択するには，それぞれの分析法・解析法の原理，測定方法，得られる情報について理解することが不可欠である．本章では，代表的な手法について概説する．

11.2　表面・バルクの構造や性質の解析

11.2.1　触媒の物理的性質の解析

固体触媒の比表面積は，$1\,\mathrm{m}^2\,\mathrm{g}^{-1}$以下から活性炭のように$1{,}000\,\mathrm{m}^2\,\mathrm{g}^{-1}$を超える場合まである．半径$1\,\mathrm{mm}$の球では，その見かけの表面積は$12.6\,\mathrm{mm}^2$であり，密度が$1\,\mathrm{g}\,\mathrm{cm}^{-3}$の場合，比表面積は約$10^{-4}\,\mathrm{m}^2\,\mathrm{g}^{-1}$となる．見かけの表面積に対して触媒粒子の比表面積がおよそ10^6倍も大きいのは，触媒粒子がきわめて小さい粒子の集合体であり，多くの空隙を有していたり，粒子中に細孔が発達している多孔体であるためである．固体触媒の場合，触媒反応は基本的には固体表面で進行する．また担体の比表面積は，担体に担持された活性成分の分散状態に影響する．一方，細孔径や細孔容積は，比表面積だけでなく物質の細孔内拡散にも関係し，反応速度や選択性に影響を与える．さらに，触媒活性の低下をもたらす毒物質の吸着や堆積に影響するため，結果的に触媒の安定性や寿命に影響することもある．したがって，比表面積をはじめとするこれらの物理量の測定は重要である．以下，触媒の解析に汎用される物理量とその測定法について概略を述べる．

A.　比表面積

触媒の比表面積は，多くの場合，液体窒素温度における窒素の物理吸着等温線をブルナウアー–エメット–テラーの吸着等温式（Brunauer–Emmett–Teller isotherm，**BET式**：式(11.1)）によって解析することで求める．BET式は，単分子層吸着を仮定したラングミュアの式（式(3.21)）を多分子層吸着に拡張したものである．

$$V_{\mathrm{ads}} = \frac{C \cdot V_{\mathrm{m}} \cdot x}{(1-x)(1-x+Cx)} \tag{11.1}$$

ここで，V_{ads}は吸着量，V_{m}は単分子層を形成するのに必要な吸着量，xは相対圧（吸

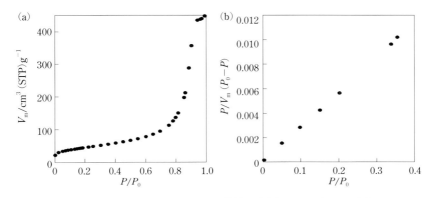

図11.1 γ-Al₂O₃における窒素の吸着等温線(a)とBETプロット(b)

着温度における吸着質の飽和蒸気圧P_0と平衡圧Pの比$x=P/P_0$)，Cは吸着熱を反映する定数である．式(11.1)は以下のように変形できる．

$$\frac{P}{V_{ads}(P_0-P)} = \frac{1}{CV_m} + \frac{C-1}{CV_m}\cdot\frac{P}{P_0} \tag{11.2}$$

図11.1のように$P/V(P_0-P)$を相対圧P/P_0に対してプロット（BETプロット）したときに直線関係が得られればBET式が成り立ち，切片と傾きからV_mと定数Cが算出できる．そして，得られたV_mから比表面積A_sを以下の式により求めることができる．

$$A_s = \frac{V_m N a_m}{224000\times 10^{-18}} \ (\mathrm{m^2\ g^{-1}}) \tag{11.3}$$

ここで，Nはアボガドロ定数($=6.022\times 10^{23}\ \mathrm{mol^{-1}}$)，$a_m$は吸着質分子の占有面積($\mathrm{nm^2}$)であり，液体窒素温度77 Kにおける窒素の場合，$a_m=0.162\ \mathrm{nm^2}$が用いられる．V_mの単位は$\mathrm{cm^3\ (STP)\ g^{-1}}$である(STPは標準状態を表す．このとき，1 molの理想気体の体積は22.40 Lである)．一般にBET式は，相対圧P/P_0が0.05〜0.35の範囲で成り立つ．

B. 細孔径・細孔容積

細孔径0.5〜10 nmの範囲の細孔分布は，通常，液体窒素温度における窒素の吸着等温線の解析から求める．これは，気体の細孔内への毛管凝縮がケルビン式(Kelvin equation)に従って細孔径に依存することに基づいており，その解析にはバレット–ジョイナー–ハレンダ(Barrett–Joyner–Halenda, BJH)法，ドリモア–ヒール(Dollimore–Heal, DH)法，クランストン–インクレイ(Cranston–Inkley,

第11章　触媒のキャラクタリゼーション

● コラム　　メソ孔の解析理論

　メソ孔（2〜50 nm）の解析理論としてBJH法，DH法，CI法などが使い分けられる．これらはいずれも円筒型（シリンダー型）の細孔を仮定し，以下の毛管凝縮理論（ケルビン式）に基づいて計算される．

$$\ln\left(\frac{P}{P_0}\right) = -\frac{2V_L\gamma\cos\theta}{rRT} \tag{1}$$

ここで，V_Lは毛管凝縮によって液化したガス分子のモル体積，γは表面張力，θは接触角，rは細孔半径，Rは気体定数，Tは絶対温度である．ケルビン式をもとに，ある相対圧P/P_0における細孔容積と細孔半径rをガス吸着量から解析し，これらの関係をプロットしたものが細孔分布プロットである．例えばBJH法は，吸着質が脱離するときの相対圧と吸着量の関係である脱着等温線から細孔径を求める方法であり，IUPACが推奨している方法である．本文で述べたようにさまざまな細孔分布の解析法がある．これらの解析法の違いは，主に吸着質による吸着層の厚さの計算方法の違いにある．自身が測定したデータを文献などと比較する場合，どの方法で細孔径を解析したのかを確認する必要がある．

　2 nm以下のミクロ孔では，表面と吸着質の相互作用の影響が無視できなくなるため，ケルビン式が適用できなくなる．そのため，この相互作用を半経験的な計算から評価してミクロな細孔分布を評価する．理論として，ホルバス−川添（Horvath–Kawazoe, HK）法，サイトウ−フォリー（Saito–Foley, SF）法，デュビニン−ラドシュケビッチ（Dubinin–Radushkevich, DR）法などがある．また，ガス吸着法によって1 nm程度のミクロな細孔分布を測定するためには，吸着質に窒素を使用するよりも，アルゴンを使用する方が適しているといわれている．

CI）**法**などが用いられる．また，細孔径10〜100 nmの範囲については，水銀圧入法が用いられる．

C.　金属の粒子径：化学吸着法

　金属粒子の全原子数N_Tに対する表面原子数N_Sの割合を**分散度**（dispersion）あるいは表面露出度という．分散度は金属粒子の大きさ，形状によって変化する．表面に存在する原子は触媒の活性サイトとして機能するから，分散度が高いほど単位重量あたりの活性サイトの数が多いことになる．金属と担体の化学的相互作用は金属粒子が小さくなるほど，すなわち分散度が大きくなるほど強くなる傾向

がある．したがって，粒径が小さい金属粒子は，担体の影響により，その化学的・電気的性質がバルクの金属から大きく変化する場合がある．

担体に担持された金属粒子はある程度の粒径分布を有する．分散度は，平均値（数平均の長さもしくは体積平均の面積）であり，測定法により異なる平均粒径が求められる．面積・体積平均の粒子径 d は，分散度 D と以下の関係がある．

$$d = \frac{6(V_\mathrm{m} / a_\mathrm{m})}{D} \tag{11.4}$$

ここで，$V_\mathrm{m}, a_\mathrm{m}$ はそれぞれ金属1原子あたりの容積，断面積である．

金属の粒子径の測定には，化学吸着法，X線回折（XRD）法，ならびに透過型電子顕微鏡（TEM）などが用いられる．XRD法，TEMを利用する方法については後述する．

化学吸着法による金属の粒子径の測定では，H_2 あるいは CO が多くの金属に選択的かつ一定の量論比で不可逆吸着することを利用する．例えば，Ptへの H_2 の化学吸着は，室温で以下のように進行する．

$$2\,\mathrm{M} \;+\; \mathrm{H}_2 \;\longrightarrow\; 2\,(\mathrm{H\text{-}M}) \tag{11.5}$$

吸着はラングミュア型で進行するので，H_2 の圧力を制御することで飽和吸着量を求めることができる．1gの触媒中に含まれる金属のモル数を N_M（mol g^{-1}），触媒1gあたりの水素 H_2 の吸着のモル数を N_{H_2}（mol g^{-1}）とすると，金属の分散度 D は，

$$D = 2\,\frac{N_{\mathrm{H}_2}}{N_\mathrm{M}} \tag{11.6}$$

となる．また，触媒1gあたりの金属表面積 S（m^2 g^{-1}）は，単位表面積あたりの金属原子数 N_s（mol m^{-2}）を用いて

$$S = 2\,\frac{N_{\mathrm{H}_2}}{N_\mathrm{s}} \tag{11.7}$$

から求められる．化学吸着法では，金属粒子の表面をシンタリングの影響がない条件で処理し清浄化することが必要となる．また，化学吸着の量論（1つの吸着サイト（金属）に何分子が吸着するのか），さらには担体への吸着の影響の有無を確認し，担体への吸着がある場合には，担体への吸着を補正することも必要である．例えば，COの吸着の場合，直線型，架橋型，ツイン型の3種類の吸着形態が報告されている．

$$
\begin{array}{lll}
\text{M} + \text{CO} \longrightarrow \text{M}-\text{CO} & \text{(直線型)} & \\
2\text{M} + \text{CO} \longrightarrow \text{M}-(\text{CO})-\text{M} & \text{(架橋型)} & (11.8) \\
\text{M} + 2\text{CO} \longrightarrow \text{M}(\text{CO})_2 & \text{(ツイン型)} &
\end{array}
$$

吸着形態は，金属の種類や条件に依存する．例えば，Pt触媒では主に直線型が観測されるが，架橋型もしばしば観測される．またRh触媒では，主にツイン型が観測される．したがって，COの化学吸着を利用し表面原子数を推定する場合には赤外分光法などにより決定される吸着形態を考慮する必要がある．

11.2.2 X線を利用する分析

A. X線回折(X-ray diffraction, XRD)法

XRD法は，一定波長(λ)の単色X線を利用して物質中の原子の配列に関する情報を得る手法である．測定に利用されるX線の波長は原子半径と同程度であり，物質中の原子配列に規則性があれば，すなわち結晶であれば弾性散乱されたX線は互いに干渉し，その結果，回折現象が観測される．したがって，XRDパターンは物質の結晶構造を反映する．X線源としては，Cu, Moなどの特性X線をフィルターで単色化したKα線が汎用される．

波長λの単色X線を物質に照射すると，結晶面の間隔d，入射角と反射角θ，反射の次数n（整数値）についてブラッグの回折条件

$$2d \sin \theta = n\lambda \tag{11.9}$$

が成立するとき，面間隔dの結晶面からの散乱波が同位相となって強め合うので，その方向に強いX線（回折線）が観測される（**図11.2**）．波長が一定のX線を照射す

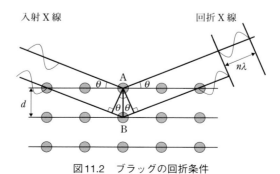

図11.2　ブラッグの回折条件

るので面間隔dが異なれば異なる位置(θ)に回折線が観測される．ただし，回折されるX線は単位格子中のすべての散乱X線の総和であるので，結晶面によっては対称性により回折線強度が0になる場合もある．これを消滅則と呼ぶ．

　XRD法は，未知試料の同定や結晶構造（結晶系）・格子定数の決定に広く利用される．また回折線の位置から面間隔dが求められ，さらに格子定数，ミラー指数，面間隔の関係式から，格子定数を求めることができる．加えて，試料のXRDパターンを標準試料のXRDパターンと比較することで試料を同定することもできる．標準試料のXRDパターンはデータベースとして蓄積されており，誰でも利用できる．代表的なデータベースである国際回折データセンター（International Centre for Diffraction Data, ICDD）による粉末回折ファイル（Powder Diffraction File, PDF）には，面間隔，ミラー指数，結晶構造などの情報が集録されている．格子定数，ミラー指数，面間隔の間の関係式は，結晶系（立方晶系，正方晶系など）によって異なり，解析の際には注意が必要である．また，基板などの影響で結晶の成長方向が異方性をもつ場合には，それに応じて各回折線の強度比が変化する．

　粉末を対象としたXRD法では，回折線の幅（半値幅：full width at half maximum, FWHM）や形の解析により，結晶子（単結晶とみなせる最大の集まり）の大きさやその分布，形などに関する情報を得ることができる．例えば，結晶子の大きさを求める際には，以下のシェラーの式（Scherrer equation）が用いられる．

$$D = \frac{K\lambda}{\beta \cos\theta} \tag{11.10}$$

ここで，Dは面間隔dの格子面（hkl）がN個重なった結晶子の厚さ（$=Nd$），Kは形状因子と呼ばれる定数（一般的に$K=0.9$とする．厳密には結晶子の形状によって値は変化する），βは装置による回折線の広がりを補正した回折線の半値幅である．例えば，$\lambda=0.154$ nm（Cu Kα線に相当），$\theta=49°$，$\beta=4\times10^{-3}$ラジアン（0.2°）の場合，$D=53$ nmと見積もられる．シェラーの式で求められるのは，結晶子の大きさであり，化学吸着法（11.2.1項）やTEMで求められる粒子サイズと一致しない場合もあることに注意が必要である．

　そのほか，複数の結晶相が混在する場合には，それぞれの結晶相の回折線強度を比較することによってそれぞれの結晶相の存在比率を求めることができる．また，結晶成分に由来する回折線の強度と非晶成分に由来するブロードな信号の強度比から物質中の結晶性成分の割合（結晶化度）を評価することも可能である．最近では，実験で得られた回折パターンを，結晶構造をもとに計算したパターンと

比較して結晶構造を決定するリートベルト法（Rietveld method）による解析も増加している．

B. X線光電子分光法（X-ray photoelectron spectroscopy, XPS）およびオージェ電子分光法（Auger electron spectroscopy, AES）

試料にX線を照射すると入射X線の吸収，散乱のほかに図11.3に示すように(i)内殻電子の励起にともなう光電子（photoelectron）の発生，(ii)照射によって生じた空位への，より高いエネルギー準位にある電子の緩和にともなう蛍光X線の発生，(iii)オージェ電子（Auger electron）の発生などさまざまな二次過程が生じる．

XPSは，試料に軟X線を照射した際に試料から放出される光電子の運動エネルギーを測定することにより，試料中の注目する元素の原子価（電子状態）を求める方法である．線源としては，Mg Kα線（1253.6 eV）またはAl Kα線（1486.6 eV）が用いられる．この場合，固体内における光電子の平均自由行程は1.0 nm以下程度であるため，試料表面近傍の情報を選択的に得ることができる．照射するX線のエネルギーを$h\nu$（hはプランク定数，νはX線の振動数），放出される光電子の運動エネルギーをE_k，放出される前の光電子が原子核に束縛されている強さを表す結合エネルギーをE_bとすると，光電子の放出におけるエネルギー収支は

$$E_b = h\nu - E_k - \phi \tag{11.11}$$

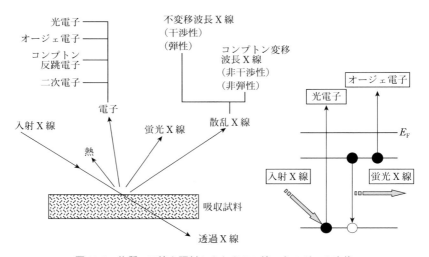

図11.3　物質へX線を照射したときのX線エネルギーの変換

と表される.ここで,φは分光器の仕事関数である.仕事関数は一般的には,基準となる元素の特定の軌道の電子エネルギーによって規格化する.このために不純物炭素の1s軌道の結合エネルギーを284.6 eV(あるいは285.0 eV)とする方法が汎用される.

　結合エネルギーは元素の原子価状態に固有のものであり,スペクトルの解析により,元素の同定,原子価,配位子からの電子移動の程度などに関する情報が得られる.一般に高原子価になるほど高結合エネルギー側にピークが観測されるため,XPSは金属元素の原子価を評価する場合にも利用される.また,酸素原子のように吸着酸素と表面の格子酸素で異なる位置にピークが観測される場合がある.一方,主ピークのほかにサテライトピークと呼ばれるピークが観測される場合がある.**図11.4**に酸化銅のスペクトルを示す.Cu^{2+}(CuO)では,933.6 eVおよび953.6 eVにそれぞれ$2p_{3/2}$, $2p_{1/2}$軌道からの内殻遷移に基づく主ピークが観測される.また,942 eV付近にブロードなサテライトピークが現れる.このサテライトピークは,Cu^{2+}に特有のものであり,シェイクアップ(shake-up)過程に起因するものである.X線によって内殻電子が励起・放出され,正孔が生じたとき急激なポテンシャル変化により,外殻電子が励起あるいは放出されることがある.シェイクアップ過程とは内殻電子の励起と同時に外殻の電子が空軌道に励起されることをいう.このとき内殻のイオン化に対応する主ピークの高束縛エネルギー側(低運動エネルギー側)に不連続なピーク(サテライトピーク)が出現する.一方,内殻のイオン化と同時に外殻電子が固体外部(真空中)まで励起される過程はシェイクオフ(shake off)過程と呼ばれ,主ピークの高束縛エネルギー側(低運動エネルギー側)に連続的なバンドが出現する.サテライトピークは,後述するオージェ

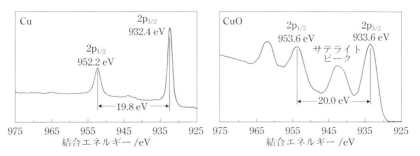

図11.4　Cu(Cu^0)とCuO(Cu^{2+})の2pスペクトル
[アルバック・ファイ,*Handbook of X-ray Photoelectron Spectroscopy*より]

第11章　触媒のキャラクタリゼーション

スペクトルとあわせて，元素の同定や原子価の決定に役立つ．XPSのピーク強度の比から試料表面の元素の相対濃度を求めることも可能である．さらに，イオンビームを用いたスパッタリングにより試料表面を削った後に測定を行うことで，深さ方向の元素分布に関する情報を得ることも可能である．

　オージェ電子分光法（AES）では，オージェ電子の運動エネルギーを測定することで表面近傍の定性・定量分析を行うことができる．XPSと相補的に利用することで有益な情報が得られる．例えば，XPSでは，Cu^{2+}とCu^+，Cu^0は，結合エネルギーが大きく異なり，Cu^{2+}には特有のサテライトピークが現れるために容易に区別することができるが，Cu^+とCu^0を区別することはできない．これに対してAESでは，Cu^+とCu^0は異なる運動エネルギーをもつため，区別することができる．

　またチャージアップ（表面の帯電）は，しばしば，結合エネルギーを求める際に障害となるが，ワーグナー（C. D. Wagner）らによって提案されたオージェパラメータ α

$$\alpha = E_k(\text{Auger}) - E_b(\text{XPS}) \tag{11.12}$$

を利用することで帯電によるピーク位置のずれの影響を受けずに結合エネルギーを評価することができる．ここで，$E_k(\text{Auger}), E_b(\text{XPS})$はそれぞれオージェ電子の運動エネルギー，光電子の結合エネルギーである．オージェパラメータは，線源に無関係である．

C.　X線吸収微細構造（X-ray absorption fine strcture, XAFS）

　図11.5に銅箔の**X線吸収スペクトル**（X-ray absorption spectrum, **XAS**）を示す．低エネルギー側から高エネルギー側へ吸収が減少していき，あるエネルギーで吸収が急激に立ち上がり，その後再び減少する．この吸収が急激に立ち上がる部分を吸収端と呼ぶ．この吸収は，電子の遷移確率に比例した量とみなすことができる．横軸のエネルギーから，X線を吸収する電子の始状態は銅原子の1s状態であり，この場合，1s電子の遷移なので，K（殻）吸収端と呼ぶ．この急激な立ち上がり部分のエネルギーが，XPSでの結合エネルギー，すなわち光電効果による光電子放出のための閾値に相当する．スペクトルは，吸収が急激に立ち上がった後，徐々に減少するだけではなく，微細構造があり，これは終状態の状態密度（density of states, DOS）を反映しており，終状態が単純な放射自由電子（光電子）の状態と「それ以外」の状態との重ね合わせであることを示している．この「それ以外」

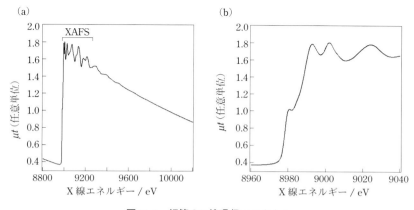

図11.5 銅箔のX線吸収スペクトル

の状態がX線吸収微細構造(XAFS)に反映される．図11.5(b)は図11.5(a)の吸収端付近を拡大したもので，**X線吸収端近傍構造**(X-ray absorption near edge structure, **XANES**)という．また，XANESより高エネルギーの部分には細かな振動をするスペクトルが観測される．これを**広域X線吸収端微細構造**(extended X-ray absorption fine structure, **EXAFS**)といい，両者をあわせてXAFSと呼ぶ．

XANESには，近似的に光電子が原子の電子束縛ポテンシャルから抜け出せず非占有軌道に励起する過程が反映される．XANESの解析から主に吸収原子の電子構造および局所構造の対称性などの幾何学的情報が得られる．吸収端よりも低エネルギー領域にプリエッジと呼ばれるピークが観測される場合があり，プリエッジピークは，特に対称性に敏感なため，配位数の推定に利用することができる．XANESによる触媒のキャラクタリゼーションでは，構造既知の標準試料のスペクトルとの比較から，その局所構造(特に対称性，配位状態)を議論する場合が多い．

一方，EXAFSによる構造解析では，バックグラウンドなどを除去して抽出したEXAFSスペクトルについてフーリエ変換を行う．EXAFSスペクトルは，隣接原子に一回散乱された電子が作る波の干渉に起因するものであり，一回散乱を仮定すると，EXAFSスペクトルの構造は，散乱電子の運動量kに対して隣接原子の配位数，原子間距離をパラメータとした簡単な式で表すことができる．つまり，スペクトルからは，隣接原子の配位数，原子間距離を見積もることが可能である．**図11.6**にCuOのEXAFSスペクトルとフーリエ変換後のスペクトルを示す．解析

第11章 触媒のキャラクタリゼーション

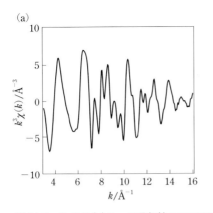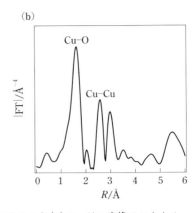

図11.6 CuOの(a) Cu–K吸収端EXAFSスペクトルと(b) フーリエ変換スペクトル

の手順は省略するが，フーリエ変換後のスペクトルを見ると，0.17 nmおよび0.26 nm付近にそれぞれCu–O結合，Cu–Cu対に帰属されるピークが現れていることがわかる．またカーブフィッティングを行うことで，Cu–O結合ならびにCu–Cu対の配位数を見積もることができる．

XAFSスペクトルの測定は，現在では，高輝度なX線の使用が可能であるシンクロトロン放射光施設(高輝度光科学研究センター(SPring-8)，高エネルギー加速器研究機構のフォトンファクトリー(KEK–PF)など)を利用して主に行われている．試料の形状(固体・液体・気体)を問わず，またガスや溶液の共存下でも測定が可能であることから，触媒のキャラクタリゼーションに広く利用されている．また最近では，光源や集光装置の発展によりスペクトルの空間・時間分解能の向上が著しい．例えば，入射X線の単色化を行うモノクロメータの角度掃引速度を高速化したQXAFS (quick XAFS)法や，ポリクロメータを用いてスペクトルを一度に測定するDXAFS (dispersive XAFS)法が開発され，触媒の動的過程(ダイナミクス)の研究に応用されている．

11.2.3 顕微鏡

顕微鏡は，固体のバルクおよび表面の構造・形態を観察するために有用な手法である．触媒をはじめとするナノ材料の観察には，光学顕微鏡の分解能の限界(約100 nm)を超えた空間分解能が必要となる．電子顕微鏡は，可視光よりも波長の短い電子線を利用することにより，理論的には透過電子顕微鏡の場合で0.1 nm

程度の分解能，すなわち原子レベルに到達する．また近年，探針と試料の相互作用によって生じるさまざまな物理量を信号として取り出し画像化する走査型プローブ顕微鏡（SPM）の発展は著しく，原子レベルでの表面構造の解析や反応中における表面の動的な変化の観察などに広く用いられている．これらの手法は，測定原理，得意とする対象，得られる情報が異なり，それらをよく理解したうえで適切に選択する必要がある．

A. 透過型電子顕微鏡（transmission electron microscopy, TEM），走査型電子顕微鏡（scanning electron microscopy, SEM）

電子線の波長は，光学顕微鏡で利用する光の波長の10^6分の1程度であり，微細な構造を観測するのに適している．試料に電子線を照射すると，透過電子のほか，二次電子や特性X線が発生する．透過電子を，電磁石を用いたレンズにより結像させることにより試料の拡大像を得る手法がTEMであり，電子線を用いて試料表面を2次元的に走査し，発生する二次電子を測定し，試料の凹凸を観測する手法がSEMである．また，これに関連した手法として試料から発生する特性X線を測定し，構成元素を分析する方法を**エネルギー分散型X線分光法**（energy dispersive X-ray spectroscopy, **EDS**もしくは**EDX**）という．

TEMは，数万倍程度の倍率で試料の形態，格子欠陥（転位，双晶，積層欠陥）の有無が調べられる．粉末試料では，粒子の凝集状態（一次粒子，二次粒子）についての情報が得られる．また10万倍以上の高倍率では，原子の配置が直接観測できる．そして，さらに細く絞った電子線を利用することにより数nmの領域の電子線回折像が得られる．最近では，電子線の干渉性や輝度，集束性さらには装置の安定性の向上によって電子線で試料を走査しながら透過電子を検出するSTEM（scanning TEM）が汎用されるようになり，さらに高角度に散乱された透過電子を環状の検出器により検出する高角度環状暗視野–STEM（high-angle annular dark field–STEM, HAADF–STEM）が利用されるようになった．HAADF–STEMでは，原子番号Zの二乗に比例したコントラストが得られ，重元素ほど明るく観測される．一般に担持金属触媒の金属粒子の成分には，担体よりも重い（原子番号が大きい）元素が用いられるため，HAADF–STEM像では，金属粒子の粒径分布をより明確にとらえることが可能である．

SEMは，粒子表面の凹凸など粒子の形態観測，二次粒子の観察，ゼオライトなどの結晶の観察などに適している．一般的な装置では，分解能は5 nm程度であり，高分解能の装置になると0.5 nm程度に達する．最近では，高輝度，高分

解能で像観察が可能な電界放出型SEM（field emission-SEM, FE–SEM）が主流となっている．基本的にはどんな試料でも測定可能であるが，導電性が悪い試料では，帯電（チャージアップ）が起こる．試料表面がチャージアップするとコントラストが低下し，観察の妨げになる．チャージアップを防ぐためにはAuなどを蒸着することが有効である．

B. 走査型プローブ顕微鏡（scanning probe microscope, SPM）

　固体表面を原子のスケールで直接観測できるSPMは，金属製の探針と試料との相互作用によって生じるさまざまな物理量を信号として取り出す顕微鏡であり，材料表面における原子・分子レベルでの構造や，微小領域の電子構造，物理的・化学的性質を解析するための強力な手法である．その代表例である**走査型トンネル顕微鏡**（scanning tunneling microscope, **STM**），**原子間力顕微鏡**（atomic force microscope, **AFM**）は，固体表面を構成する個々の原子または個々の吸着分子を画像化できる利点を有する．

　STMは，金属探針と試料の間に流れるトンネル電流を検出する顕微鏡である．試料の先端に先端の尖った白金やタングステンなどの金属探針を至近距離まで近づけ微小なバイアス電圧を印加するとトンネル効果により電子が飛び移りトンネル電流が流れる（**図11.7**）．電圧を印加することで延び縮みし，10 pm程度の高い空間分解能をもつ圧電素子（ピエゾ素子）を利用し，金属探針と試料の相対位置を制御する．試料と探針間の距離（トンネルギャップ）が1 nm程度になると，トンネル電流が検出可能になり，水平方向，垂直方向にそれぞれ0.1 nmおよび0.001 nm程度の分解能をもつ．探針の横方向の位置（x, y）を掃引し，トンネル電流を一定とするように垂直方向の位置を制御し，この垂直方向位置をマッピング

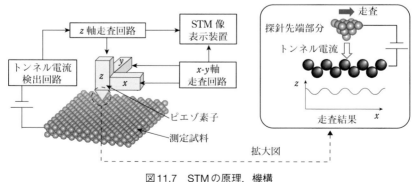

図11.7　STMの原理，機構

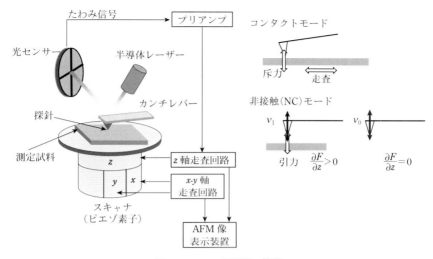

図11.8　AFMの原理，機構

することで3次元的に原子分解能をもつ像を得る．実際にSTMにより観察されるのは原子像そのものではなく表面の電子状態密度の空間的な分布である．触媒材料の多くは絶縁体であるので，STMの触媒試料への利用は限定されている．

　AFMは，探針と試料の間に作用する原子間力を検出する顕微鏡である（図11.8）．AFM探針はカンチレバーと呼ばれる小さな板バネの先端に取り付けられており，試料との間に働く引力または斥力を測定する．この探針と試料表面を微小な力で接触させ，カンチレバーのたわみ量が一定になるように探針－試料間距離zをフィードバック制御しながら水平（x-y方向）に走査することで表面形状を画像化する．この検出方法をコンタクトモードと呼ぶ．AFMは絶縁体表面の観測も可能である．AFMでは表面の形状を観察しているが，原子・分子の種類を区別することができないためにまったく無関係な不純物を観察してしまう場合もあり，注意が必要である．この問題を解決する非接触モード（non-contact mode, NC mode）も汎用されている．非接触モードでは原子分解能をもつAFM像が得られる．このモードでは，カンチレバーを共振周波数ν_0で振動させ，探針に働く力の勾配$\partial F/\partial z$が一定になるように表面を走査し，そのときの共鳴周波数の変化$\Delta \nu_1 (=\nu_1 - \nu_0)$から表面の情報を得る．また，共振周波数から少しずれた周波数ν_tで強制振動させ，表面との相互作用による周波数ピークのシフトにともなう振幅強度の変化を検出するタッピングモードと呼ばれる方法もある．

第11章 触媒のキャラクタリゼーション

SPMは，真空中，空気中，溶液中のいずれでも測定が可能であり，測定セル
を工夫することで電気化学的な測定を行いながら，あるいはガスなどを導入しな
がら動的な過程について測定を行うことが可能である．

11.2.4 紫外光・可視光・赤外光を利用する分析

波長の異なる，すなわちエネルギーの異なる光（紫外光，可視光，赤外光）を物
質に照射すると，光の吸収によってある特定のエネルギー準位間の遷移が引き起
こされる．例えば，赤外光を用いる赤外分光の場合，振動遷移が引き起こされる．
また，紫外光および可視光を用いる紫外・可視分光では，電子状態間の遷移が引
き起こされる．本節では，紫外光，可視光，赤外光を利用することによってどの
ような情報が得られるのかを述べる．

A. 紫外・可視分光（ultraviolet-visible spectroscopy, UV-vis）法

紫外・可視領域では，遷移金属種のd-d遷移，錯体や酸化物における原子間遷
移（ligand to metal charge trasfer（LMCT）やmetal to ligand chrge transfer
（MLCT））に基づく光の吸収バンドが現れる．一般に紫外領域の遷移は，ブロー
ドな吸収バンドを与える．電子状態間の遷移に基づくため電子吸収スペクトルと
も呼ばれる．この吸収スペクトルにより，吸収を示す種の原子価，配位構造（四
面体構造や八面体構造など），配位子場などの情報が得られる．また，π-π^*遷移，
n-π^*遷移などの分子内遷移も現れるため，吸着分子の観察にも利用される．

透過法により測定された吸収スペクトルの吸収強度は，**ランベルト－ベールの
法則**（Lambert-Beer law）により表される．

$$A = \log\left(\frac{I_0}{I}\right) = \varepsilon \cdot c \cdot l \tag{11.13}$$

ここで，Aは吸光度，I_0, Iはそれぞれ試料による吸収前の光の強度，吸収後の光（透
過光）の強度である．εはモル吸光係数（$dm^3\,mol^{-1}\,cm^{-1}$）であり，物質に固有の定
数である．cはモル濃度（$mol\,dm^{-3}$），lは光路長（cm）である．すなわち，吸光度
Aは，物質の濃度cと線形関係にあり，これをもとに定量的な議論が可能となる．

固体触媒などの固体試料の測定には，拡散反射法が用いられる．試料による光
の散乱を完全反射をみなすと光の拡散過程について以下の式が成立する．

$$\frac{k}{s} = F(R_\infty) = \frac{(1-R_\infty)^2}{2R_\infty} \tag{11.14}$$

ここで，R_∞は十分に厚い試料の反射率，k, sはそれぞれ吸収・散乱係数である．

$F(R_\infty)$ はクベルカ–ムンク関数(Kubelka–Munk function)と呼ばれ，透過法における吸光度に相当するものである．R_∞ は直接測定するのではなく，参照試料として白色の試料(MgO, $BaSO_4$ など)を用いて相対反射率 R_∞(試料)/R_∞(参照試料)を測定することで算出する．このとき，参照試料はすべての光を反射すると考えて取り扱う．拡散反射法で得られたUV–visスペクトルは，透過法で得られるスペクトルと定性的には同様であると考えてよい．

UV–visスペクトルは分子全体の電子状態を反映するため，吸収バンドの帰属は推定構造の遷移エネルギーの理論計算と実測値の比較によりなされる．担持遷移金属酸化物触媒の原子価・配位状態の評価，TiO_2 などの光触媒のバンドギャップ測定，金属クラスターのサイズ測定，表面プラズモン共鳴などの研究に応用されている．

B. 赤外分光(infrared spectroscopy, IR)法，ラマン分光(Raman spectroscopy)法

赤外領域($400\sim4000\,\mathrm{cm^{-1}}$)では振動遷移に基づく吸収が観測されるため，IR法では化学結合に関する情報が得られる．スペクトル上の吸収波数から定性分析が，吸収強度から定量分析ができる．また固体表面に吸着した化学種，固体表面のヒドロキシ基,金属酸素結合など触媒反応に関わる化学種の観察に有用であり，実験室で汎用される．一方，試料に可視・紫外領域の単色光を照射すると，試料との相互作用によりわずかに振動数が変化した散乱光が生じ，ラマン分光法ではこれを観測する．この振動数の変化をラマンシフトと呼ぶ．ラマンシフトは振動エネルギーに関する情報を含んでおり，IR法と同様に定性分析が可能である．

IR法とラマン分光法は，真空系や流通式反応装置と組み合わせることで *in situ* (その場)測定が行える実験系を簡便に構築することが可能であるため，広く利用されている．触媒の活性点のキャラクタリゼーションを行う場合には，プローブ分子を用いる方法と直接観測する方法がある．前者は，配位不飽和サイト，格子欠陥サイト，担体に分散担持された金属微粒子の表面などの測定に用いられ，これらのサイト自体は直接観測することができないためにプローブ分子(NH_3, CO_2, CO, N_2O, NOなど目的によって適宜選択する)が用いられる．例えば，固体表面の酸・塩基の性質に関する情報が得たい場合は，それぞれ NH_3 および CO_2 などを選択する．

11.2.5 磁気共鳴

磁気共鳴には，マイクロ波を用いる電子スピン共鳴（ESR）とラジオ波を用いる核磁気共鳴（NMR）がある．ESR分光法は不対電子をもつ分子，原子，イオンを高感度で観測できる手法である．一方，NMR分光法は溶液の有機分子の構造解析手段として不可欠であり，また固体中の短距離秩序を観測する方法として，触媒分野では，特にゼオライトの構造解析に広く用いられている．

A. 電子スピン共鳴（electron spin resonance, ESRまたはelectron paramagnetic resonance, EPR）分光法

磁場中に置かれた不対電子は，ゼーマン分裂（Zeeman splitting）を生じる（**図11.9**）．すなわち，不対電子の磁気モーメントは2つの方向を向き，そのエネルギー差に相当するマイクロ波を照射するとマイクロ波の吸収が起こる．

$$E(M_s = \tfrac{1}{2}) - E(M_s = -\tfrac{1}{2}) = g\mu_B H_0 = h\nu \tag{11.15}$$

ここで，H_0は磁場の強さ，μ_Bはボーア磁子（Bohr magnetron, βとも書く）である．係数gはスピン角運動量と磁気モーメントの間を結ぶ定数（自由電子では$g = 2.0023$）であり，g値と呼ばれる．g値は常磁性種に特有の実験的パラメータであり，不対電子（常磁性イオン，反応中間体）の同定ならびに電子状態の評価に利用される．また，不対電子周囲の核スピンとの相互作用に由来する超微細構造定数（hyperfine coupling constant）から不対電子がいくつの原子核と相互作用しているか，す

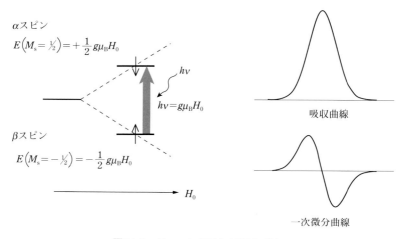

図11.9　ゼーマン分裂とESRシグナル

なわち配位状態に関する情報が得られる．ESRのシグナルは一次微分曲線で示され，一般に感度が高い．また，シグナルを積分することでラジカル濃度（スピン量）に関する情報が得られる．

固体触媒の分野では，酸化物表面の電子がトラップされた配位不飽和な活性サイト，Cu^{2+}，V^{4+}などの常磁性イオンの状態，固体表面に生成した活性酸素種（$O_2{}^-$，$O_3{}^-$，O^-など）のキャラクタリゼーションなどに利用されている．

B.　核磁気共鳴（nuclear magnetic resonance, NMR）分光法

NMR分光法は，溶液中の有機化合物の構造解析手段として飛躍的な発展を遂げた．原子核の陽子数，中性子数のいずれかが奇数である原子核は，ゼロでない核スピン角運動量（核スピン）I，核磁気モーメントμをもつ（例えば^{1}H, ^{13}C, ^{29}Siなど）．NMR活性な核は小さな磁石とみなすことができる．外部磁場がないとその核スピンはランダムな方向を向いているが，外部から磁場をかけると核磁気モーメントは許容された方向にだけ配向する．核スピンがIの核は，磁気量子数m_I（$m_I = -I, -I+1, \cdots, I-1, I$）に従って$2I+1$個の配向をとる．例えば，^{1}H（$I=1/2$）の場合，$m_I = -1/2, 1/2$の2種類の配向をとる．

ランダムな配向状態にある$I=1/2$の核に外部磁場H_0をかけると，核スピンは低エネルギー状態αと高エネルギー状態βにゼーマン分裂する．核スピンの向きはそれぞれ，外部磁場方向（ほぼ平行）とその反対方向（ほぼ反平行）となる．αスピンとβスピンの状態数の比はボルツマン分布（Boltzmann distribution）に従い，熱平衡状態にある．このとき，ゼーマン分裂のエネルギー差ΔEに相当するラジオ波を照射すると，そのエネルギーを吸収してわずかに多かった低エネルギー準位（αスピン状態）の核スピンがβスピン状態の準位に励起する．これが核磁気共鳴である．核磁気共鳴の感度は，αスピンとβスピンの状態の数の比で主に決定される．例えば．通常のNMR活性な核の場合，αスピンのβスピンに対する過剰率は$1/10^5$程度であることから，UV–vis法，IR法と比べると低感度である．

さて，ΔEに相当するラジオ波の周波数は，以下の式で表される．

$$\Delta E = h\nu = \frac{\gamma h}{2\pi} H_0, \quad \nu = \frac{\gamma}{2\pi} H_0 \tag{11.16}$$

ここで，H_0は磁場の強さ，γは核磁気回転比と呼ばれる核種に固有の定数である．一般に分子中には電子が豊富にあり，電子が核を外部磁場から遮蔽するため，その遮蔽の程度によって吸収の位置がシフトする．この遮蔽の程度は核の環境の違い（短距離秩序）を反映し，その尺度が化学シフト（chemical shift）として表される．

第11章　触媒のキャラクタリゼーション

　不均一系触媒の分析に用いられる固体NMR分光法では，試料に異方性がある
ために等方的な溶液のNMRと比較して線幅の狭いシグナルを得ることが困難で
ある．固体NMR分光法では，線幅の先鋭化を測るために磁場方向に対してマジッ
ク角（54.73°）で試料を高速回転させる**マジック角回転**（magic angle spinning,
MAS)**法**が用いられる．しかし，$I > 1/2$ の核（例えば ^{27}Al：$I = 5/2$）における核四
極子相互作用は，MAS法では完全に取り除くことができないため注意が必要で
ある．また天然存在比が低いために感度が低い核種（^{13}C，^{29}Siなど）については，
交差分極（cross polarization, **CP**)**法**が利用されることが多い．固体中では分子運
動が溶液中と比べて制限されているため，核スピンが低エネルギーの状態に戻る
緩和過程に含まれるスピン－格子緩和（縦緩和）が起こりにくく，感度が著しく低
下する場合がある．交差分極法では，例えば，緩和時間の長い ^{13}C核の磁化を緩
和時間の短い ^{1}Hに移し，緩和経路を確保し，緩和を速やかに行わせることによっ
て感度を向上させる．交差分極法は，固体試料の ^{13}C，^{29}SiなどのNMR測定でよく
用いられる．
　触媒化学の分野では，ゼオライトやポリ酸の構造解析，固体触媒上に吸着した
分子の状態や運動性，ゼオライトにおけるブレンステッド酸点の酸強度などの評
価に利用されている．**図11.10**に例としてY型ゼオライトの ^{29}Si MAS NMRスペ
クトルを示す．Siと隣接するAlの数に対応してSi（OSi）$_4$ユニットより低磁場側に
ピークが現れる．それぞれのピークの強度 $I_{Si(nAl)}$ から，ゼオライト骨格のSi/Al比
を求めることができる．

11.2.6　昇温スペクトル分析（昇温脱離法，昇温還元法，昇温酸化法）

　密閉容器中で試料を加熱し，一定温度で昇温することによって生じる気相組成
の変化から，固体の化学的性質を解析する手法が昇温スペクトル分析である．分
子の脱離を扱う手法が**昇温脱離法**（temperature-programmed desorption, **TPD**)
で，あらかじめ酸化された試料の還元過程を取り扱う手法が**昇温還元法**（temper-
ature programmed reduction, **TPR**)である．類似の方法として酸化過程を取り扱
う**昇温酸化法**（temperature-programmed oxidation, **TPO**)もある．
　TPDでは，脱離ピークの数から吸着種や吸着サイトの識別，脱離温度から化
学結合の強さ（結合状態），脱離量から吸着サイトの数に関する情報を得ることが
できる．吸着させる分子は，得たい情報によって適宜選択する．例えば，酸塩基
性を評価する際には，NH$_3$やCO$_2$がよく用いられる．COやNOをプローブ分子

11.2 表面・バルクの構造や性質の解析

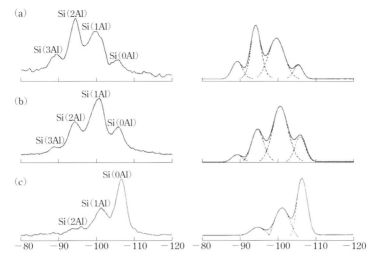

図11.10 Y型ゼオライトの ^{29}Si MAS NMRスペクトル
(a)（NH_4^+，Na^+）-Y型ゼオライトのスペクトル，(b) (a)の試料を空気中400 ℃で1時間焼成したもののスペクトル，(c) (a)の試料を水蒸気中700 ℃で1時間焼成したもののスペクトル．左は実測のスペクトル，右はガウス関数を用いて分離したピーク(点線)とその合成スペクトル．
［J. Klinowski *et al.*, *Nature*, **296**, 533（1982），Fig. 2より抜粋］

として用いると配位不飽和なサイトや活性サイトに関する情報が得られる場合がある．

　NH_3を用いたTPDによる固体酸の性質の評価については，その理論的取り扱いも進んでおり，広く利用されている．例えば，NH_3を用いたTPD測定の際に**質量分析**(mass spectrometry, **MS**)と赤外分光法を組み合わせ，MSにより脱離物の定量を行い，赤外分光法により触媒表面の酸性ヒドロキシ基および吸着種の定性分析を行う方法（IRMS-TPD法）が開発された．**図11.11**中の点線は，モルデナイト型ゼオライトにNH_3を吸着させ，MSを検出器として測定したTPDスペクトルである．この脱離ピークの面積は，触媒表面の酸性ヒドロキシ基から脱離したNH_3の量，すなわち酸量について，また，脱離温度から酸強度に関する情報が得られる．しかし，MSによる分析のみでは，どの温度領域でどのような種類の酸性ヒドロキシ基からNH_3基が脱離するのかについての情報が得られず，酸性ヒドロキシ基の種類とその酸強度の関連を結びつけることができない．そこで，**図11.12**に示すように各温度でIRスペクトルの測定を同時に行い，酸性ヒドロキシ

第11章　触媒のキャラクタリゼーション

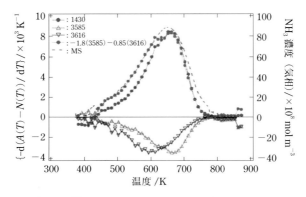

図11.11　モルデナイト型ゼオライトのIR-TPDおよびMS-TPDスペクトル
●：1430 cm^{-1}の吸収バンドの強度，△：3585 cm^{-1}の吸収バンドの強度，▽：3616 cm^{-1}の吸収バンドの強度，○：3585 cm^{-1}および3616 cm^{-1}の吸収バンドの強度にそれぞれ−1.8，−0.85を乗じ，足し合わせたスペクトル，---：質量分析計により得られたTPDスペクトル（MS-TPD）
[M. Niwa et al., *J. Phys. Chem. B*, **109**, 18479 (2005), Fig. 6]

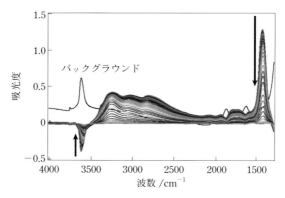

図11.12　アンモニアを吸着させたモルデナイト型ゼオライトのIRスペクトルの昇温過程における変化
図中の矢印は，温度上昇にともなうスペクトルの強度変化の方向を示す。
[M. Niwa et al., *J. Phys. Chem. B*, **109**, 18479 (2005), Fig. 5]

基（ブレンステッド酸点）に吸着したNH$_3$（NH$_4^+$）に帰属される吸収バンド（1430 cm^{-1}）とゼオライトの酸素12員環および8員環の細孔に位置する酸性ヒドロキシ基に帰属される吸収バンド（それぞれ3616 cm^{-1}，3585 cm^{-1}）の強度の増加あるいは減少（差スペクトルで表しているのでそれぞれ上向きと下向きの吸収バ

ンドとして現れている)の温度に対する変化(図11.11中の●，△，▽)を観測することによって，2種類の酸性ヒドロキシ基の酸強度(ここでは，酸素8員環に位置する酸性ヒドロキシ基の方が12員環に位置するものよりも脱離温度が高いことから強い酸強度を有することがわかる)，それぞれの酸性ヒドロキシ基の量を決定することができる．このようにIRMS–TPD法では，MSとIR法を組み合わせることにより酸点の構造，強度と量に関する情報を同時に得ることが可能である．

　TPRは，触媒の還元能や活性サイトの酸化還元特性を評価したり，最適な還元温度を設定する際に利用される．水素消費(場合によっては水の生成)ピーク温度から還元性を，ピーク面積から水素消費量(水生成量)を求めることが可能である．一方，TPOは，触媒の酸化能や活性サイトの酸化還元特性を評価したり，触媒上に吸着・析出した物質の酸素との反応性を評価する際に利用される．酸素消費ピーク温度から酸化性を，ピーク面積から酸素消費量を求めることができる．

11.3　反応機構の解析

11.3.1　吸着種の解析による反応機構の推定

　3.1節で述べたように固体表面での触媒反応には吸着過程が含まれることから，固体表面における反応物の吸着状態の解析は反応中間体および反応機構を解明するために不可欠である．固体表面に吸着した(あるいは錯体触媒に配位した)反応物の吸着(あるいは配位)状態は，11.2節で述べたIR, UV–vis, ESR, NMRなどいくつかの手法を必要に応じて組み合わせることによって同定される．

　ここでは，モルデナイト型ゼオライトへのブテン類の吸着を例として示す．ゼオライトは，2種類の表面ヒドロキシ基(結晶粒子の外表面に存在するシラノール($Si–OH$)と細孔内に存在する酸性ヒドロキシ基($Si(OH)Al$)を有する．モルデナイト型ゼオライトを重水素(D_2)で処理してIRスペクトルを測定すると，シラノールと酸性ヒドロキシ基のいずれについてもOHとODの振動に基づく吸収が観測される．OHの振動による吸収は$3616 \ cm^{-1}$に，ODは$2668 \ cm^{-1}$に現れる(**図11.13**)．このシフト幅は，簡単な計算で求めることが可能であり，同位体を利用することで，吸収バンドの帰属を確認することができる．**図11.14**にモルデナイト型ゼオライトに140 Kでイソブテンを吸着させ，温度を変化させた際の差スペクトル(直接観測されるスペクトルからモルデナイト型ゼオライト自身のスペク

第11章　触媒のキャラクタリゼーション

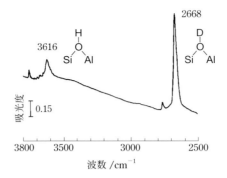

図11.13　ヒドロキシ基を重水素化したモルデナイト型ゼオライトのIRスペクトル
〔H. Ishikawa *et al.*, *J. Phys. Chem. B*, **103**, 5681 (1999), Fig. 1 より抜粋〕

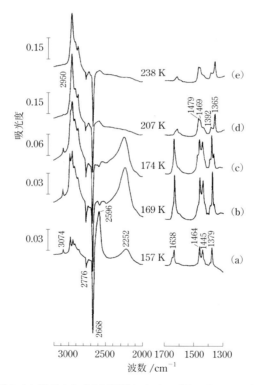

図11.14　モルデナイト型ゼオライトに吸着したイソブテンのIRスペクトルの温度変化
〔H. Ishikawa *et al.*, *J. Phys. Chem. B*, **103**, 5681 (1999), Fig. 2〕

トルを差し引いたスペクトル）の変化を示す．2800〜3100 cm^{-1}, 1638 cm^{-1}, 1300〜1500 cm^{-1}のバンドは，それぞれ吸着したイソブテンのCH伸縮振動，C＝C伸縮振動，およびCH変角振動に帰属される．酸性OD基の吸収バンド（2668 cm^{-1}）が下向きに現れていることは，酸性OD基が吸着分子などと相互作用した結果，フリーのOD基の量が減少したことを示している．温度の上昇とともにスペクトルが変化しているが，この変化は，吸着種と酸性ヒドロキシ基の相互作用の形態が弱い相互作用から強い相互作用に変化し，最終的には酸性ヒドロキシ基のプロトンが取り込まれる過程に対応している．このように反応の素過程に対応する吸着種の構造の変化に関する情報を得ることができる．

次に，Ag–MFI型ゼオライト触媒によるNO選択接触還元反応の表面吸着種を検討した例を示す．**図11.15**は，水素共存下と非共存下におけるIRスペクトルとアセテート種（Ag$^+$–CH$_3$COO$^-$）およびイソシアネート種（Ag$^+$–NCO）に帰属される1642 cm^{-1}および2170 cm^{-1}の吸収バンドの強度の変化を示したものである．アセテート種はNOとO$_2$を導入すると減少し，次いでイソシアネート種が生成し，その吸収バンドの強度が増加した後に急激に減少する．またこのとき，CN種に帰属される2110 cm^{-1}の吸収バンドは徐々に増加している．NOとO$_2$が共存するとNO$_2$が生成することはよく知られており，アセテート種はこの生成したNO$_2$と反応し，イソシアネート種に変化したと考えられる．イソシアネート種が存在する触媒表面にH$_2$Oを導入した際のスペクトルの変化から，イソシアネー

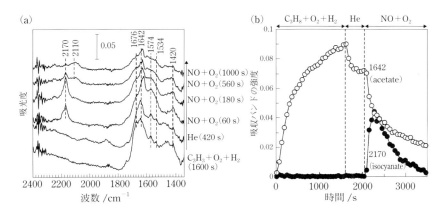

図11.15　Ag–MFI型ゼオライト上の吸着種のIRスペクトル（a）とアセテート種（1642 cm^{-1}）およびイソシアネート種（2170 cm^{-1}）の吸収バンド強度の時間変化（b）
〔K. Shimizu *et al.*, *J. Phys. Chem. C*, **111**, 6481（2007），Fig. 4〕

第11章　触媒のキャラクタリゼーション

ト種が，H_2Oを導入することにより加水分解を受けてNH_4^+イオンとCO_2を生成したことが明らかとなった．これらの結果から，（1）還元剤であるプロパンがアセテート種を生成する，（2）アセテート種はNO_2と反応し，イソシアネート種を生成する，（3）生成したイソシアネート種は加水分解を受けてNH_4^+イオンとCO_2を生成し，NH_4^+イオンとNO_2が反応してN_2とH_2Oを生成するという反応機構が提案された．水素の役割は酸素の還元的活性化であり，生成した活性酸素種によってプロパンからのアセテート種の生成が促進された結果，NO選択接触還元反応が促進されたと考えることができる．

11.3.2　速度論による反応機構の推定

　反応機構の解析には，吸着種の解析に加え速度論解析が重要である．多くの場合，吸着種は触媒表面に生成した反応中間体とみなすことができる．吸着種が関与する反応機構を推定し，推定した反応機構をもとに速度論解析を行い，実際の現象と矛盾がなければ推定した反応機構が支持されたことになり，律速段階について議論することもできる．以下に光照射下における酸化チタン（TiO_2）による常温でのアンモニアを還元剤とする常温・酸素共存下でのNO選択還元（光アンモニア脱硝，式（11.17））に関して，種々の分光法と速度論解析による反応機構ならびに律速段階を検討した例を示す．

$$4\,NO \;+\; 4\,NH_3 \;+\; O_2 \;\longrightarrow\; 4\,N_2 \;+\; 6\,H_2O \qquad\qquad (11.17)$$

　TiO_2の表面にはルイス酸点（Ti^{4+}サイト）が存在するため，アンモニアが吸着することができる．吸着アンモニア種は，IR法で実際に確認することができる．アンモニアを吸着させたTiO_2に光照射を行うとアミドラジカルが生成する．アミドラジカルはESR分光法により確認することができる．アミドラジカルに対して一酸化窒素（NO）を作用させると，速やかにアミドラジカルに帰属されるシグナルが消滅する．これは，アミドラジカルと安定ラジカル種である一酸化窒素が反応しラジカル種が消滅したことを示している．IRスペクトルによる検討から，アミドラジカルと一酸化窒素が反応するとニトロソアミド種（NH_2NO）が生成することが確認された．

　これらの結果から**図11.16**に示すイーレイ－リディール型の反応機構が提案された．まず，TiO_2上のルイス酸点にアンモニアが吸着し（Step 1），光照射で生成した正孔によって吸着したアンモニアが酸化されてアミドラジカルが生成する

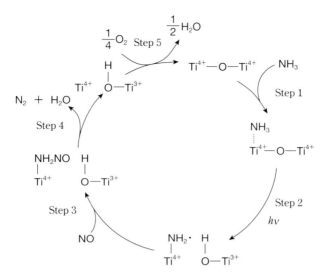

図11.16　酸化チタンによる光NO選択還元の反応機構
〔K. Teramura *et al.*, *Langmuir*, **19**, 1209（2003）〕

(Step 2)．アミドラジカルは速やかに安定ラジカルである一酸化窒素と反応して，反応中間体であるニトロソアミド種が生成する(Step 3)．ニトロソアミド種は窒素と水に分解され(Step 4)，一方で生成した電子がトラップされて生成した3価のチタン原子は酸素によって元の4価へと再酸化されて(Step 5)，触媒サイクルが完成する．提案された機構の各ステップを素過程として取り扱い，定常状態近似法(3.1.3項)を適用すると各素過程を律速段階と仮定した場合の速度式を導出することができる．一方，反応物であるNO, NH$_3$, O$_2$の濃度，光強度を変化させて反応速度を測定することで各要素に対する反応次数を決定し，実験的に速度式を導出することができる．また導出した速度式と実験から得られた速度式を比較することで律速段階を決定することができる．このようにして，本反応の律速段階はStep 4のニトロソアミドの分解過程であると決定された．

　律速段階が決定されれば，触媒の改善すべき物性や反応条件の最適化について具体的な方向を示すことが可能となる．例えば，上記の例の場合では，光が関与しないニトロソアミド種の分解過程が律速段階であり，この過程の速度をいかに向上させるのかが問題となる．この例では，触媒の酸強度を制御し弱い酸点の量を増加させること，あるいは反応温度を上昇させることにより反応速度を向上さ

せることに成功している．なお，前者は，次節で述べる量子化学計算によりニトロソアミド種の分解速度に対する酸強度の影響を検討した結果，弱い酸点に形成されたニトロソアミド種は強い酸点に形成されたニトロソアミド種に比べて分解されやすいと示されたことを根拠にしている．

11.4　計算化学

　計算化学とは量子化学や古典力学を用いて，分子や固体表面などの電子状態や化学反応，動的過程（ダイナミクス）を計算する方法である．現在，計算化学は，理論や計算アルゴリズム，プログラム・パッケージ，計算機の発展により，さまざまな化学の分野において，実験結果の解析や新しい材料の設計などに活用されている．また，計算化学では実験による観測が困難である反応の中間体や遷移状態，反応経路に関する情報が得られ，反応全体の詳細なエネルギー変化を計算することもできる．触媒の分野においても，触媒を用いた反応系の多くは複雑であるにもかかわらず，計算化学はさまざまな系に適用されている．計算化学的手法は，*ab initio* 分子軌道法，密度汎関数法，分子動力学法，第一原理分子動力学法などに大きく分類される（**図11.17**）．各々の方法には特徴および長所・短所があり，触媒の種類や研究の目的に応じて方法が選択される（**表11.2**）．ここでは上記の方法について簡単に説明し，均一系触媒と不均一系触媒および光触媒に関する計算化学の応用例を紹介する．

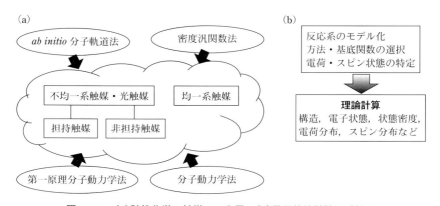

図11.17　（a）計算化学の触媒への応用，（b）電子状態計算の手続き

11.4　計算化学

表11.2　計算化学の方法の特徴

方　法	特　徴	長　所	短　所
ab initio 分子軌道法	量子化学，波動関数	高精度	高コスト
密度汎関数法	量子化学，電子密度	低コスト，高精度	理論の系統的改善が困難
分子動力学法	古典力学	ダイナミクスを記述	化学反応が記述できない
第一原理分子動力学法	量子化学，古典力学	電子状態，ダイナミクスの両方を記述	高精度の計算が困難

11.4.1　計算化学の方法

　一般的に *ab initio* 分子軌道法（非経験的分子軌道法）とは，**ハートリー－フォック法**（Hartree–Fock method）という近似に基づく波動関数理論のことをいう．ハートリー－フォック法は独立粒子近似とも呼ばれ，電子が他の電子と原子核のなすポテンシャル場を運動するという描像に基づいている．その波動関数は単一の行列式（スレーター行列式）で記述され，パウリの原理を満たす．このハートリー－フォック法は軌道概念を用いており，電子構造や反応性を定性的に理解するうえで非常に有用である．例えば，フロンティア軌道理論のHOMO–LUMO相互作用に基づけば，HOMO, LUMOという特定の軌道の位相や大きさから反応性を定性的に理解することができる．ハートリー－フォック法は簡便であり，全電子エネルギーの約95 %をカバーできるが，電子と電子の衝突の効果（電子相関）を記述していないために，一般的に「化学的精度」といわれるエネルギー（kcal mol^{-1}）の記述には十分でない．電子相関を記述する方法には，配置間相互作用法（configuration interaction method, CI法），摂動法（Møller–Plesset method, MP2法など），クラスター展開法（coupled cluster method）やそれらを融合した方法がある．最近では，金属を含む系で重要となる強い電子相関を記述する密度行列繰込群（density matrix renormalization group, DMRG）を用いた方法なども発展してきている．電子相関を考慮した波動関数理論では，分子の構造や振動数，結合エネルギー，イオン化エネルギーなどさまざまな物性をかなりの精度で計算することができる．現在，分子の平衡構造付近の構造ではクラスター展開法の1つであるCCSD (T)法が「gold standard」として認識されており，きわめて高い精度の計算が可能である．

　密度汎関数法（density functional theory, DFT法）も上述の *ab initio* 分子軌道法と同様に，電子の運動エネルギー，原子核からの引力エネルギー，電子間のクー

251

第11章 触媒のキャラクタリゼーション

ロン反発エネルギー，電子間の交換・相関エネルギーを計算する．分子軌道法と密度汎関数法の違いは，前者が交換エネルギーのみを計算するのに対して，後者は交換エネルギーと相関エネルギーを計算する点である．なお，汎関数とは関数を関数で表す方法であり，密度汎関数法ではポテンシャルを電子密度の関数として表現している．密度汎関数法ではさまざまな汎関数が開発されており，ハートリー―フォック法と同程度の計算コストで電子相関を記述できるという長所がある．密度汎関数理論は，1964年のホーヘンベルグ（P. Hohenberg）とコーン（W. Kohn）の理論が基礎となっている（ホーヘンベルグ―コーンの定理）．この基礎理論は，基底状態のハミルトニアン（量子系の全電子エネルギー）は電子密度のみで一意的に表されること，電子密度で表現されたハミルトニアンはエネルギー最小となる解をもつこと（変分原理）の2つの定理からなる．現在は1965年に発表された**コーン―シャム法**（Kohn–Sham method）が密度汎関数法の主流となっており，分子系や固体表面の電子状態の計算に広く利用されている．コーン―シャム法はハートリー―フォック法と同様の一粒子近似である．

　分子動力学法は，物質を構成する原子や分子の古典的な運動方程式を解いて，それらの構造や物性などを求める方法である．したがって，分子軌道法や密度汎関数法が電子の軌道や密度を解くのに対して，分子動力学法は原子や分子の古典的な運動を解くという点で，基本的に異なる．分子動力学法では，運動方程式を解くことで物理量の時間変化に関する情報が得られるので，拡散係数，熱伝導率，IRの吸収スペクトルなど，種々の物性を計算できる．例えば，固体表面における分子の吸着過程，タンパク質やミセル，溶液のダイナミクスを研究することができる．古典的な運動方程式を解くので，並列計算が比較的容易であり，現在では巨大な系も取り扱うことができる．一方で，分子動力学法では，結合の解離や結合の変換をともなう化学反応を取り扱うことができない．

　第一原理分子動力学法は，*ab initio* 分子軌道法や密度汎関数法で電子状態を記述し，原子核のダイナミクスを動力学法で計算する方法である．1985年に発表された**カー―パリネロ法**（Car–Parrinello method, CP法）が有名であり，CP法では一般的に密度汎関数法を用いる．この方法は化学反応が起こるダイナミクスの理論解析にも用いることが可能であり，反応における触媒や反応系のダイナミクスを解析することができる．また反応座標を変化させて動力学計算を行うことで，反応の自由エネルギーを計算することもできる（ブルームーンアンサンブル法）．一方で，化学反応は反応系が衝突しても実際に反応する頻度が少ない（レア・イ

ベント)ので,エネルギーバリアが高い反応を第一原理分子動力学法でシミュレーションするのには困難がある.

11.4.2 均一系触媒への応用

　均一系触媒(錯体触媒)は,孤立系の単一分子であり計算しやすいので,計算化学が比較的古くから応用されてきた.最近では,均一系触媒においても多核金属錯体が開発されているが,その反応解析にも計算化学が活用されている.これらの理論計算には,主に *ab initio* 分子軌道法や密度汎関数法が利用されている.理論計算では,これらの理論や方法の選択に加えて,計算コストの観点から,反応で重要となる部分系を切り出して反応系を「モデル化」する.また,分子軌道を記述するために各原子上に置く「基底関数系」を選択する必要がある.さらに,系に金属が含まれる場合は配位子場によっていくつかのスピン状態をとりうるので,それを特定する必要もある.このように均一系触媒の計算では,反応系をどのようにモデル化するか,どのような方法や基底関数を選択するかが大切になる(図11.17(b)).また反応に関与するスピン状態を特定し,反応の中間体,遷移状態を適切に計算する必要がある.触媒反応の反応機構においては,高いエネルギー障壁がないか,非常に安定な中間体が生成し,反応が止まることがないか,という点が重要である.反応の選択性には,生成系の熱力学的な安定性だけでなく,生成系に至るエネルギー障壁の高さが重要であり,速度論的に選択性が決定される場合がある.理論計算によりこうした情報を得ることができ,触媒の改変や新しい触媒設計の際の重要な知見となる.

　ここでは一例として,Pd触媒によるアレンのシリルボリル化反応(式(11.18))の反応機構に関する理論研究について解説する.生成物である β-シリルボランは求核的アリル化反応に有用な化合物であり,さまざまな物質の合成へ展開が可能である.

$$(11.18)$$

第11章 触媒のキャラクタリゼーション

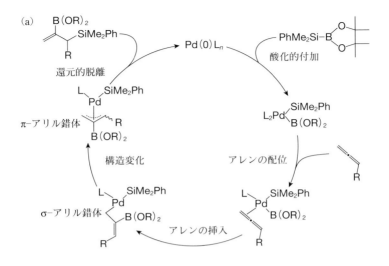

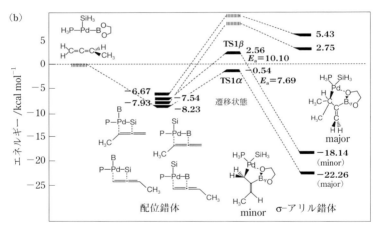

図11.18 Pd触媒によるアレンのシリルボリル化反応の触媒サイクル(a)とアレンの配位と挿入ステップのエネルギーダイアグラム(b)
[Y. Abe *et al.*, *Organometallics*, **27**, 1736 (2008)]

この反応は位置選択的に進行するが,反応が容易に進行し中間体を単離できないことから,その反応機構は未解明であった.**図11.18**(a)にこの反応の触媒サイクルを示す.まずシリルボランが酸化的付加し,アレンが配位した後,アレンが挿入されてσ-アリル錯体を形成する.このσ-アリル錯体が構造変化してπ-アリ

ル錯体となり，Pd触媒が還元的脱離することでβ–シリルボランが生成する．中間体であるσ–アリル錯体にはいくつかの構造の可能性があるが，そのうち**図11.18**(b)に示すように，酸素の非共有電子対がPdに配位して生成するσ–アリル錯体が安定であり，主生成物の前駆体であるσ–アリル錯体が生成する経路のエネルギー障壁の方が低く，このことが反応全体の位置選択性を決めていることが理論計算から明らかになった．特に，この反応では副生成物が主生成物より熱力学的に安定であるので，熱力学的な機構ではなく速度論的な機構でシリルボランに内部アルケンが挿入することが理論的に示された．

　本理論計算は，反応系をモデル化（配位子LのPPh$_3$をPH$_3$に，アレンのRをCH$_3$にしたモデル）して行った結果であるが，置換基による電子供与，電子求引などの電子的効果や立体効果を考慮することが重要な場合もある．また溶媒分子の直接的な配位の効果，あるいは分極の効果が影響する場合もある．これらの効果は，実際の系に近いモデルで計算すれば考慮できるが，計算コストの関係からすべてを含めることが困難な場合もある．そのような場合は，置換基や溶媒分子の効果を低コストの計算方法で計算するONIOM法や，古典的な力場で記述するQM/MM法などが用いられる．ONIOM法では反応系全体を2, 3種類の領域に分割して，反応系で重要な部分は高精度な理論で計算し，反応中心から遠い周辺領域には低コストの精度の理論で計算する．これによって大規模系の理論計算を可能にする方法である．QM/MM法も同様に，反応中心領域では量子化学計算を行い，周辺領域には分子力場を用いて計算する方法である．

　また反応によっては，反応機構が複雑で予測が困難な場合もある．最近，反応経路を自動的に計算することができる反応経路自動探索法（global reaction route mapping, GRRM法）が化学反応の解析や予測に強力な方法として開発されている．実際に，多成分反応であるパッセリーニ反応などではGRRM法によって新しい反応機構が発見されている．GRRM法は多数の分子構造におけるエネルギー計算を必要とするので，計算コスト軽減のために探索法の工夫や並列計算アルゴリズムの開発が進められている．

11.4.3　不均一系触媒と固体光触媒への応用

　不均一系触媒を用いた反応は，固体表面に分子が吸着して進行するため，反応機構を議論する際には固体表面の電子状態を適切に記述する必要がある．その意味では，均一系触媒よりもモデル化や計算方法に工夫が必要になる．一般的に用

第11章　触媒のキャラクタリゼーション

いられている方法として，（1）クラスターモデルを用いて固体表面から反応サイトを切り出して計算する方法，（2）スラブモデルを用いて周期境界条件を課した密度汎関数法がある．スラブモデルでは，表面を記述するために周期的なセルを考え，その中に表面層（スラブ）と真空層を考える．（1）の方法は化学反応が局所的に起こることを利用しており，高度な汎関数を用いた密度汎関数法が利用できる．一方で表面から原子の集合（クラスター）を切り出すため，バルクでは計算できるバンドギャップや電子状態がうまく記述できない場合がある．（2）の方法は固体表面を半無限とモデル化して記述する方法であるが，周期境界条件を課して計算を行うことから計算コストが大きく，汎関数には制限がある．これらの方法の長所を生かして制限を克服するためのモデルの開発も行われている．

　ここではアルミナ表面に担持した銀クラスターによる水素の活性化に関する理論解析について紹介する．銀表面は酸素を活性化し，アルケンの部分酸化に活性を示すが，一方で水素は活性化しない．最近，アルミナ表面に担持された銀微粒子が水素を活性化し，選択的にニトロ基をアミノ基に変換することが実験で見出された．また1nm以下の大きさでは銀微粒子の活性が高いこと，同位体効果から水素の活性化が律速段階であることなどが実験的に観測された．

　理論計算では，スラブモデルを用いた周期境界密度汎関数法によって，**図11.19**（a）に示す銀クラスターをアルミナ表面に担持したモデルについての解析が行われている．一般的に反応性を議論するには状態密度（DOS）の計算が行われる．銀のバルク固体のd–バンド（d軌道による伝導帯）中心のエネルギーはフェルミ準位から−4.4eV付近にあるが，アルミナ表面に担持された銀クラスターは−3.6eV程度であり，このために銀クラスターでは反応性が高くなることがわかる．**図11.19**（b）には銀クラスター上のいくつかのサイトにおける水素分子の解離吸着エネルギーを示す．この結果から解離吸着は銀クラスターとアルミナ表面の「境界領域」で起こり，電子密度解析から水素分子はヘテロリティック（Ag–H$^{\delta-}$，O–H$^{\delta+}$）に解離することが示された．この解離した水素がニトロ基を選択的に水素化すると考えられる．また図11.19（b）では，左から順にd–バンド中心がフェルミ準位に近いサイトの解離吸着エネルギーを示しているが，境界領域のサイトではd–バンド中心のエネルギーと水素の解離吸着エネルギーが相関していることがわかる．また，水酸化されたサイトで解離吸着エネルギーが小さいことから，水酸化されていないサイトが重要であることがわかる．

　固体光触媒の理論研究では，理論モデルや計算方法が確立していないが，スラ

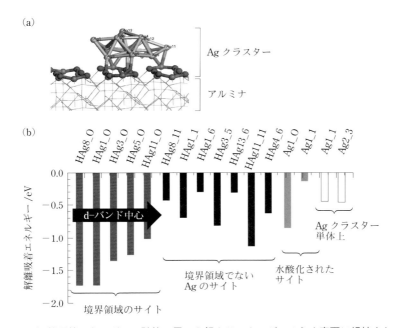

図11.19 解離吸着エネルギーの計算に用いた銀クラスターがアルミナ表面に担持されたスラブモデル(a)および各反応サイトにおける解離吸着エネルギー(b)
1 eV＝96.5 kJ mol^{-1}である．
[P. Hirunsit et al., J. Phys. Chem. C, **118**, 7996 (2014)]

ブモデルを用いた周期境界密度汎関数法によるバンドギャップの計算などが行われている．励起状態の固体表面における化学反応には，クラスターモデルで励起状態を計算する方法や，周期境界密度汎関数法で励起状態を表す方法として三重項状態のような高いスピン状態で近似する方法が用いられる．ここでは酸化チタンTiO_2の(101)面におけるNH_3−SCR(8.2節参照)によるNO還元に関する研究について紹介する．実験からNH_3がTiO_2表面に吸着することによって可視光領域の光吸収が現れ，NOに対して高い還元活性を示すことが見出された．またクラスターモデルを用いた計算によって，この固体光触媒の初期過程に関する理論解析が行われた．反応系の励起状態については，時間依存密度汎関数法(TD−DFT法)によって計算している．理論計算から，この可視光領域の光吸収はNH_3がNH_2＋Hに解離して吸着したTiO_2表面によるものであり，**図11.20**(a)に示すようにNの2pからTiO_2表面のTiの3d軌道への電荷移動遷移に対応していることが示された．さらに励起による電荷分離によって生じるスピンがESRの観測結果

第11章 触媒のキャラクタリゼーション

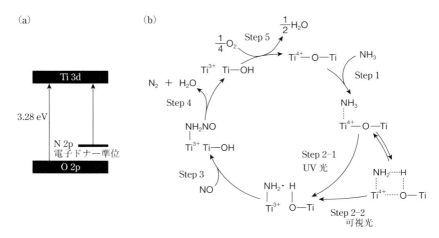

図11.20 酸化チタン表面におけるNH₃-SCRによるNO還元の光励起(a)および反応サイクル(b)
[S. Yamazoe *et al.*, *J. Phys. Chem. C*, **111**, 14189 (2007)]

に対応していることも示されている．以上の実験と理論計算から，反応機構が**図11.20**(b)の反応サイクルであることが提案されている．このように実験と理論計算を組み合わせることで，触媒反応の詳細を明らかにすることができる．

演習問題

❖演習問題

11.1 固体触媒の比表面積，細孔径分布，細孔容積などの物理的性質を決定する際に液体窒素温度における窒素の吸着等温線が利用される．BET式に基づいて比表面積を求める手順について説明しなさい．

11.2 担持金属触媒について，担持された金属の粒子径は活性に密接に関連する重要なパラメータである．金属の粒子径を実験的に決定する手法を3つあげ，それぞれの原理と特徴について述べなさい．

11.3 光電子分光法(XPS)およびオージェ電子分光法(AES)の原理ならびにその特徴を簡単に説明しなさい．また，これらの手法が表面敏感な手法であることの理由を述べなさい．

11.4 紫外・可視吸収スペクトルは，半導体型光触媒のバンドギャップエネルギーの大きさを見積もる際に汎用される．例えば，ルチル型の酸化チタン(TiO_2)のバンドギャップエネルギーは，3.0 eVと見積もられている．このエネルギーに相当する光の波長を求めなさい．一方，酸化タングステン(WO_3)のバンドギャップは，2.8 eVと見積もられている．このエネルギーに相当する光の波長を求めなさい．可視光を利用する際，適しているのはTiO_2とWO_3のいずれか．求めた波長をもとに考察しなさい．

11.5 固体触媒表面の酸性質を評価・解析することを考える．このために有用な手法を3つあげ，具体的な分析例を示し，解析方法について簡単に述べなさい．

11.6 *ab initio*分子軌道法，密度汎関数法の特徴について簡潔に説明し，触媒反応に適用する手順について説明しなさい．

11.7 熱力学的安定性と速度論的選択性についてエネルギーダイアグラムの概略図を描いて簡潔に説明しなさい．

259

さらに勉強をしたい人のために

［触媒化学全般に関して］

・菊地英一，射水雄三，瀬川幸一，多田旭男，服部 英，新版 新しい触媒化学，三共出版（2013）
　　→触媒化学の入門者向けの教科書．触媒作用の基礎から解析法，工業触媒に至るまでを網羅しており，触媒化学全体を見渡すことができる．反応速度論，吸着についても記述がある．

・江口浩一 編著，触媒化学（化学マスター講座），丸善出版（2011）
　　→触媒化学の入門者向けの教科書．触媒作用の基礎から解析法，工業触媒に至るまでを網羅しており，触媒化学全体を理解することができる．

・触媒学会 編，触媒便覧，講談社（2008）
　　→触媒に関する基礎科学，解析手法，触媒調製，触媒反応の詳細な解説書．

［第2章　化学産業と触媒プロセスに関して］

・岩本正和 監修，触媒調製ハンドブック，エヌ・ティー・エス（2011）
　　→代表的な触媒の調製レシピを系統的にまとめた専門書．

・C. J. Brinker, G. W. Scherer, *Sol-Gel Science*, Academic Press, San Diego（1990）
　　→ゾルゲル反応の基礎から得られる材料の物性まで全般を記した良書．

・J. B. Butt, E. E. Petersen, *Activation, Deactivation, and Poisoning of Catalysts*, Academic Press, San Diego（1988）
　　→触媒の被毒と劣化に関して化学工学的の立場から解説した専門書．

［第3章　触媒反応の反応機構および反応速度論に関して］

・慶伊富長，反応速度論 第3版，東京化学同人（2001）
　　→反応速度論の基礎理論を学ぶのに適した解説書．

・田中一義，田中庸裕，物理化学（化学マスター講座），丸善出版（2010）
　　→物理化学の教科書．反応速度論を含め，全般に一般的な教科書よりも深く踏み込んだ解説がなされている．

さらに勉強をしたい人のために

- 上松敬禧，中野勝之，多田旭男，広瀬 勉，右脳式 演習で学ぶ物理化学—熱力学と反応速度，三共出版（1993）
  →熱力学・速度論の入門的な教科書．演習問題が多く掲載されており，物理化学を苦手とする学生が取り組みやすくなっている．

［第4章　石油精製プロセスおよび石油化学プロセスおよび第5章　工業触媒に関して］

- 佐藤博保，読んで楽しむ身の回りの化学—有機化学，講談社（2008）
  →身の回りの石油化学製品について漫画を交えてやさしく解説してある．
- 加部利明 監修，水素化精製—Science and Technology，アイピーシー（2000）
  →水素化精製プロセスについて詳細なデータを交えて解説した専門書．
- 石油学会 編，石油化学プロセス，講談社（2001）
  →主要な石油・石油化学メーカーの研究者・技術者が記した石油化学プロセスの専門書．
- B. K. Hodnett, *Heterogeneous Catalytic Oxidation*, John Wiley & Sons, Chichester（2000）
  →不均一系触媒による選択酸化反応，燃焼反応について触媒の基礎からプロセスまでを幅広く解説してある．

［第6章　ファインケミカルズ合成触媒1：不均一系触媒に関して］

- 小林 修，小山田秀和 編，固定化触媒のルネッサンス，シーエムシー出版（2007）
  →ファインケミカルズ合成に関するトピックが豊富に記述されており，近年の分野の進展が理解できる．
- 日本化学会 編，ナノ粒子（化学の要点シリーズ7），共立出版（2013）
  →不均一系触媒において重要なナノ粒子に関して，形成原理から合成法に至るまで詳細かつ広範な記載がされている．
- R. A. Sheldon, H. van Bekkum, *Fine Chemicals through Heterogeneous Catalysis*, Wiley-VCH, Weinheim（2001）
  →古典的な工業触媒反応だけでなく，均一系触媒反応など重要なファインケミカルズ合成についてほぼ網羅されており，この1冊で広範な知識が得られる．

さらに勉強をしたい人のために

[第7章　ファインケミカルズ合成触媒2：均一系触媒に関して]

- 山本明夫，有機金属化学―基礎と応用，裳華房(1982)

  →触媒反応に関する記載がやや古いが，有機金属化学の教科書として歴史的な名著.

- L. S. Hegedus, B. C. G. Soderberg 原著，村井真二 訳，ヘゲダス遷移金属による有機合成 第3版，東京化学同人(2011)

  →*Transition Metals in the Synthesis of Complex Organic Molecules, 3rd Edition* の訳本．有機化学者向けに触媒反応を系統的にまとめられており，電子の流れを多用した反応機構の説明はときに複雑な骨格変換をともなう遷移金属触媒反応を理解するのにうってつけ．学部，大学院向けの教科書として最適.

- 有機合成化学協会 編，辻 二郎 著，有機合成のための遷移金属触媒反応，東京化学同人(2008)

  →遷移金属触媒反応を学ぶうえで必須の素反応が平易に解説されている．また，実際の触媒反応を多数紹介し，その反応機構をわかりやすく解説している.

- 松田 勇，丸岡啓二，有機金属化学(基礎化学コース)，丸善出版(1996)

  →実例を多く取り上げて有機金属から触媒反応まで全般を解説した良書．大学生が独学するための教科書として最適.

- 植村 榮，大嶌幸一郎，村上正浩，有機金属化学(化学マスター講座)，丸善(2009)

- 中沢 浩，小坂田耕太郎 編，有機金属化学(錯体化学会選書)，三共出版(2010)

  →上記2冊は比較的新しい有機金属化学の教科書．初学者向けで，基礎から触媒反応まで学ぶのによい.

- 野依良治，柴﨑正勝，鈴木啓介，玉尾皓平，中筋一弘，奈良坂紘一 編，大学院講義有機化学，東京化学同人(1999)

  →有機化学全般に関する大学院向けの教科書だが，有機金属に関する記述が充実しており，触媒反応を理解するうえで必要な内容を無機化学から有機金属化学，そして有機化学まで学べる良書.

- J. F. Hartwig 原著，小宮三四郎，穐田宗隆，岩澤伸治 監訳，ハートウィグ有機遷移金属化学，東京化学同人(2014)

  →*Organotransition Metal Chemistry from Bonding to Catalysis* の訳本．内容が充実しており，この1冊で遷移金属触媒の基礎から応用研究まで網羅できる.

- 山本明夫 監修，有機金属化合物―合成法と利用法，東京化学同人(1991)

  →有機金属化合物の取り扱い手法から実際に触媒として利用される遷移金属錯

さらに勉強をしたい人のために

体の合成方法までがまとまっている，すぐれた実践書．有機金属の実験操作の基礎がていねいに紹介されている．

・日本化学会 編，不活性結合・不活性分子の活性化—革新的な分子変換反応の開拓（CSJカレントレビュー），化学同人（2011）
　→C–H結合の活性化に代表される不活性結合の変換反応の最近の動向がまとめられている．

・玉尾皓平 編著，有機金属反応剤ハンドブック—$_3$Liから$_{83}$Biまで，化学同人（2003）
　→元素ごとに合成反応や触媒反応への利用例がまとめられている．金属を用いた合成反応を研究するうえで手元に置いておきたい名著．

・檜山爲次郎，野崎京子 編，有機合成のための触媒反応103，東京化学同人（2004）
　→実験例をあげ，さまざまな触媒反応を紹介している実践書．

・丸岡啓二，野崎京子，石井康敬，大寺純蔵，富岡 清 編，使える！有機合成反応241実践ガイド，化学同人（2010）
　→金属触媒反応が多数取り上げられている．典型的な反応の実験操作が記載され，反応のポイントやコツ，応用例が記述されているので，実際に触媒反応を使うときに役立つ．

・有機合成化学協会 編，天然物の全合成：2000〜2008（日本），化学同人（2009）
　→反応機構などの詳細に関しては触れられていないが，天然物合成に触媒反応がどのように利用されているかを学ぶには最適．

・足立吟也，岩倉千秋，馬場章夫 編，新しい工業化学—環境との調和をめざして，化学同人（2004）
　→工業的に重要な均一，不均一系触媒反応が網羅されている学部生向けの教科書．

有機分子触媒について

・柴﨑正勝 監修，有機分子触媒の新展開，シーエムシー出版（2006）
　→有機分子触媒の分野で顕著な成果をあげる執筆陣が，プロリンからデザイン型の有機触媒まで広範に各自の研究を中心として解説した名著．

・丸岡啓二 編，進化を続ける有機触媒—有機合成を革新する第三の触媒（化学フロンティア），化学同人（2009）
　→有機分子触媒の歴史的背景と最新のトピックを幅広く取り上げた有機触媒の入門書．

さらに勉強をしたい人のために

［第8章　環境触媒に関して］

- 日本表面科学会 編，環境触媒—実際と展望，共立出版（1997）
  →環境触媒技術全般にわたる専門書．
- 岩本正和 監修，環境触媒ハンドブック，エヌ・ティー・エス（2001）
  →当時の最新の後処理触媒技術をまとめた総合的な技術解説書．
- 御園生 誠 監修，環境にやさしい科学技術の開発，シーエムシー出版（2006）
  →自動車触媒からグリーンケミストリーまでを網羅した専門書．
- 村上雄一 監修，最新・触媒の劣化原因と防止対策，技術情報協会（2006）
  →工業触媒の劣化機構と対策を集大成した解説書．
- 新山浩雄 監修，触媒利用技術集成，信山社サイテック（1991）
  →主にエネルギーと環境分野の触媒プロセスについてまとめた専門書．

［第9章　エネルギー関連触媒に関して］

- 御園生 誠，村橋俊一 編，最新グリーンケミストリー—持続的社会のための
  化学，講談社（2011）
  →グリーンケミストリーの全般的な解説書．バイオマス変換はもちろん，プロ
    セスの詳細，不均一系触媒を用いた物質変換などについても豊富な情報が記
    載されているので，他の章の参考にもなる．
- 太田健一郎，佐藤 登 監修，燃料電池自動車の材料技術，シーエムシー出版
  （2002）
  →各種の燃料電池の原理，材料および開発動向に関する専門書．
- 室井高城 監修，エネルギー触媒技術，サイエンス＆テクノロジー（2010）
  →触媒技術によるエネルギー問題解決に向けた取り組みを紹介．
- 室井高城，工業触媒の最新動向，シーエムシー出版（2013）
  →シェールガス，バイオマス，環境，エネルギーなどに関わる工業触媒技術を
    紹介．
- 室井高城，工業貴金属触媒—実用金属触媒の実際と反応，JITE（2004）
  →各種の工業プロセスで用いられる貴金属触媒に関する解説書．
- 地球環境産業技術機構 編，バイオリファイナリー最前線，工業技術調査会
  （2008）
  →バイオリファイナリーに関する専門書．

さらに勉強をしたい人のために

［第10章　光触媒に関して］

- 光化学協会光化学の事典編集委員会 編，光化学の事典，朝倉書店（2014）
   →光化学に関する基礎知識や応用・実用面の事項が網羅されており，光触媒に
   関連する事項も数多く解説されている．
- 橋本和仁 監修，橋本和仁，坂井伸行，入江 寛，高見和之，砂田香矢乃 著，
   光触媒応用技術，東京図書（2007）
   →酸化チタンを中心に光触媒の応用・実用を意識した研究成果が整理されている．
- 山下弘巳，田中庸裕，三宅孝典，西山 覚，古南 博，八尋秀典，窪田好浩，玉
   置 純，触媒・光触媒の科学入門，講談社（2006）
   →浅く広くやさしく触媒・光触媒を理解することを目的として多くの図や写真
   が使われた入門書．
- 大谷文章，光触媒標準研究法，東京図書（2005）
   →光触媒研究法や光触媒実験ハンドブックに相当し，光触媒の研究を始めよう
   とする人にとって役に立つ．
- 日本化学会 編，藤嶋 昭 責任編集，実力養成化学スクール5：光触媒，丸善
   出版（2005）
   →企業人・若手研究者のための光触媒に関する実力が養成できる実践テキスト．
- 藤嶋 昭，橋本和仁，渡部俊也，光クリーン革命―酸化チタン光触媒が活躍する，
   シーエムシー出版（1997）
   →酸化チタン光触媒の各種分野への応用・実用例がまとめられている．
- 窪川 裕，本多健一，斉藤泰和 編著，光触媒，朝倉書店（1988）
   →光触媒や光化学の基礎や初期の研究成果がまとめられている．

［第11章　触媒のキャラクタリゼーションに関して］

- 田中庸裕,山下弘巳 編,固体表面キャラクタリゼーションの実際,講談社（2005）
   →多様な分析手法の理論・測定・解析に関する入門的解説書．
- 大西孝治，吉原一紘，堀池靖浩，固体表面分析I, II，講談社（1995）
   →多様な分析手法の理論・測定・解析に関する解説書．
- 触媒学会 編，触媒講座 別巻：触媒実験ハンドブック，講談社（1986）
   →触媒に関する実験手法全般についての解説書．
- 触媒学会 編，触媒講座3：固体触媒のキャラクタリゼーション，講談社（1986）
   →固体触媒のキャラクタリゼーションの理論・測定・解析に関する解説書．

演習問題の解答

[第 2 章]

2.1 $1.00\,\mathrm{g}$ の Al_2O_3 を含む Pt/Al_2O_3 中における，Pt の質量（$1\,\mathrm{wt\%}$）を $x\,\mathrm{(g)}$ とすれば，$x/(1.00+x)=0.0100$ が成り立つ．よって，$x=0.0101\,\mathrm{g}$ である．塩化白金酸六水和物（$H_2[PtCl_6]\cdot 6\,H_2O$）のモル質量は $518\,\mathrm{g\,mol^{-1}}$ であり，この中で Pt 原子が占める重量の割合は $195/518=0.376$ であるので，$0.0101\,\mathrm{g}\div 0.376=0.0269\,\mathrm{g}$.

2.3 管型流通反応器における 1 次反応の速度式は

$$\frac{\mathrm{d}x}{\mathrm{d}t}=k(C_{\mathrm{in}}-x)$$

である．これを積分型の式にすると

$$\ln\left(\frac{C_{\mathrm{in}}}{C_{\mathrm{in}}-x}\right)=kt$$

となる．反応物が反応管の出口まで到達する時間 t は l/F であり，このときの反応物の濃度 x は C_{out} となるため，

$$\ln\left(\frac{C_{\mathrm{in}}}{C_{\mathrm{in}}-C_{\mathrm{out}}}\right)=\frac{kl}{F}$$

が得られる．

2.4 槽型連続反応器における反応速度は，反応物が槽の入口から出口まで達する時間を Δt，そのときに起こる濃度変化を ΔC とすれば，$r=\Delta C/\Delta t$ と記述できる．$\Delta t=F/V$，$\Delta C=C_{\mathrm{out}}-C_{\mathrm{in}}$ より

$$r=\frac{F}{V}(C_{\mathrm{out}}-C_{\mathrm{in}})$$

が得られる．

演習問題の解答

[第3章]

3.1 （ⅰ）1次反応なので，

$$\ln[A] = -k_1 t + \ln[A]_0$$

の関係が得られる．この図の切片と傾きから$\ln[A]_0$と速度定数kを求めることができる．ここでは，例えば，10000 sのときに縦軸の値が5.0なので$k_1 = 5.0 \times 10^{-4}$ sとなる．

（ⅱ）4000 sのとき，縦軸の値は2.0なので，$\ln([A]/[A]_0) = 2.0$から

$$\frac{[A]}{[A]_0} = e^{-2} = 0.135$$

よって，転化率は$1 - 0.135 = 0.865$より86.5 %．

3.3 触媒が存在しないときの速度定数をk_0，触媒が存在するときの速度定数をkとする．アレニウスの式より

$$\ln k_0 = \ln A - \frac{E_0}{RT_0}$$

$$\ln k = \ln A - \frac{E_0}{2RT_0}$$

これらの式から

$$\ln\left(\frac{k}{k_0}\right) = -\frac{E_0}{2RT_0} - \left(-\frac{E_0}{RT_0}\right) = \frac{E_0}{2RT_0}$$

$$\frac{k}{k_0} = \exp\left(\frac{E_0}{2RT_0}\right)$$

したがって，触媒の存在するときの速度定数は，存在しないときの速度定数の$\exp(E_0/2RT_0)$倍となる．

268

[第10章]

10.1 (a) 200 nm：紫外光，(b) 800 nm：赤外光

10.2 Φ＝(反応が起こった回数)/(吸収された光子の数)であるので，$(3 \times 6.02 \times 10^{23})$/(吸収された光子の数)＝0.15．よって，光子の数は1.2×10^{25}個．

10.3 $SrTiO_3$は価電子帯，伝導帯ともに必要条件を満たしているため，水分解が可能である．WO_3では価電子帯上端が，水の酸化の標準電極電位より貴側にあるが，伝導帯下端が水の還元電位より正となり，水素生成が不可能である．

10.4 切片からE_gを決定すると，(a) TiO_2バルク粉末と，(b) ナノサイズTiO_2についてそれぞれ3.46 eV，3.85 eVとなり，ナノ粒子化によりバンドギャップが大きくなることがわかる．

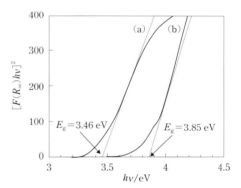

10.5 (a) 4，(b) 3，(c) ルチル型ではTiO_6八面体が最も高密度に充填されているのに対して，アナターゼ型では少し歪みがあるため不安定である．

索　引

■欧　文

ab initio 分子軌道法　251
AES → オージェ電子分光法
AFM → 原子間力顕微鏡
Amberlyst-15　104
ASC → NH_3 スリップ防止酸化触媒
BET式 → ブルナウアー―エメット―テラーの吸着等温式
BJH法 → バレット―ジョイナー―ハレンダ法
C1化学　85
CI法 → クランストン―インクレイ法
CO選択酸化　184
CO変成触媒　183
CP法 → 交差分極法／カー―パリネロ法
CVD → 化学気相蒸着法
DH法 → ドリモア―ヒール法
DMFC → 直接メタノール形燃料電池
DOC → ディーゼル酸化触媒
DPF → ディーゼルパティキュレートフィルター
DXAFS（dispersive XAFS）　234
E-R機構 → イーレイ―リディール機構
ESR, EPR分光法 → 電子スピン共鳴分光法
EXAFS → 広域X線吸収端微細構造
FAME → 脂肪酸メチル
Fuel NO_x　152
FVC → 燃料電池自動車
HAADF-STEM → 高角度環状暗視野-STEM
GTL　85
incipient wetness法　20,21
LFER → 線形自由エネルギー関係

L-H機構 → ラングミュアー―ヒンシェルウッド機構
LTAF法（低温での温度スイング吸着）　26
MAS法 → マジック角回転法
MCFC → 溶融炭酸塩形燃料電池
NMR分光法 → 核磁気共鳴分光法
MS → 質量分析
MTG（methanol to gasoline）法　87
MTO（methanol to olefin）法　87
Nafion®　104
NH_3 スリップ防止酸化触媒　168
NH_3 選択接触還元（NH_3-SCR）　153, 155
NO_x 還元触媒　167
NO_x 吸蔵還元　164
PAFC → リン酸形燃料電池
PEFC → 固体高分子形燃料電池
PM → 粒子状物質
pore-filling法　21
QXAFS（quick XAFS）　234
SEM → 走査型電子顕微鏡
SOFC → 固体電解質形燃料電池
SOHIO触媒　95
SPM → 走査型プローブ顕微鏡
STEM（scanning TEM）　235
STM → 走査型トンネル顕微鏡
TEM → 透過型電子顕微鏡
Thermal NO_x　152
TOF → 触媒回転頻度・ターンオーバー頻度
TON → 触媒回転数・ターンオーバー数
TPD → 昇温脱離法
TPO → 昇温酸化法
TPR → 昇温還元法

271

索　引

TWC → 三元触媒
VOC → 揮発性有機化合物
XAFS → X線吸収微細構造
XANES → X線吸収端近傍構造
XAS → X線吸収スペクトル
XPS → X線光電子分光法
XRD法 → X線回折法
X線回折法　228
X線吸収スペクトル　232
X線吸収端近傍構造　233
X線吸収微細構造　232
X線光電子分光法　230

■和　文

ア

アクリル酸　95
アクリロニトリル　95
アクロレイン　95
アスファルト軽油　57
アセトアルデヒド　99
アセトンシアノヒドリン法　97
アドアトム　44
アリル酸化　95
アルケンの水素化精製　92
アルコールの酸化　114
アレニウスプロット　35
アンサンブル効果　10
アンモ酸化　95
アンモニア　81, 187
　　──スリップ防止酸化触媒　168
　　──選択触媒還元（NH₃-SCR）153,
　　155
硫黄酸化物（SO$_x$）155, 156
イオン交換　21
異性化　69
一酸化炭素選択酸化　184
一酸化炭素変成触媒　183
一次被毒　29
イーレイ─リディール機構　50

インターカレーション　21
ウィルキンソン触媒　142
永久被毒　29
液化石油ガス　57
エチル*tert*-ブチルエーテル　70
エチレンオキシド　94
エチレンクロロヒドリン法　94
エレクトライド　83
塩素法　200
オイルサンド　58
オクタン価　70
オージェ電子分光法　232
オートサーマル法　80, 183
オレフィンメタセシス　136

カ

回分式反応器　25
化学気相蒸着法　20, 21
化学吸着法　227
化学的酸素要求量　174
核磁気共鳴分光法　241
過酸化水素　84
火山型序列　53
可視光応答型光触媒　211
ガソリン　57, 70
活性化エネルギー　4, 35
活性中心説　10
カー─パリネロ法　252
カミンスキー触媒　147
可溶性有機成分　165
管型流通反応器　26
含浸法　20, 21, 22
キシレン　63, 72
気相酸化法　94
希薄燃焼ガソリンエンジン　164
揮発性有機化合物　151, 204
吸着　5, 39
吸着種の解析　245
吸着等圧線　46
吸着等温線　46

吸着熱　39
競争吸着　49
共沈法　21, 22
局在表面プラズモン共鳴　213
均一系触媒　12, 121
均一沈殿法　21
キンク　44
金属の吸着能　41
空気酸化法　94
空燃比　159
クネーフェナーゲル縮合　107
クベルカ–ムンク関数　238
クライゼン–シュミット縮合　106
グラフィティック・カーボンナイトライド
　213
グラブス触媒　138
クランストン–インクレイ法　225
グリセロール　188
グレッツェルセル　216
クロスカップリング反応　118, 125
計算化学　250
軽油　57
結晶化度　229
減圧軽油　59
減圧残油　59
原子間力顕微鏡　236
広域X線吸収端微細構造　233
高角度環状暗視野–STEM　235
工業触媒　18
光合成　220
交差分極法　242
合成ガス　79
構造規定剤　25
構造鈍感反応　11
構造敏感反応　11
固相法　21
固体高分子形燃料電池　179
固体酸触媒　102
固体触媒　12
固体電解質形燃料電池　181

コモ（Co–Mo/Al$_2$O$_3$）　61
混合吸着　49
コーン–シャム法　252
混練法　21, 22

サ

細孔径　225
細孔容積　225
酢酸　99
サテライトピーク　231
酸化還元反応性　193
酸化チタン　193
三元触媒　159
酸触媒反応　63
酸素吸蔵容量　163
酸素酸化法　94
シェイクアップ過程　231
シェイクオフ過程　231
ジェット燃料　57
シェラーの式　229
シェールオイル　58
シェールガス　58
紫外・可視分光法　238
色素増感太陽電池　215
シクロヘキサノール　90
シクロヘキサン　90
シクロヘキセン法シクロヘキサノール製造
　プロセス　91
質量分析　243
自動車触媒　158
脂肪酸メチル　187
ジメチルエーテル　185
重油　57
昇温還元法　242
昇温酸化法　242
昇温スペクトル分析　242
昇温脱離法　242
硝酸　83
状態密度　232
蒸発乾固　21

273

索　引

消滅則　229
触媒
　　——回転数　37
　　——回転頻度　37
　　——毒　29
　　——燃焼　168
　　——の出荷量・出荷金額　18
　　——の調製法　20, 23
　　——の定義　8
　　——の表記　14
　　——の分離方法　28
　　——の分類　12
　　——の劣化　29
　　——反応によって安定化された気相希薄
　　　燃焼　172
助触媒　19
シンガス　79
シングルサイト触媒　13
シングルサイト光触媒　202
シンタリング　20, 22, 30, 160
深度脱硫　61
水蒸気改質　79, 182
水性ガスシフト反応　81
水性ガス反応　81
水素　79
水素化精製　60
水素化脱窒素　60
水素化脱硫　60, 156
水素キャリア　185
水素添加反応　90
水熱合成法　21, 22
鈴木－宮浦カップリング　118, 129
ステップ　44
ゼオライト　63, 64, 102
赤外分光法　239
析出沈殿法　21
石炭　57
石油　57
石油化学プロセス　71
石油精製プロセス　60

接触還元　7
接触酸化　7
接触水素化　108
接触分解　67
ゼーマン分裂　240
セルロース　190
遷移状態　36
線形自由エネルギー関係　39
選択酸化　74
槽型連続反応器　26
走査型電子顕微鏡　235
走査型トンネル顕微鏡　236
走査型プローブ顕微鏡　236
層状複水酸化物　106
素過程　36
速度論解析　248
薗頭－萩原カップリング　130
素反応　36
ゾルゲル法　21, 22

タ

タイトオイル　58
タイトガス　58
脱離　39
多点吸着仮説　10
タールサンド　58
ターンオーバー数　37
ターンオーバー頻度　37
ダングリングボンド　44
担持触媒　13, 20
担体　19
チーグラー－ナッタ触媒　9, 147
窒素酸化物（NO_x）　152
　　——還元触媒　167
　　——吸蔵触媒　164
超微細構造定数　240
直接酸化法　97
直接メタノール形燃料電池　180
直接メタノール法　98, 115
チョムキンの式　48

274

沈殿法　20, 21
ディーゼル酸化触媒　166
ディーゼル排ガス浄化触媒　165
ディーゼルパティキュレートフィルター
　166
テラス　44
展開法　21
転化率　34
電気化学触媒　12
電極触媒　12
電子スピン共鳴分光法　240
天然ガス　57
透過型電子顕微鏡　235
灯油　57
ドリモアーヒール法　225

ナ

ナイロン　71
ナフサ　57
ニモ（Ni–Mo/Al$_2$O$_3$）　61
尿素選択接触還元（尿素–SCR）　167
根岸カップリング　128
ネック　31
燃料電池　178
燃料電池自動車　178
ノッキング　70

ハ

バイオディーゼル油　187
バイオマス　187
バイオリファイナリー　187
ハイドロタルサイト　106
バイヤーービリガー酸化　116
バックミキシング　69
ハートリーーフォック法　251
ハーバーーボッシュ法　8
バレットージョイナーーハレンダ法　225
反応器　25
反応機構　36, 245
反応経路自動探索法　255

反応進行度　34
反応速度　33
反応率　34
光触媒　12, 193
光析出　21
非経験的分子軌道法　251
非在来型資源　58
非定常反応器　26
被毒　29
ヒドロキシアパタイト　114
比表面積　224
表面エネルギー　5
表面親水性　193
表面露出度　226
頻度因子　35
ファインケミカルズ　101
ファンデルワールス力　39
フィッシャーーインドール合成　103
フィッシャーートロプシュ反応（法）　8,
　88
不均一系触媒　12, 101
不斉エポキシ化　144
不斉水素化　113, 140
不斉反応　138
不斉ルイス酸触媒　145
ブタン酸化　98
部分酸化　80
ブリエッジ　233
フリース転位　104
ブルナウアーーエメットーテラーの吸着等
　温式　46, 224
フルムキンーチョムキンの式　48
フロイントリッヒの式　48
プロキラル面　140
プロピレン　95
分散度　45, 226
分子動力学法　252
平衡吸着法　20, 21
ヘック反応　118
ベックマン転位　102

275

ペロブスカイト太陽電池　218
ヘンリーの式　48
ヘンリー反応　107
堀内ーポラーニの法則　38
ポリエチレンテレフタレート　71
ポリカーボネート　71
本多ー藤嶋効果　194

マ

マイクロリアクター　27
前指数因子　35
マグネトロンスパッタ蒸着　210
膜分離型反応器　26
マジック角回転法　242
マーズーヴァン・クレベーレン機構　169
水の完全分解　195, 214
溝呂木ーヘック反応　133
密度汎関数法　251
向山アルドール反応　145
無水マレイン酸　98
メタクリル酸メチル　97, 115
メタセシス　136
メタノール　86, 185
メタンハイドレート　58
メーヤワインーポンドルフーヴァーレイ還
　元　108
モノリス　18
モンモリロナイト　105

ヤ

やさしい反応　11

油脂の水素化　92
陽イオン交換樹脂　103
溶解度積　22
要求の多い反応　11
溶融炭酸塩形燃料電池　181

ラ・ワ

ライザー型反応装置　68
ラネーニッケル　113
ラマン分光法　239
ラングミュアの吸着等温式　49
ラングミュアーヒンシェルウッド機構
　50, 169
ランベルトーベールの法則　238
リガンド効果　11
律速段階　36
リートベルト法　230
硫酸　84
硫酸法　200
粒子状物質　158
流動床　26
流動接触分解　9, 59
量子サイズ効果　201
リン酸形燃料電池　179
リンドラー触媒　109
レドックス　54
レナードージョーンズポテンシャル　40
ローゼンムント還元　111
ワッカー酸化（法）　99, 122

編著者紹介

田中　庸裕　　工学博士
(たなか　つねひろ)

1987年京都大学大学院工学研究科石油化学専攻博士課程修了．北海道大学理学部助手，京都大学大学院工学研究科助教授を経て，現在，京都大学大学院工学研究科教授(分子工学専攻)．

山下　弘巳　　工学博士
(やました　ひろみ)

1987年京都大学大学院工学研究科石油化学専攻博士課程修了．東北大学非水溶液化学研究所・反応化学研究所助手，大阪府立大学大学院工学研究科助教授を経て，現在，大阪大学大学院工学研究科教授(マテリアル生産科学専攻)．

NDC 431　　　286 p　　　21 cm

エキスパート応用化学テキストシリーズ
(おうようかがく)

触媒化学──基礎から応用まで
(しょくばいかがく)　(きそ)(おうよう)

2017年11月7日　第1刷発行
2023年7月25日　第3刷発行

編著者　　田中庸裕・山下弘巳
　　　　　(たなかつねひろ)(やましたひろみ)

著　者　　薩摩　篤・町田正人・宍戸哲也・神戸宣明・
　　　　　(さつまあつし)(まちだまさと)(ししどてつや)(かんべのぶあき)
　　　　　岩﨑孝紀・江原正博・森　浩亮・三浦大樹
　　　　　(いわさきたかのり)(えはらまさひろ)(もりこうすけ)(みうらひろき)

発行者　　髙橋明男

発行所　　株式会社　講談社　　　　　　　　　KODANSHA

　　　　　〒112-8001　東京都文京区音羽2-12-21
　　　　　　　販　売　(03) 5395-4415
　　　　　　　業　務　(03) 5395-3615

編　集　　株式会社　講談社サイエンティフィク

　　　　　代表　堀越俊一

　　　　　〒162-0825　東京都新宿区神楽坂2-14　ノービィビル
　　　　　　　編　集　(03) 3235-3701

印刷所　　株式会社双文社印刷

製本所　　株式会社国宝社

落丁本・乱丁本は，購入書店名を明記のうえ，講談社業務宛にお送り下さい．送料小社負担にてお取替えします．なお，この本の内容についてのお問い合わせは講談社サイエンティフィク宛にお願いいたします．定価はカバーに表示してあります．

© T. Tanaka, H. Yamashita, A. Satsuma, M. Machida, T. Shishido, N. Kambe, T. Iwasaki, M. Ehara, K. Mori, H. Miura, 2017

本書のコピー，スキャン，デジタル化等の無断複製は著作権法上での例外を除き禁じられています．本書を代行業者等の第三者に依頼してスキャンやデジタル化することはたとえ個人や家庭内の利用でも著作権法違反です．

JCOPY 〈(社)出版者著作権管理機構　委託出版物〉

複写される場合は，その都度事前に(社)出版者著作権管理機構(電話 03-5244-5088，FAX 03-5244-5089，e-mail : info@jcopy.or.jp)の許諾を得て下さい．

Printed in Japan

ISBN 978-4-06-156811-2

講談社の自然科学書

エキスパート応用化学テキストシリーズ

学部2～4年生，大学院生向けテキストとして最適!!

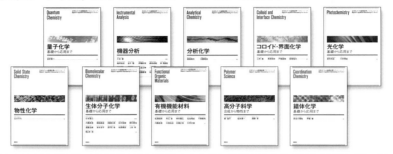

量子化学 基礎から応用まで 金折 賢二・著 A5・304頁・定価3,520円	量子力学の成立・発展から構造化学や分光学までていねいに解説.	コロイド・界面化学 基礎から応用まで 辻井 薫／栗原 和枝／戸嶋 直樹／君塚 信夫・著 A5・288頁・定価3,300円	熱化学などの基礎からていねいに解説.
分析化学 湯地 昭夫／日置 昭治・著 A5・204頁・定価2,860円	初学者がつまずきやすい箇所を，懇切ていねいに.	機器分析 大谷 肇・編著 A5・288頁・定価3,300円	機器分析のすべてがこの1冊でわかる！
光化学 基礎から応用まで 長村 利彦／川井 秀記・著 A5・320頁・定価3,520円	光化学を完全に網羅. フォトニクス分野もカバー.	物性化学 古川 行夫・著 A5・238頁・定価3,080円	化学の学生に適した「物性」の入門書.
生体分子化学 基礎から応用まで 杉本直己・編著　内藤昌信／高橋俊太郎／田中直毅／建石寿枝／遠藤玉樹／津本浩平／長門石 暁／松原輝彦／橋詰峰雄／上田 実／朝山章一郎・著 A5・304頁・定価3,520円	新たな常識や「非常識」も学べる.	有機機能材料 基礎から応用まで 松浦 和則／角五 彰／岸村 顕広／佐伯 昭紀／竹岡 敬和／内藤 昌信／中西 尚志／舟橋 正浩／矢貝 史樹・著 A5・256頁・定価3,080円	幅広く，わかりやすく，ていねいな解説.
高分子科学 合成から物性まで 東 信行／松本 章一／西野 孝・著 A5・256頁・定価3,080円	基本概念が深くわかる一生役に立つ本.	錯体化学 基礎から応用まで 長谷川 靖哉／伊藤 肇・著 A5・256頁・定価3,080円	群論からスタート. 最先端の研究まで紹介.

表示価格は消費税(10%)込みの価格です。 「2023年6月現在」

講談社サイエンティフィク　https://www.kspub.co.jp/